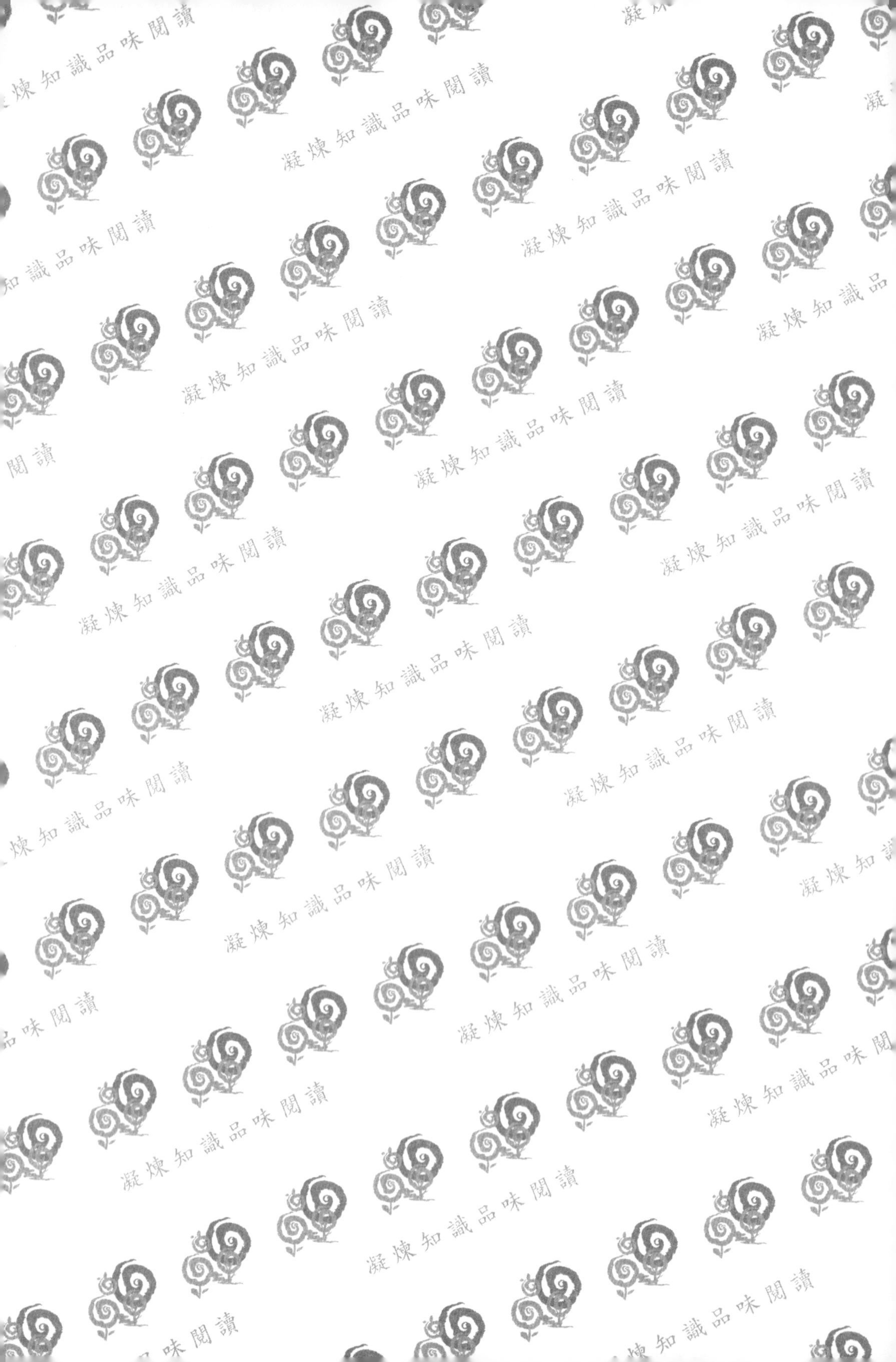
凝煉知識品味閱讀

凝煉知識品味閱讀

圖解系列

五南圖書出版公司 印行

機器學習、人工智慧與人類未來

吳作樂、吳秉翰／著

特別感謝

義美食品高志明總經理，除了全力資助本書的出版，
也長期支持波提思的數學書寫作及出版。

前言

2019 年已是資訊科技爆炸的時代，硬體效能進步、硬碟可容納資料量不斷變大，可收集到更多更完整的資料量（大數據）、且使用了更多的統計與機率，促使機器學習與 AI 能力不斷進步。進步的同時造就許多資訊工程師投入 AI 設計，也讓許多工作機會漸漸被機器與機器人取代。但大家似乎沒有意識到 AI 產業可能幾年之後就不再需要只會寫程式碼的「資訊工人」，因爲幾年之後我們有可能出現自行寫程式碼的 AI ，所以今日投入 AI 的資訊工程師，屆時可能又要面臨沒有工作的情況。故資訊工程師到底還需要學習怎樣的能力才能因應變化快速的時代呢？

現在的資訊工程師大多重視程式碼中的演算法、語法、資料庫等，而閃避黑盒子原理，誠然黑盒子的內容就是統計與機率，並不容易理解，但是仍然不應該閃避或是換包裝自欺欺人，也就是將統計原理當作是資訊原理。程式碼中的演算法、語法、資料庫，這只是踏入 AI 界的基本功，好比說要去國外發展會該國語言只是基本配備（語法對應文字、文法），還需要拿得出手的一技之長，而對應到學習 AI 就是要會其原理，也就是統計與機率。

部分人對艾倫 ・ 圖靈不會感到陌生，他被敬稱爲人工智慧之父，在二戰時期設計了簡單的人工智慧（相對現代）破譯德軍電報。正式開啓人工智慧大門，促成大家對人工智慧的研究，最後獨立成爲一門資訊學科。但大家不一定知道，偉大的艾倫 ・ 圖靈也是數學家、密碼分析學家。早期並沒有所謂資訊人才，有的僅是數學人才，當時 AI 都是數學人才設計。所以資訊人才不應該逃避數學，完整的說，至少不應該逃避統計、機率的內容，才有機會在 AI 路上走的更遠。

再以作者在美國貝爾實驗室（Bell Labs）的經驗爲例，以及對美國 NASA 的認識，這些先進的科研單位，都知道物理、數學、資訊相互結合的重要性，換言之貝爾實驗室清楚知道資訊的基本功（演算法、語法、資料庫等）只是讓人類與機器溝通的語言，實際上要讓它們更有效更聰明，免不了要物理學家、數學家的理論作爲資訊科學的核心，所以學資訊不可以逃避統計與機率。

目前部分資訊人不了解統計與機率的重要性。如果統計與機率的原理不明白，將會讓程式產出的結果經常錯誤，卻又難以查證與發現，因爲實際問題是核心數學內容的錯誤，而非程式語言的語法、演算法問題。如：2015 年 7 月 Google 的人臉辨識會將黑猩猩與黑人搞混。同時數學家也不要以爲 AI 與自身無關，數學家也應該要學程式語言，可以有效驗證數學內容。本書將會介紹及證明統計與機率如何有利於 AI，及 AI 如何應用在數學問題上。

台灣教育方式習慣背公式、套公式，造就創造力低落的情況。將問題延伸到資訊科學上，就是學習語法、演算法、背黑盒子、套黑盒子，也造成資訊人創造力不足的情況，所以有必要完整的認識內容，才不會淪爲只會操作與聽從命令的資訊工人。AI 是智慧的象徵，初期必須由有創造力的人設計，故需要懂統計與機率，懂了原理才有機會創新。

許多資訊人認爲語法、演算法、硬體、處理器的串連等比較重要，但作者不得不說，以數字排大小爲例，語法、演算法可以有很多種。必須利用**統計與機率才可以優化、精簡程式碼；重點是理解統計後才能創造出新的演算法，才能讓處理的效率變好**。我們要知道，如果一直學習別人的東西，不去理解核心，形同跟在別人後面做事，不會領先他人。目前國外已經有很多資訊專家，認眞面對統計與機率的問題。台灣沒有經濟條件一直慢人好幾步，唯有找到核心問題「**資訊人要理解黑盒子的重要性，也就是理解統計與機率**」，一步到位才有機會面對下一個時代的變遷。

對於一般人而言，目前坊間的 AI 書籍太過兩極化，也不夠全面，科普的書太簡略、專業的又太專業。令人不容易認識與理解 AI 及演算法，也無法注意到高度 AI 化的世界，除了優點外還有許多弊端，如：機器人統治世界或毀滅人類、或是人類濫用科技而自我毀滅、把社會變成地獄，以及 AI 會如何改變社會結構與教育型態。

本書的目的是給一般人、資訊工程師（Information engineer）與資料科學家（Data scientist）全面性的了解人工智慧與機器學習，使其各自知道應該知道的內容，以及相關的歷史、影響及風險。

「人工智慧無法脫離統計與機率，換句話說統計與機率就是人工智慧的靈魂。」

「人工智慧的發展如同滾雪球一般，愈來愈快，但我們不能只看優點，還要注意其弊端。」

「要成爲優秀的物理學家，逃避不了數學。同樣的，要成爲優秀的資訊工程師或資料科學家，也逃避不了統計與機率。」

—— 波提思

本書目的

1. 認識資訊名詞，不再一知半解
2. 了解 AI 的概要、功能與原理及增加 AI 可信度
3. 明白傳統統計、商用統計及工程統計的差異性
4. 認識大數據
5. 讓一般人、操作者、資訊工程師了解黑盒子
6. 如何成爲 AI 時代的資訊人才
7. AI 如何改變教育的型態
8. 知道 AI 的現在與未來的應用及各方面的影響
9. 思考高度 AI 化的世界，將帶來的風險及社會結構的變化

本書雖經多次修訂，缺點與錯誤在所難免，歡迎各界批評指正，得以不斷改善。如有問題也可以連絡作者，作者信箱 praxismathwu@gmail.com

前言

第 1 章　人工智慧、機器學習、演算法、大數據、黑盒子的基礎認識

1-1　概要　**4**
1-2　AI 的歷史與展望　**6**
1-3　人工智慧、機器學習與深度學習的關係　**8**
1-4　人工智慧之父——艾倫・圖靈　**10**
1-5　21 世紀的新型石油——大數據　**12**
1-6　蒙地卡羅法 (1)　**14**
1-7　蒙地卡羅法 (2)　**16**
1-8　機器學習與無人駕駛車 (1)　**18**
1-9　機器學習與無人駕駛車 (2)　**20**
1-10　演算法與黑盒子模式 (1)　**22**
1-11　演算法與黑盒子模式 (2)　**24**
1-12　使用者該如何看待黑盒子模式演算法 (1)　**26**
1-13　使用者該如何看待黑盒子模式演算法 (2)　**28**
1-14　使用者該如何看待黑盒子模式演算法 (3)　**30**
1-15　使用者該如何看待黑盒子模式演算法 (4)　**32**
1-16　使用者該如何看待黑盒子模式演算法 (5)　**34**
1-17　使用者該如何看待黑盒子模式演算法 (5)　**36**
1-18　人工智慧的利與弊 (1)　**38**
1-19　人工智慧的利與弊 (2)　**40**
1-20　人工智慧的利與弊 (3)　**42**
1-21　人工智慧的利與弊 (4)　**44**
1-22　AI 會有情緒嗎？有情緒會不會對人類有所危害？　**46**
1-23　我們需要有情緒的 AI——強人工智慧嗎？　**48**
1-24　AI 的應用 (1)　**50**
1-25　AI 的應用 (2)　**52**
1-26　AI 的應用 (3)　**54**
1-27　AI 的應用 (4)　**56**
1-28　AI 的應用 (5)　**58**
1-29　碎形與 AI　**60**

1-30 碎形的起源 **62**
1-31 碎形藝術 **64**

第 2 章 認識大數據、傳統統計、商用統計與工程統計

2-1 大數據概要 (1) **68**
2-2 大數據概要 (2) **70**
2-3 什麼是大數據 **72**
2-4 大數據的問題 **74**
2-5 統計學界的統計分析與商業界的大數據分析之差異 **76**
2-6 統計學界的統計分析與工程界的統計分析之差異 **78**
2-7 大數據分析的起點 **80**
2-8 資訊視覺化 **82**
2-9 視覺分析的意義 **84**
2-10 建議大數據該用的統計方法 **86**
2-11 卡門濾波 **88**
2-12 資訊科學家的定位、大數據結論 **90**
2-13 資料探勘 (1)：資料探勘的介紹 **92**
2-14 資料探勘 (2)：數據中的異常值 **94**
2-15 資料探勘 (3)：分群討論 **96**
2-16 資料探勘的應用 **98**
2-17 時間序列 **100**

第 3 章 認識部分黑盒子演算法的統計原理

3-1 監督學習、無監督學習、半監督學習、強化式學習 **104**
3-2 貝氏演算法 (1)：概要 **106**
3-3 貝氏演算法 (2)：案例 **108**
3-4 貝式演算法 (3)：統計原理 **110**
3-5 K-maen 演算法 (1)：概要 **112**
3-6 K-maen 演算法 (2)：案例 1 **114**
3-7 K-maen 演算法 (3)：案例 2 **116**

3-8 K-maen 演算法 (4)：統計原理 118
3-9 K-mean 演算法 (5)：最佳化的 K 值 120
3-10 K- 近鄰演算法 124
3-11 先驗演算法 (1)：概要 126
3-12 先驗演算法 (2)：案例 128
3-13 SVM 演算法 (1)：概要與案例 130
3-14 SVM 演算法 (2)：推廣 132
3-15 SVM 演算法 (3)：統計原理 134
3-16 線性迴歸演算法 (1)：概要 136
3-17 線性迴歸演算法 (2)：迴歸線的統計原理 138
3-18 線性迴歸演算法 (3)：相關係數的統計原理 140
3-19 邏輯迴歸演算法：概要與案例 142
3-20 決策樹演算法 (1)：概要與樹狀圖 144
3-21 決策樹演算法 (2)：案例與剪枝 (1) 146
3-22 決策樹演算法 (3)：案例與剪枝 (2) 148
3-23 隨機森林演算法：概要與案例 150
3-24 淺談深度學習：人工神經網路 152
3-25 可解釋人工智慧 154
3-26 本章結論 156

第四章 常用的基礎統計知識

4-1 標準差是什麼 160
4-2 常態分布 162
4-3 認識二項分布、卜瓦松分布 164
4-4 大數法則 166
4-5 中央極限定理 168
4-6 中央極限定理的歷史 170
4-7 標準化 172
4-8 常態分布的歷史與標準常態分布 174
4-9 t 分布與自由度 176
4-10 t 分布歷史與 t 分布表 178
4-11 卡方分布與 F 分布 180
4-12 複迴歸分析 (1) 182

4-13 複迴歸分析 (2) **184**
4-14 複迴歸分析 (3) **186**

第五章 AI 的發展與影響

5-1 AI 的發展取決於有創意的教育 **190**
5-2 淺談世界 AI 化後教育的衝擊與改變 **192**
5-3 AI 帶來極致的便利後，造成的社會結構衝擊 **194**
5-4 AI 世界的奶頭樂：人類生活的再省思 **196**
5-5 AI 的高度發展後，無條件基本收入作為配套可行嗎？ **198**
5-6 AI 的發展重心，應放在讓人類懂數學及 AI 應用更多數學上 **200**
5-7 AI 時代改變生活的速度，會如同搭電梯而非緩慢爬坡 **202**
5-8 哲學問題思考 —— AI 與人類未來 **204**

附 錄

附錄一 利用 Excel 作某一商品的建議購物（關聯性分析、購物籃分析） **206**
附錄二 A Fast Training Algorithm for Multi-Layer Neural Network based on Extended Kalman Filter Approach **214**

近來很多人對於資訊的科技名詞一知半解，如：人工智慧（Artificial Intelligence, AI）、或是機器學習（Machine learning）、以及演算法（Algorithm）、商用智慧（Business Intelligence, BI）等，並且這些詞彙的意義、及彼此間關係是什麼，都不甚明白。身為 21 世紀的人類有必要了解這些科技名詞，才能跟上時代。這些看似複雜的名詞，都可以一言以蔽之就是電腦的行為，而且都可以對應到人類的行為上，只是有的行為電腦擅長、有的行為人類擅長。如：需要多次實驗的方法、整合大量數據的內容，電腦 AI 就勝過人類。同時戰爭也會促進科技的發展，但大家很少聽過戰爭也促進 AI 發展，如：在太空軍備時期就極力發展 AI 來探索外太空、月球，近年來更是有好奇號與探索號在火星上做各式收集與研究。

第一章

人工智慧、機器學習、演算法、大數據、黑盒子的基礎認識

1-1 概要
1-2 AI 的歷史與展望
1-3 人工智慧、機器學習與深度學習的關係
1-4 人工智慧之父——艾倫・圖靈
1-5 21 世紀的新型石油－大數據
1-6 蒙地卡羅 (1) 圓面積
1-7 蒙地卡羅 (2) 曲線下面積
1-8 機器學習與無人駕駛車 (1)
1-9 機器學習與無人駕駛車 (2)
1-10 演算法與黑盒子模式 (1)
1-11 演算法與黑盒子模式 (2)
1-12 使用者該如何看待黑盒子模式演算法 (1)
1-13 使用者該如何看待黑盒子模式演算法 (2)
1-14 使用者該如何看待黑盒子模式演算法 (3)
1-15 使用者該如何看待黑盒子模式演算法 (4)
1-16 使用者該如何看待黑盒子模式演算法 (5)
1-17 使用者該如何看待黑盒子模式演算法 (6)
1-18 人工智慧的利與弊 (1)
1-19 人工智慧的利與弊 (2)
1-20 人工智慧的利與弊 (3)
1-21 人工智慧的利與弊 (4)
1-22 AI 會有情緒嗎？有情緒會不會對人類有所危害？
1-23 我們需要有情緒的 AI ——強人工智慧嗎？
1-24 AI 的應用 (1)
1-25 AI 的應用 (2)
1-26 AI 的應用 (3)
1-27 AI 的應用 (4)
1-28 AI 的應用 (5)
1-29 碎形與 AI
1-30 碎形的起源
1-31 碎形藝術

1-1 概要

近年來很流行的一些科技名詞，如：人工智慧（Artificial Intelligence, AI）、機器學習（Machine Learning）、演算法（Algorithm）及大數據（Big Data）、黑盒子模式（Black Box Mode）。這些概念**常被一些一知半解的媒體、或暢銷書寫成一團亂**。有鑑於此，作者將徹底說明這些名詞的意義、相互關係及實際應用到底是什麼？主要目的是期望大家、及資訊專業人員都能清楚了解其中的涵意，進而避開媒體或暢銷書的愈說愈迷糊。這些看似複雜的名詞，都可以一言以蔽之就是**電腦**的行為。見下述：

- 人類的腦子叫人腦，對應到電子機器類稱爲電腦。
- 人類的智慧對應到電腦的智慧稱爲人工智慧。因爲是人賦予電腦的智慧，故可稱爲人工智慧。人工智慧是現階段的情況，以後可能會出現電腦製造下一代的電腦智慧。
- 人類解決各個問題的器具稱爲工具，電腦解決各個問題的方法稱爲演算法（Algorithm）。
- 人類的學習對應到電腦稱爲機器學習。
- 人類依據經驗或是直覺的決策行爲對應到電腦就稱爲黑盒子模式，也就是一種**機率及統計評估後的行為模式**，或是直接執行特例的行爲模式，**也可將黑盒子模式理解為決策部分的演算法**。
- 人類依賴過往經歷稱爲經驗，對應到電腦累積的資料稱爲大數據。
- 大數據是近年來才有的概念，電腦利用大數據的意涵，主要是指在強大的硬體帶來的大量數據量、快速的運算速度。

這些名詞的關係可對應到我們所熟悉的事物上，可參考下圖。

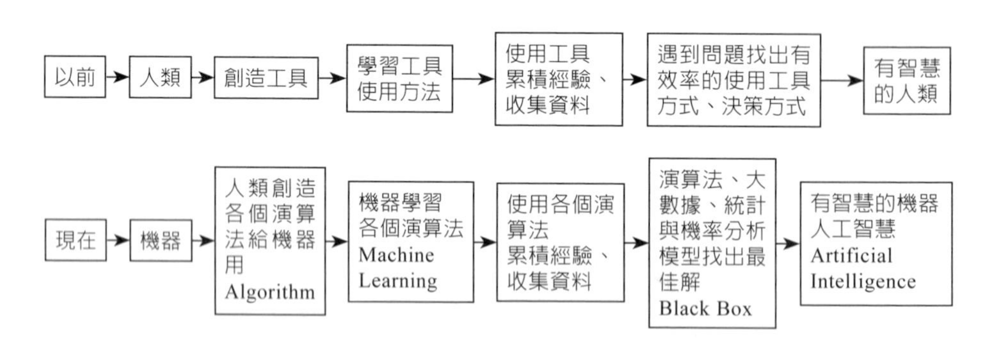

【現在 AI 與 30 年前的 AI 差在哪裡】

30 年來，硬體與語法有大幅進步，更快的處理速度，處理更大量的數據，也收集更多資料，並利用更多統計與機率，讓電腦機器可以自主學習，才產生與以前相比更爲聰明的 AI，而爲了區別，習慣用機器學習來稱呼現在的 AI。

【對 AI 的謬誤】

1. AI 不可能比人類聰明

答 機器的優勢是它有它的方法，如數據量、處理速度、出錯率等。人類不該讓機器全然學習我們的方法，因爲我們的方法對機器來說可能是個笨方法，如同人製作飛機一開始使用仿生學（模仿動物）的方式，但並不適合人類。舉例來說 AI 計算圓周率有特有的方法，簡單又直接，換言之有著與人類不同的創造力，後面小節將會介紹。

2. 電腦沒有人類的經驗，或是直覺

答 部分人會認爲人類的直覺比電腦來的好，但這只是錯誤認知。人類的直覺基本上是建立在經驗，反應快一點來處理類似的事物就會被稱爲直覺好。而電腦有大量的數據（經驗）、處理速度都比人類好，怎麼可以說電腦沒有人類的經驗，或是直覺。只要我們給他足夠的數據，而它的硬體處理速度能跟上，我們的發問足夠清楚，AI 的直覺必然會比我們好。

3. AI 的智慧都是由人創造

答 人類不該認爲人類最聰明，若是以學習能力與創造力來說明，AI 比人類聰明。AI 是程式碼與統計及機率組成，若是有一天能進步到 AI 懂程式碼與統計及機率，它可以自己寫自己的程式碼，再利用大數據，並加以進化，最後就比人類更有智慧。最終人類只要丟問題給 AI ，可以自行寫程式、找資料來幫我們解決問題，參考哆啦 A 夢（小叮噹）、或鋼鐵人的人工智慧管家——賈維斯。要知道科幻，未必永遠都是科幻，作者相信 AI 的智慧早晚會進步到比人類還高。

4. 有的人認爲學習 AI 可以不用學黑盒子，也就是不用會統計

答 黑盒子是 AI 的核心內容，而黑盒子是由統計與機率構成。如果僅是使用現有黑盒子來寫程式，而不去理解黑盒子，能堆疊的人工智慧的高度有限。換句話說，你有足夠多個積木（統計與機率的原理），取用 10 個積木（統計與機率的原理）作組合的成品（黑盒子）其數量爲 A ，與取用 100 個積木（統計與機率的原理）作組合的成品（黑盒子）其數量爲 B ，B 遠大於 A。故不能滿足現有的黑盒子，僅學習現有黑盒子操作。應該學習原理，應用更多原理，才有機會創造更多有用的黑盒子。

5. AI 對人類沒有危害

答 許多科幻電影、小說，提到 AI 反噬人類或人類因此改變社會結構而毀滅，及部分資訊學者也提出 AI 危害，提醒人類要注意 AI 的發展。

結論

以前 AI 是人類教它智慧，一件事情一個處理方式。現在是教它一定的基礎，加上大數據、處理速度、再加上利用更多的統計與機率，讓它有判斷能力，可以自主學習，形成它特有型態的智慧。人類不要老以爲只能人類教 AI ，AI 的特有方法可以反饋人類，帶來人類新的方向，甚至作到人類許多作不到的事情。

1-2 AI 的歷史與展望

1941 年世界誕生第一部電腦，1990 年個人電腦出現，硬體的內容隨著時間不斷的演進，一直到 2012 年迎來大數據時代，此時也是 AI 實現機器學習的時代，然而這樣的描述並不夠精準，本篇將完整介紹 AI 的歷史及其相關內容以及未來的發展。

• 硬體層面

電腦由數學、邏輯構成，而 AI 的程式碼更是基於統計與機率所設計的演算法，除了軟體的內容外，硬體也是一個重要元素。早期電腦硬體能力比起現在是天差地遠，而且還會不斷繼續進步，而硬體的進步，讓**儲存數據量**、**處理的效能**大大改善，讓複雜程式得以執行，如下圖。加上利用更多的統計與機率，最終讓 AI 更進一步可以利用大數據進行機器學習，讓人類可以進行大數據分析。在此之前人類都是利用統計進行小數據分析，其主因是因爲數據取得不易、硬體能力仍無法處理大量數據。

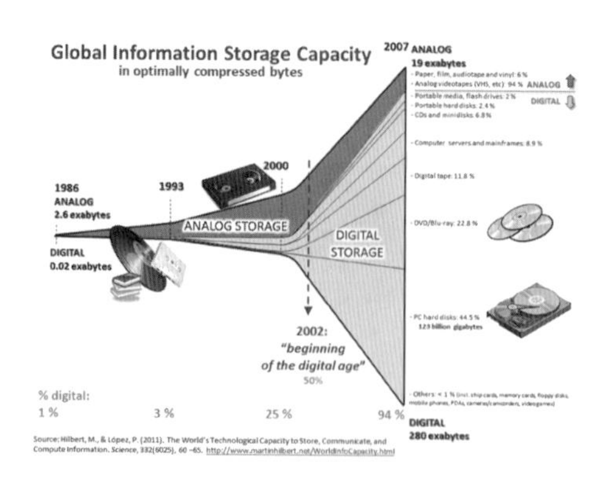

• 軟體層面

爲什麼人類需要 AI？人類希望更便利的生活，希望機器作到重複性高、大量的、耗大量體力、快速運算等事情，而這也是 AI 相對於人類的優勢，它們不會抱怨，只要有電力，就能替人類完成，並且 AI 還有一個人類比不上的優勢就是「聯機」，也就是集結一堆電腦效能來完成人類做不到的事情，如：利用 25 台機器、170TB 記憶體成功算出圓周率小數點後的 31.4 兆位數、天文等。同樣的 AI 也有著做不到的事情，如：創造力、寫詩篇、作藝術。以及不應該作到的事情，如：有情緒，因爲這些事情與人類需要 AI 的原始目標違背。

爲什麼人類要 AI 進行機器學習？數學家萊布尼茲提過如果機器會邏輯推理後就會更有智慧，其意思是讓人類生活更加便利。要如何讓 AI 可以機器學習，人類必須把人類特有的邏輯、數學、文字符號、語法等基礎的內容教會 AI 去認識與執行，才能讓電腦有知識外，再慢慢產生智慧（註 1）。

註 1：知識是只會照著命令去作事，把事情做對，但未必可以舉一反三，智慧是指它產生了判斷能力，可以作出正確決策。

2012 年前的電腦發展，人類用仿生學（註 2）的方式在教電腦，並沒有考量到電腦的特殊性，未必適合人類的方法。如：它可以用蒙地卡羅法來求圓周率，並設立幾個停止的條件，就能求出足夠位數的圓周率值（參考 1-6 節）。如果讓電腦學習人類的方法來運算，將造成主要還是人類寫程式碼，僅能拿來驗證，並沒有達到原本想要人工智慧高度。同時也由於當下是處於硬體不足以支撐運算效能、數據也是有限的時空背景，因此當時的電腦並未能成爲有效的 AI。

註 2：人類除了軟體經常用仿生學的方式，在硬體也經常試圖用仿生學，但這並沒有絕對必要，因為只要能完成原本的目標即可，並不需要太計較方法與型態，如：機器的移動不一定要像人一樣是腳的結構，也可以使用輪子，所以未必一定要模仿人類。故 AI 不一定是人類型態，它可以是一個手機、手錶或任何型態，我們不應該把 AI 與機器人作為串連，誤以為 AI 都是人形機器的樣貌。

2012 年後在硬體足以支撐運算效能、可以儲存更多數據後，人類也將統計與機率的概念加入到程式碼之中，使得 AI 可以用更好的演算法，將大數據輸入 AI 之中進行機器學習，進而作出更好的行爲。換言之統計與機率使用不足時，AI 的效能相對比較差，所以我們不該將 AI 與統計、機率視爲與資訊界不相關，畢竟不懂原理怎麼創造新的演算法、更好的 AI。

有趣的是，利用統計與機率做出來的機器學習演算法，如果難以理解會被稱爲「黑盒子」。黑盒子有的可以抽絲剝繭，逐步理解內容成爲透明盒子，而有的則是經由機器學習後，沒人知道爲什麼會這樣作，而且竟然還正確。這在數學、物理等科學經常發生，如：歐拉方程式：$e^{i\pi} = -1$，難以理解的發現方式，但它就是必然正確的數學式。不管黑盒子多麼難以理解，只要 AI 達到人類目標就是一個實用的 AI。

• AI 的展望 —— AI 自行寫程式碼 AI 時期、設計硬體時期

作者相信總有一天會進入到 AI 可自行寫程式碼（設計軟體）、甚至設計硬體的階段，人類只要給出夠明確的指示與問題，AI 就可以寫程式碼，並上網收集資料，解決人類需求。而 AI 寫的程式碼人類未必要懂，它可以利用它的優勢寫出適合他的程式碼來進行運算，AI 的智慧可以無限進化，產生許多人類想像不到的解決問題方式。以及到那個時候我們甚至可以教會他基礎的數學、科學理論、文字的定義，讓它自行推導到更高的數學、科學內容，或許人類的科技可以因此到達更高的高度。

1-3 人工智慧、機器學習與深度學習的關係

AI 的發展跌跌撞撞，並非一帆風順，其中經歷了軟硬體能力的不足，直到 2012 年大數據時代後，才算進入了有效率的機器學習，並且有愈來愈好的 AI 可以使用，見圖 1。

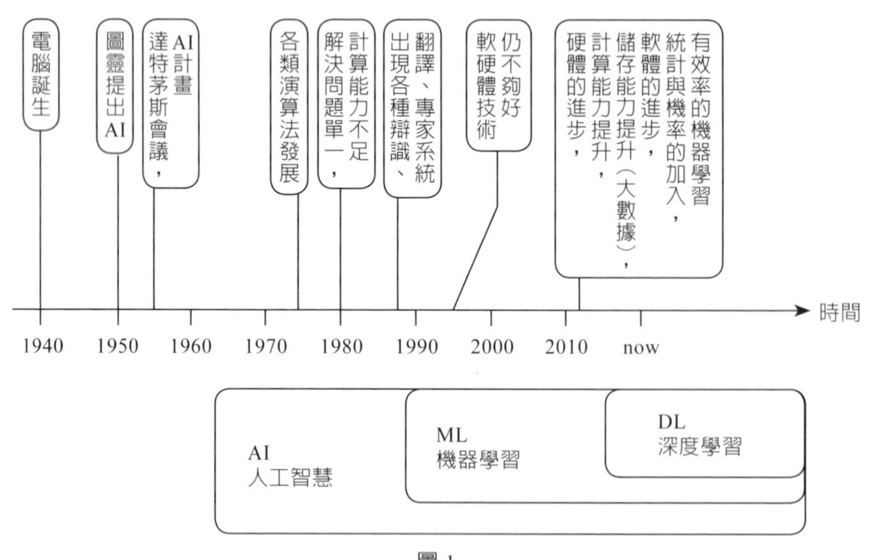

圖 1

大事記：

1941 年電腦出現。

1950 年圖靈提出 AI 的概念。

1956 年達特茅斯會議 AI 研究計畫的誕生。

1970～1980 年，各類演算法蓬勃發展。

1980 年因硬體能力的不足，軟體也仍有欠缺，同時也無法寫入太多資料進行運算，造成解決問題太單一，**使得 AI 發展變慢**。

1980～1990 年，軟硬體有了新的突破，各種辨識、翻譯、專家系統的產生，有了機器學習的概念，機器學習是人工智慧的一部分。

1990～2000 年，再度因軟硬體問題，**使得 AI 發展變慢**。

2012 年，軟硬體有了新的突破，AI 的機器學習發展有了快速的成長。此時有了深度學習的概念，深度學習是機器學習的一部分。

由上述可知，AI 與軟硬體息息相關，硬體會隨著時間慢慢突破，有著更好的技術，而軟體的問題就是人類教電腦處理事物時產生的問題，以下來介紹軟體遇到的障礙，

及現在為什麼成功。

第一波人工智慧的發展遇到的障礙，人類試圖把人類知識與思考方式放入電腦的運算中，但人類不完全清楚人類的思考過程，也就不可能將人類的語言脈絡、思考方式完善的教會電腦，進而難以將正確步驟寫入電腦程式中，也就不能讓 AI 具備理解、決策的能力，故 AI 的發展減緩。

第二波人工智慧的發展遇到的障礙，此時的人類，不再讓 AI 學人類的方法，而是讓電腦學會按照人類定義好的規則來做決策，也被稱為專家系統。但此功能不夠實用，只能解決相對簡單的、數據少的問題。也由於當時的電腦只會做人類定義規則的問題，如果超出範圍則不會運作。並且若要人類建立 AI 發展的所有規則（演算法），未免太花時間、精神，也不切實際，故 AI 的發展又再度減緩。

第三波人工智慧的發展，相對以前成功。人類發現如果無法讓機器主動思考、也無法建立 AI 發展的所有規則，於是改變 AI 的演算法，不再要求 AI 學習人類的方法（仿生學），而是要求 AI 自己找方法，也就是將人類看到的現象（數據）輸入給 AI，僅定義各種數據的意義。如同人類教會 AI 識字，讓 AI 讀取大量數據，讓 AI 自己推論與判斷。而令人驚訝的是，這樣的方法讓人類見到 AI 的優勢，它可以找出屬於 AI 特有的方法作推論。當進行更多的機器學習，乃至到深度學習後，AI 更有機會可以自己定義再作推論。此時此刻人工智慧正在大躍進，且不斷進化中。

結論

人工智慧、演算法（機器學習、深度學習）、大數據之間的關聯可見圖 2，AI 之所以在現代成功實現深度學習，取決於硬體的成長，硬體的成長最直接的就是運算能力提升，同時硬體的成長也使得**有效的大數據**得以建檔並處理、硬體的成長也讓演算可以執行更複雜的演算法，也就是機器學習、深度學習，概括上述內容就是 AI，因此人工智慧、機器學習與深度學習的關係，就可以進一步更加了解。

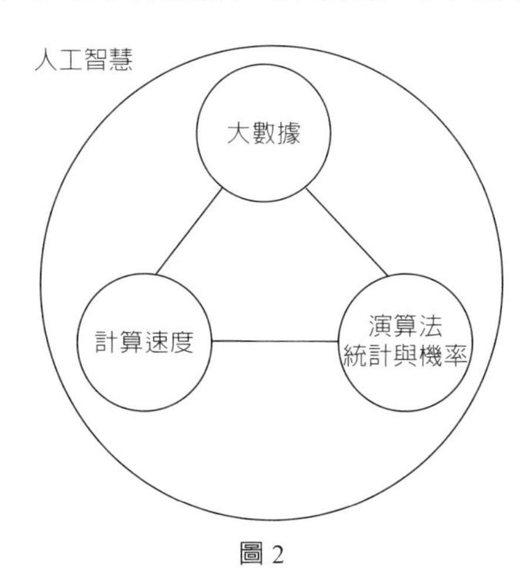

圖 2

1-4 人工智慧之父——艾倫 · 圖靈

艾倫 · 麥席森 · 圖靈（Alan Mathison Turing, 1912～1954）是英國計算機科學家、**數學家、邏輯學家、密碼分析學家**和理論生物學家，他被視爲計算機科學與人工智慧之父，見下圖。

艾倫 · 圖靈在二次世界大戰期間有著重大貢獻，曾在政府密碼學校從事密碼破譯工作，領導小屋 8 號（Hut 8）小組，負責德國海軍密碼分析。他設計加速破譯德國密碼的技術，包括改進波蘭戰前研製的機器 Bombe ，一種可以找到恩尼格瑪密碼機（Enigma）設置的機電機器。**圖靈在破譯截獲的編碼信息方面發揮了關鍵作用，使盟軍許多重要交戰中擊敗納粹，並因此幫助贏得了戰爭**。

圖靈發展的機器可謂是現代人工智慧的雛形，他有基礎 AI 的結構，可以從攔截的電報反向破譯出原文。圖靈對於人工智慧的發展有諸多貢獻，也曾寫過一篇名爲《計算機器和智慧》的論文，提問「機器會思考嗎？」（Can Machines Think?），作爲一種用於判定機器是否具有智慧的測試方法，也稱爲圖靈測試。也因此圖靈對人工智慧有著種種貢獻，因而被敬稱爲「人工智慧之父」。

時至今日，每年都有人工智慧試驗的比賽。以及圖靈提出的著名的圖靈機模型爲現代計算機的邏輯工作方式奠定了基礎。

【獎項與表彰】

圖靈被授予 1946 年大英帝國勳章。在 1951 年被選爲皇家學會（FRS）的成員。以下是以他的名字命名：

- 艾倫圖靈研究所
- 邱奇 — 圖靈論題
- 圖靈估計

- 圖靈完備性
- 不可解度，或圖靈度
- 圖靈不動點組合子
- 圖靈研究所
- 圖靈機
- 圖靈歸約
- 圖靈測試

自 1966 年以來，圖靈獎每年由計算機協會頒發給計算機界，爲其提供技術或理論貢獻。它被廣泛認爲是計算機世界的最高榮譽，相當於諾貝爾獎。

【圖靈測試】

圖靈測試是圖靈於 1950 年提出的一個關於判斷機器是否能夠思考的著名試驗，測試某機器是否能表現出與人等價或無法區分的智能。

測試內容爲一個人（A）使用測試對象皆理解的內容，去詢問兩個，他不能看見的對象任意一串問題。對象爲一個是正常思維的人（B）、一個是機器（C）。如果許多問題後，A 無法分辨 B 與 C 的不同，則此機器通過圖靈測試。以現在實際案例來說，我們可以請 GOOGLE 找到蘋果的圖案，也可以請人類找到蘋果的圖案，所以 GOOGLE 有著一定的智慧。

【結論】

圖靈的圖靈測試指出，機器可以有它特有的智慧，而且若是時代的進步，硬體、校能、資料庫的提升，機器會思考嗎？顯而易見的，到今天機器比絕大多數人類都還要會思考，並且快速，但思考方式未必與人類一樣。

「機器只是思考的方式不同，當某事物的思考方式跟我們不同，就代表它沒在思考嗎？」「我們容許人之間能有極大的差異。不同品味、不同喜好的重點在哪裡？那不就是我們腦子的運作不一樣、思考方式不一樣嗎？」「由你來評斷吧。告訴我，我是什麼？我是機器？我是人？我是戰爭英雄？我是罪犯？」——電影《模仿遊戲》

註 1：圖靈是著名的男同性戀者，並因為其性傾向而遭到當時的英國政府迫害，職業生涯盡毀，最終在 1954 年自殺。

註 2：在 2009 年 9 月 10 日，一份超過 3 萬人的請願簽名，使英國首相戈登．布朗在《每日電訊報》撰文，因為英國政府當年以同性戀相關罪名起訴圖靈並定罪，導致他自殺身亡，正式向艾倫．圖靈公開道歉。

註 3：圖靈事蹟曾被數次改編成電影，如：2014 年的《模仿遊戲》。

1-5 21 世紀的新型石油——大數據

21 世紀已經是一個 AI 時代，是個資訊爆炸的時代，過去 50 年我們不斷把舊有的經驗與資料電子化，到如今已有相當可觀的資料，而未來還會有更多資料不斷更新。同時近十年來，因硬體效能的突破，使得我們可以儲存更多的資料，也有著更好的效能，再利用更多的統計與機率，創造出更有效的演算法。我們的 AI 經由機器學習，能處理的事物愈來愈多、也愈來愈精準。

網路雲端使得大數據、程式碼的共享，不再如同過去交流不便。我們都知道三個臭皮匠，勝過一個諸葛亮，人類會集結眾人的智慧，集思廣益來做事。到了 AI 時代，集體智慧與機器智慧相比，人類會漸漸輸給機器，且差距會隨時間愈來愈大，因此要在他人還沒注意到的時候，先行建立起機器智慧，作有效的利用。

21 世紀是資訊爆炸的時代，科技成長的速度，比你我想像的還要更快。要如何在這個時代站穩腳跟？掌握 AI 必然要理解機器學習的基礎，先天是由硬體決定，如今已經有所突破，而後天是指要有更好的演算法，目前也利用了更多的統計與機率，這兩者相信會愈來愈好，而不可或缺的是**正確有效的大數據，如果沒有大數據來讓該 AI 進行機器學習，這個 AI 不能成為一個實用的 AI**。因此 21 世紀最重要的就是大數據，換言之，**大數據就是 21 世紀的新型石油**[註]，掌握大數據才能替 AI 注入燃料，再讓 AI 創造出財富，見圖 1。但不可否認的仍然不免會遇到數據量不足的情形，此時會用模擬（Simulations）的方式來處理，如：飛行員的模擬訓練，初始數據不足時，當模擬的情況愈多，要接近眞實情況就可能愈差，但此方法仍具一定功用。

註：歐巴馬強調大數據會是之後的未來石油。數據乃新石油，周明達所著《2040 天下無人》一書亦提及，參考聯結 https://readmoo.com/books/remark/index/ 2101088780001，見圖 2。

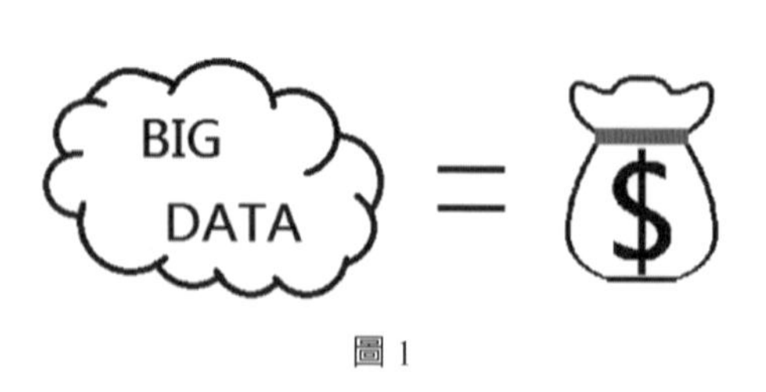

圖 1

圖 2

淺談各行各業的大數據：

1. 商業

(1) 商業智慧（Business intelligence, BI）是商業上利用到大數據的商用軟體，能有效幫助商業分析，不再如以往是小數據的統計報表分析，而是可以更多資料、更多維度的多方比較的分析，提供更多訊息給使用者參考，有利於判斷。但在前期常因工具或是統計不熟悉、數據的不足，導致使用者不全然相信大數據分析，而更相信過往經驗，或是直覺。不熟悉與缺乏的部分會與時俱進，如果當大數據及資訊視覺化更加完備時，將能有效讓使用者知道事情全貌而作出正確判斷，進而獲利。

(2) 自動化機器：當 AI 利用大數據機器學習後，犯過的錯將難以再犯，可以比人力製作產品的瑕疵率更低，工時也比人類長。

(3) 各種需要說明、或查詢的人力，可利用 AI ，若利用大數據進行機器學習後，可以更加完整。

(4) 推薦購物：夠大的數據庫作出關聯性分析，推薦顧客想購買的商品。

2. 氣象

目前我們已有許多衛星，以及各種研究所、氣象局等機構來收集地球資料，經由分析後可以有效預防天然災害，但仍有不足。問題可能是演算法瑕疵、數據不足，但如果可以將其完善，則可以有效預測天災，進而替農業帶來更好的收益，以及降低全球因天災帶來的危害。

3. 醫療與健康

目前每個醫生的經驗都是極其個人化的，如果有一天可以將每一個醫生的經驗，整合並去蕪存菁，建立起有效的數據庫，便能帶來更好的醫療環境。

4. 科學

科學上需要利用大數據進行分析的地方不勝枚舉，有了數據才能進行分析，不夠完善的數據，使科學難以一窺全貌。

5. 人臉辨識

需要夠大的數據庫，才能讓 AI 經由機器學習後，提高鑑別率，以及提升如果裝飾品改變或是老化還能正確判斷的機率。

6. 無人駕駛

夠大的數據庫且機器學習並自主建立起每一種臨場反應，才能使得無人駕駛更爲安全。

結論

21 世紀將是一場誰掌握愈多數據，就愈能領先他人一步的時代。目前大數據未完全發揮功用，也就是現在 AI 還處於初期機器學習的過渡階段，還需要有一點耐心才能看到成果。在此之前應該搶得先機，收集足夠的大數據，並且要讓資訊工程師，了解到演算法的核心是統計與機率，才能設計出夠好的 AI；或是數學家應該要學會寫演算法，也能有機會設計出夠好的 AI；亦或是兩者的合作。在 21 世紀不管是哪一個領域，要準備好大數據及演算法、硬體、及其相關人才，才能禁得起 AI 時代的考驗。

1-6 蒙地卡羅法 (1)

蒙地卡羅法是一種利用現在電腦大量且快速計算的能力產生的方法，概念是由電腦大量且快速計算得到一個機率，並再進一步得到答案，如：求圓周率。此方法的優點是可以不利用人類精準計算的方法，僅靠電腦作簡單的動作就能得到答案。接著用求面積的方式，介紹蒙地卡羅法。

• 蒙地卡羅法求圓面積

一個 2 公分的正方形，裡面放直徑 2 公分（半徑 1 公分）的圓，見圖 1。讓電腦在此圖案射飛標，射在正方形內部才加以討論。而射飛鏢會導致破洞，見圖 2。當射愈多破洞，就愈可以覆蓋圓形，以及覆蓋正方形，見圖 3。而破洞的面積加總後，就可以得到圓形及正方形面積。

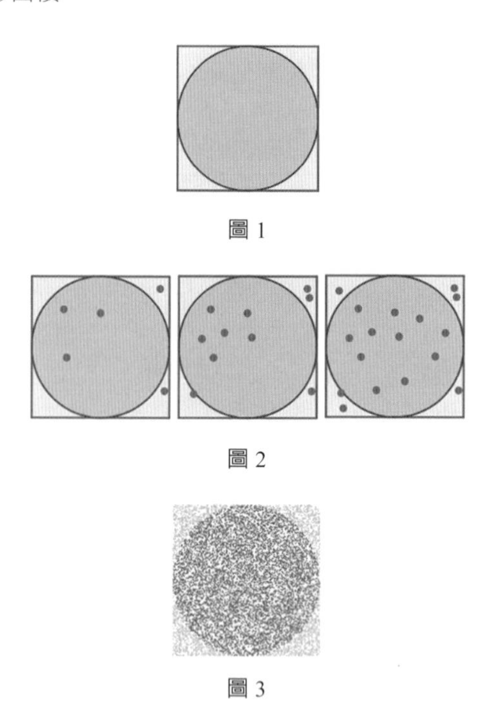

圖 1

圖 2

圖 3

圓面積與正方形面積存在一個比例關係：「圓面積 ÷ 正方形面積 = 比例」，移項後「圓面積 = 比例 × 正方形面積」，**而正方形面積為 2×2 = 4，故「圓面積 = 比例 ×4」**。我們不用去思考圓形面積怎麼計算，只要靠電腦丟愈多次，就可以得到愈接近正確的比例，進而得到圓形面積，見圖 4。

備註：該比例也可以認知為，射飛鏢丟到正方形的圓內機率。

圖形	圓內點	正方形內部點	比例	正方形面積 × 比例 = 圓面積
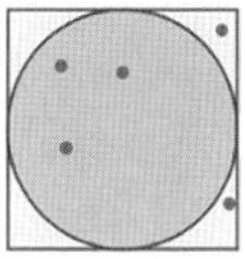	3	5	0.600	2.400
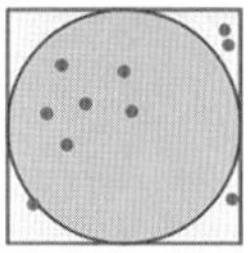	7	10	0.700	2.800
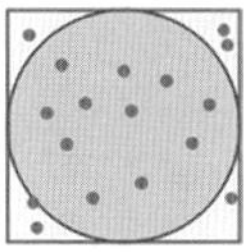	12	17	0.706	2.824
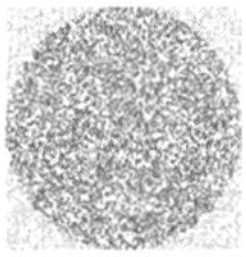	31435	40000	0.786	3.1435

圖 4

作者利用 Excel 跑了 4 萬筆資料，可知比例是 0.786，代入可得到圓形面積 = 4×0.786 = 3.1435。**這邊要注意電腦完全不知道圓面積怎麼計算**。思考小學的方法，利用圓周率計算圓面積：半徑 × 半徑 × 圓周率 = 1×1×3.14159 = 3.14159。人類與電腦的計算僅差了 0.00191。電腦僅丟 4 萬次就可以相當的接近正確的面積值，如果丟更多次就可以更為準確，所以蒙地卡羅法求出面積值是可用的。

【了解人工智慧、機器學習、演算法、及大數據各自出現在上述案例的何處】

1. 演算法：整套的計算流程可稱作蒙地卡羅求面積的演算法。
2. 機器學習：可以發現電腦學會用蒙地卡羅求面積，並且不再受限既定的幾何圖形，進步到可以計算任意圖形。
3. 大數據：可以發現當丟丟看的次數過少時，機率會不夠精準，而丟的愈多次，機率就會愈正確。**同時也可發現只有電腦可以執行多次的快速運算，在數量及速度都遠勝於人類**。
4. 人工智慧：讓電腦學會人類做不到的求面積方式，代表電腦有其特殊的智慧。

1-7 蒙地卡羅法 (2)

當我們讓電腦學會蒙地卡羅求面積的方式，就可以讓電腦計算難以處理的積分問題（積分就是求面積），也就是求曲線下面積，也可以稱為利用電腦土法煉鋼。如：$y = x^3 - 6x^2 + 11x - 5$，求出 x 在 1 到 3、y 在 0 到 2 的曲線下面積，見下圖。如果是以前我們必須用積分技巧來計算，但是電腦不用，只要用學會的蒙地卡羅求面積法來做就可以。一樣還是丟丟看（射飛鏢）的方式，見下表。

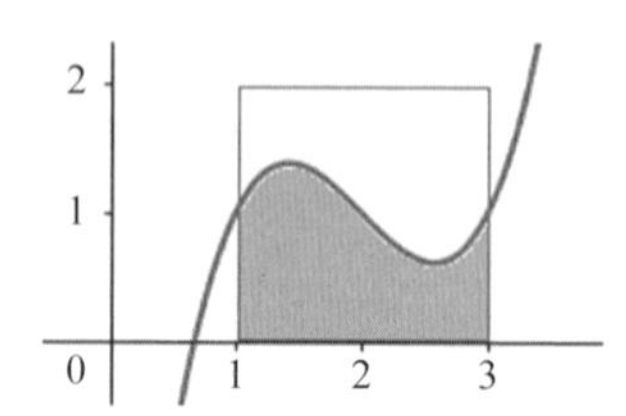

圖形	曲線下的點	正方形內部點	比例	正方形面積 × 比例 = 曲線下面積
	3	5	0.600	2.400
	9	15	0.600	2.400
	15	30	0.500	2.000
	20040	40000	0.501	2.004

作者利用 Excel 跑了 4 萬筆資料，可知曲線下比例是 0.501，代入可得到曲線下面積 $= 4 \times 0.501 = 2.004$。**這邊要注意電腦完全不知道面積怎麼計算**。

我們思考大學的積分方法，$y = x^3 - 6x^2 + 11x - 5$ 的積分爲 $Y = 0.25x^4 - 2x^3 + 5.5x^2 - 5x + c$，1 到 3 曲線下面積 $= (0.25 \times 3^4 - 2 \times 3^3 + 5.5 \times 3^2 - 5 \times 3 + c) - (0.25 \times 1^4 - 2 \times 1^3 + 5.5 \times 1^2 - 5 \times 1 + c) = 2$。

人類與電腦的計算僅差了 0.004。電腦僅丟四萬次就可以相當的接近正確的面積值，如果丟更多次就可以更爲準確，所以蒙地卡羅法求出面積值是可用的。

【為什麼早期不用蒙地卡羅法】

理由很簡單，早期沒有運算能力夠強的電腦來執行大量的反覆丟看看的運算，而現在可以，我們讓電腦學會計算任何圖形面積的方式，這就是機器學習，不就代表電腦可以獲得智慧，而且比人類更有效的計算出面積，幫助人類節省時間。

爲什麼要特別討論蒙地卡羅法？因爲現有的積分技巧都是建立在可以把曲線化爲函數，再去進行積分運算，或進行數値分析（切長條）。而蒙地卡羅法的好處就是將要討論的圖案拿來直接做丟丟看的機率計算，就可以得到面積，所以蒙地卡羅法才如此重要。

類似的概念早在阿基米德時期就已經存在，就是排水法，我們不用把完整的物體切片算體積，只要計算水位上升多少就可以知道體積。**也就是不用管原本的形態，直接找到接近的答案**。換言之這也就是現在的黑盒子模式，此內容將在之後再進行說明。

【結論】

由此我們就可以初步的認識跟電腦有關的科技名詞：人工智慧、機器學習、演算法及大數據。科技名詞的詳細內容及黑盒子模式將在別篇完整的介紹。

1-8 機器學習與無人駕駛車 (1)

有的人對於「機器學習」這一個名詞感到困惑，認爲機器沒有主動學習的能力，所以不會學習，怎麼會出現一個「機器學習」的內容？我們要如何了解機器學習的意義呢？基本上「學習」可以理解爲「複製行爲模式」，比如說：學會了用削皮器削蘋果皮，然後看到水梨，理所當然的也可對水梨做同樣一件事情，而這就是學習，學習到「削皮」這個行爲模式。同理，機器學習就是人類輸入了一串指令讓他學會處理一件事，判斷後就會用同樣的方法來處理這件事。如：無人駕駛車、AlphaGo、蒙地卡羅法求出面積值。

【認識機器學習的案例 — 無人駕駛車】

無人駕駛車的概念是人類輸入一些開車的行爲模式（演算法），之後讓它在路上移動，並建立自己的資料庫（大數據），判斷各種情況要如何應對（黑盒子模式），久而久之它就學會如何在路上開車（機器學習）。並且一段時間後，多台車的資料可以進行資料共享，如同人類的交流學習後的內容（機器學習），最後每一台充滿著智慧（人工智慧）的車就可以完美的在路上行駛。接著觀察無人駕駛車遇到坑洞的演算法，以及利用黑盒子更新後的演算法。

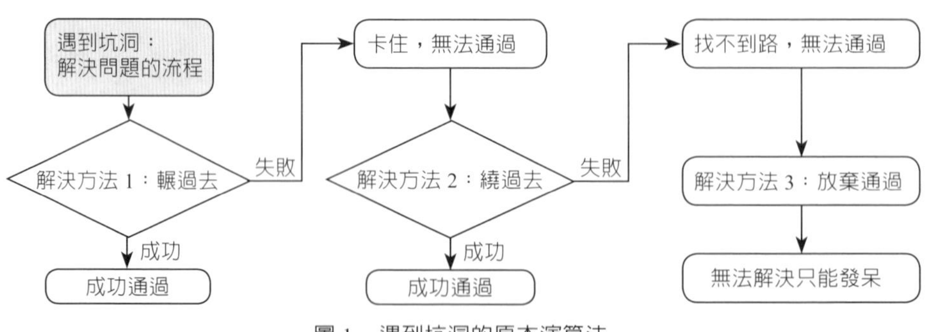

圖 1　遇到坑洞的原本演算法

由圖 1 可知，遇到坑洞時先執行方法 1，看看是否會成功，若方法 1 不行，則執行方法 2，若再不行就執行方法 3。可以發現此流程套用在人類身上也成立，因爲這就是人類的決策方式，讓無人駕駛車模仿（機器學習）人類的決策方式，並去執行該解決的方法（演算法），而人類也只能盡量把可能的情況列出來，如果都無法解決則會出現方法 3 的發呆情況。圖 1 的流程並不是一個好方法，可以發現電腦必須逐步的依次動作，直到成功爲止，或是嘗試所有方法後，才能判斷出不能解決，相當的浪費時間。我們可以知道圖 2 的方法相當的費時，且不聰明。我們應該讓無人駕駛車先累積經驗，見圖 2。

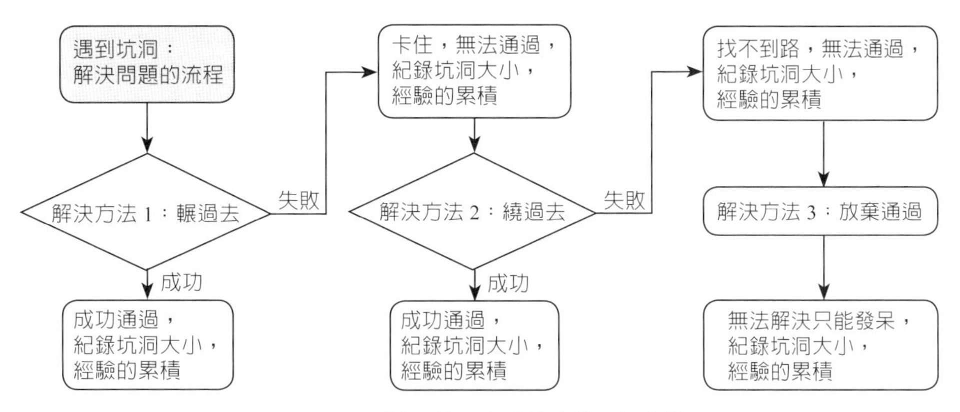

圖 2　遇到坑洞的原本演算法並記錄數據

建立大數據的資料庫後，可以知道各方法成立的機率情況，在此假設執行方法 1 有 30%、方法 2 有 60%、方法 3 有 10%，因此我們可以修正圖 3 的演算法爲圖 3。因此我們可以 AI 利用成功機率判斷哪一個方案才是最好的選項，而這就是機器學習。

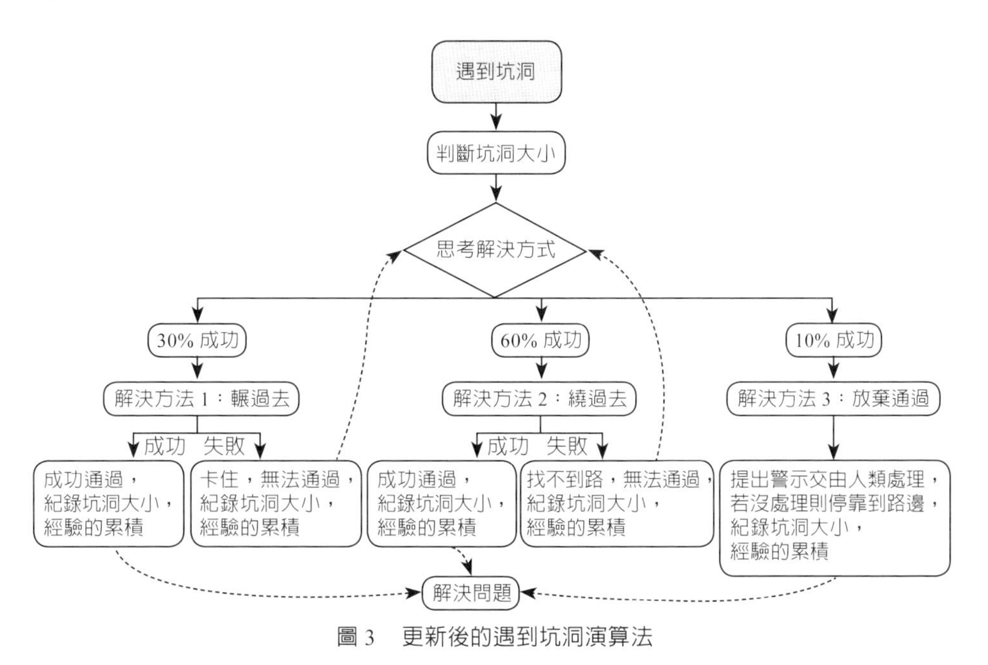

圖 3　更新後的遇到坑洞演算法

1-9 機器學習與無人駕駛車 (2)

接續上一節，無人駕駛車機器學習後再遇到坑洞時，就會用更新後的演算法來進行決策，就是以機率的大小順序作爲嘗試的順序，也就是上一節方法 2、方法 1、方法 3，而不是永遠用方法 1、方法 2、方法 3 的順序處理。而決策的演算法就是黑盒子模式，見下圖。可以看到更新後的遇到坑洞演算法可分爲兩部分，一個是決策部分的演算法，也就是利用大數據及統計概念的黑盒子模式的演算法，一個是處置方式部分的演算法。可以發現電腦進步到會進行判斷坑洞大小來決定該執行哪一個方法。

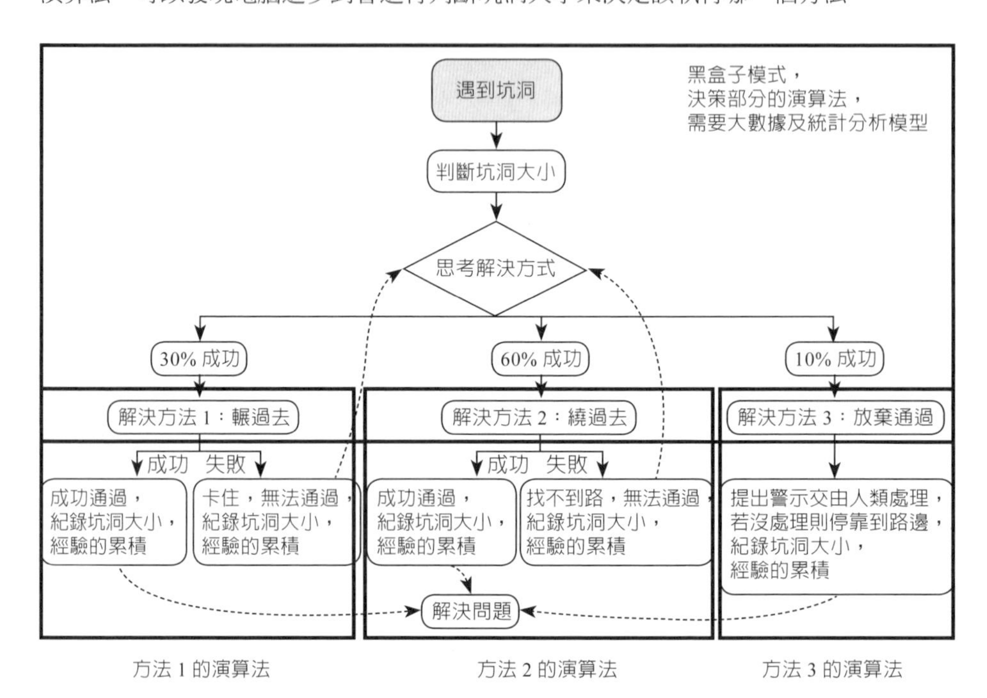

圖　更新後的遇到坑洞演算法，標示出決策部分及處理問題部分

最後無人駕駛車累積很多數據、及多台車的資料共享後，無人駕駛車在閃避坑洞時，會快速執行圖 1 的概念，先執行黑盒子模式部分的決策演算法，再執行解決方法的演算法。所以無人駕駛車確實學會如何閃避坑洞，同時會不斷累積數據，修正各方法的機率。而**這就是機器學習的最大重點，會自主修正機率，進而愈來愈有智慧**。

【機器學習後的能力與人類能力的比較】

我們可以發現機器學習似乎學著如何變得像人類，尤其是在判斷能力上，**電腦就是利用大數據及統計來產生判斷能力**。但在此要注意到一件事，電腦經由機器學習產生的人工智慧，看似與人類差不多。但是我們要注意到，人類會感到疲累，也就是反應沒有電腦快；人類會老導致記憶力衰退，也就是人類累積的數據庫帶來的機率會失眞，與電腦的大數據帶來的機率相比，出現錯誤的情況大於電腦。**所以機器學習的人工智慧在已經學會的事物上，會不斷的超越人類**。參考下表，比較人類、以前的機器學習、現在的機器學習（加入大數據+統計方法）的差別。

	記憶能力	運算能力	分析能力	聯想能力	直覺能力
人類	有限 不能能變	有限 不能能變	有限範圍	強	強
以前的 機器學習	愈來愈超前 無上限	愈來愈超前 無上限	較差	無	無
現在的 機器學習 （加入大數據 與統計方法）	無上限	無上限	機器學習一定時間後，會突破目前的分析能力	統計方法 如：AlphaGO	未知

【機器學習的古今異同】

機器學習以前與現在的差別，在於以前是從案例中學習，沒有加入**黑盒子模式，也就是沒有大數據的資料量及運算速度、以及統計分析模型**，只能由人類一條條輸入處理方式，顯得呆板，並且不會自主學習經驗來加以修正，故相當費時。而現在是從大數據中學習經驗來判斷該如何做。換言之現在的機器學習能力上升，我們可視爲電腦的智慧增加。

換個最直接的講法，就是以前的電腦只會死套公式作題目，現在的電腦會找出相對高效率的解決方法。或是用小孩做事情變成熟來討論，小孩子會學習什麼時候該做什麼事，比方說，上課有許多規定，經教導後知道哪些規定，當犯錯過幾次後，就知道哪些事情可以做哪些不能做。

【結論】

「機器學習」或許不是一個好名詞，容易令人困惑，部分人認爲機器不會主動閱讀怎麼會學習。作者認爲，這是想法太過狹隘，事實上我們從以前就一直在讓機器學習各個處理問題的演算法。現在有更強大的硬體，可以大量記錄數據及快速運算，再搭配統計的模型，我們有了所謂的黑盒子模式（決策的演算法）。當原本依流程運作的演算法，加入利用**大數據及統計**的黑盒子模式，使得電腦處理的效率大大提升，並且比人類更加強大。加入**大數據及統計的概念就是「現在機器學習」的重點**。

1-10 演算法與黑盒子模式 (1)

本篇介紹演算法、與黑盒子模式。「演算法」與「黑盒子」對於大多數人是一個抽象且神奇的名詞，因爲在無法解釋電腦的行爲的時候就說這是「演算法」或「黑盒子」，但是這聽起來有說等於沒說。**我們在先前有提到演算法是電腦處理事情的方法、流程**。見圖 1、2，了解無人駕駛車的遇到坑洞的演算法，圖 1 是沒有黑盒子（大數據及統計）的演算法，圖 2 是有利用黑盒子（大數據及統計）的演算法。

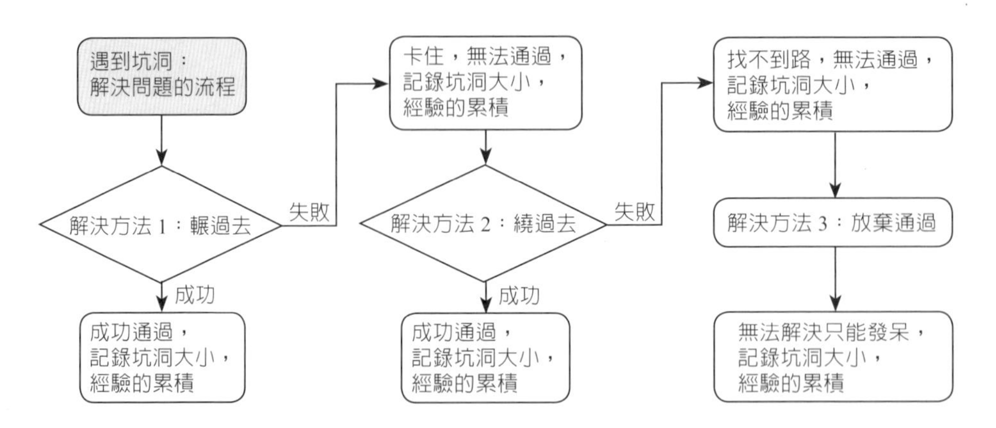

我們知道無人駕駛車的遇到坑洞演算法，有圖 1 與圖 2，只是執行效率具有差異性，圖 1 是比較呆板的，依照原本的順序依次執行。圖 2 則是建立在大數據及統計上，分析各方法成功的機率，不斷修正各方法的執行順序，來達到更高的效率。而圖 2 可以發現比圖 1 多了一段決策部分的演算法，而這一段決策部分的演算法就是黑盒子模式，也就是利用大數據及統計的方法設計的演算法。換言之**圖 1 比較像是小孩只能死板板的依樣畫葫蘆，逐次使用自己會的方法，而圖 2 則像是大人有足夠的經驗可以判斷哪一個方法更好，找到較優化的方式**。

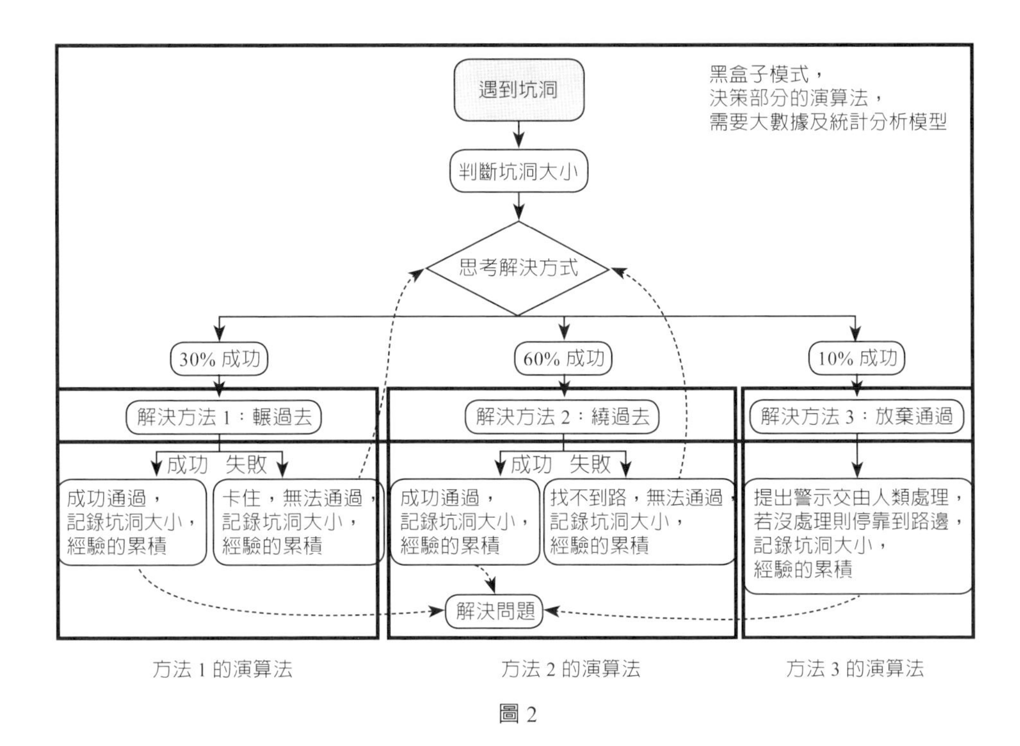

圖 2

一般人對於現在演算法不甚了解，也就是不懂何謂黑盒子模式，進而認爲演算法很難。其實這是錯誤的概念，演算法對於電腦來說只是一段程式碼，不管是一個執行的流程、還是收集資料決定機率，它都是演算法。**只是黑盒子的演算法比較難以理解，進而讓人誤以為演算法很難，其實難的不是演算法，而是統計與機率的認知不足，才無法學會黑盒子的演算法**。

【為什麼稱為黑盒子模式】

先從名稱來加以討論黑盒子模式，黑盒子模式基本上就是所謂不透明的盒子，看不見內部的意思，在此的概念是指不知道電腦到底是依據什麼行爲來決定機率，但這邊其實很弔詭，因爲其實大家都應該知道那就是統計的內容，是因爲不明白當初設計者的統計概念、或是被加密，進而看不懂對方的內容，故稱黑盒子。

若能除去加密部分，我們應將電腦的黑盒子模式，**定位為決策行為的演算法**，這樣就不會難以理解黑盒子在做什麼？設計一個決策行爲，可以利用大數據及統計與機率。所以我們要理解現在的演算法，就要**了解黑盒子模式，更要先弄懂統計與機率**；而不是說因爲不懂統計與機率，進而不懂黑盒子模式的演算法，還稱呼爲黑盒子。

1-11 演算法與黑盒子模式 (2)

黑盒子產生的原因？我們都知道寫程式就是在學習寫程式碼，部分工程師學習寫程式的方式，是學習一段程式碼，直接學習書寫方式，了解什麼東西進去，會出來什麼的內容，只要遇到能套用的問題，就改成相對應的符號直接套用，但是其實本身並不曉得那段程式碼在做什麼。

舉例，課本有一段程式碼可以將一堆數字，由小排到大並列出各自比例，但是有的工程師可能完全不懂演算法內容，只是依樣畫葫蘆，但是本身不了解葫蘆內部是什麼。

同理在演算法透過統計及大數據的機器學習，讓電腦可以有決策行爲，但是有的工程師可能會因爲看不懂統計與機率內容，進而死背硬套這段內容，**反正重點是數據進去、數據出來，不懂黑盒子還是可以完成任務**。如同我不會製造車子但是我會開車就好。最後看不懂的決策演算法部分，就被稱爲黑盒子模式，因爲抱持著**「我不懂黑盒子原理，但是我知道什麼東西進去，結果又會出來什麼，我會用黑盒子就好，不一定要懂黑盒子原理」**。只重其形、不重其本的依樣畫葫蘆，**不是一個良好的學習方式及設計人工智慧的方式**。

只想學會使用黑盒子，卻不想懂黑盒子的行爲。就好比說，我是賣香腸的人，我會用機器，讓豬絞肉等材料進去最後有香腸出來就好。或是說我有個作泡芙的機台，我只要更換材料就可以做出，奶油泡芙或是草莓泡芙、巧克力泡芙；而不去認眞研究黑盒子的原理。我們知道汽車與飛機都有引擎，但是如果不去研究引擎這個黑盒子的原理，如何從汽車進步到飛機，不去學習原理怎敢把東西應用完全不同的地方，這就是爲什麼我們需要學會黑盒子的內容。

作者要強調，如果不學黑盒子，只能永遠設計無敵鐵金剛般的沒有智慧的機器人，而無法設計出小叮噹般的有人工智慧的機器人。因爲我們希望機器人像人一樣可以自主學習，並且還可以利用機器的優勢（記憶容量與反應速度）來幫助人類。要如何達到這一點？首先要知道人類的行爲就是一連串的統計及機率行爲，所以設計機器人是避不開**統計與機率**，見下圖。**故統計與機率是現代的演算法避不開的學習內容**。

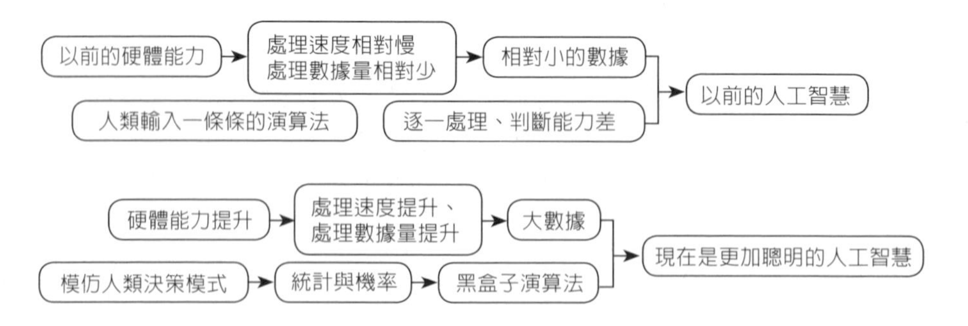

【現在機器學習的黑盒子種類】

常見的機器學習演算法，見下表：

	英文名稱	中文名稱
1	Naïve Bayes Classifier Algorithm	貝氏演算法
2	K Means Clustering Algorithm	K 平均演算法
3	Support Vector Machine Algorithm/SVM	SVM 演算法
4	Apriori Algorithm	先驗演算法
5	Linear Regression	線性回歸演算法
6	Logistic Regression	邏輯回歸演算法
7	Artificial Neural Networks/ANN	人工神經網路演算法 / 類神經網路演算法
8	Random Forests	隨機森林演算法
9	Decision Trees	決策樹演算法
10	Nearest Neighbours	最近鄰居法

而上述 10 項機器學習的演算法原理都是統計與機率。

- **生活中常見的機器學習與大數據的結合**

1. Siri and Cortana，人工智慧助理（AI）
2. Facebook，臉書社群軟體
3. Google Maps，谷歌地圖
4. Google Search，谷歌搜索引擎
5. Gmail，電子信箱
6. PayPal，網路第三方支付服務商
7. Netflix，網飛，線上觀賞電影
8. Uber，優步，交通網路公司
9. Lyst，全球時尚搜索引擎
10. Spotify，音樂串流服務
11. 網路購物的推薦購物系統

1-12 使用者該如何看待黑盒子模式演算法 (1)

機器的產生，源自人類，如果人類不懂邏輯也沒有統計與機率，設計出來的 AI 也不會有多少邏輯，進而只能呆板的一個口令一個動作。有的人認爲 AI 不需要邏輯、統計與機率，但這並不合理，因爲這是構成演算法的核心。而爲什麼會有人這樣想？早期老舊的機器只要會執行命令即可，如咖啡機不用邏輯、統計與機率，所以部分人認爲新的 AI 也可以不用邏輯、統計與機率，但是這些人沒有想到在機器學習的時代，不可能避開這些內容。或是部分人認爲交給別人作即可，只要可以利用別人的成果即可（看不懂的演算法，或可稱黑盒子）。而更有趣的是有些人會用資訊科技的內容，來包裝統計內容，以免學生聽到邏輯、統計與機率，就害怕而不學，久而久之，這些深奧的內容就被稱爲黑盒子，但是這是錯誤的概念。想要讓 AI 更進一步，就要利用到邏輯、統計與機率。認爲用不到或是與自己無關的人是錯誤認知，一昧的逃避會導致慢慢的在資訊世界被淘汰掉。

在前面已經介紹了下述內容：

(1) 什麼是演算法。

(2) 演算法的困難之處其實是黑盒子。

(3) 黑盒子的概念爲何。

(4) 爲什麼會有黑盒子。

(5) 電腦的黑盒子絕大多數都是統計與機率。

(6) 生活之中的黑盒子。

(7) 目前機器學習的學習重點，就是學習如何用統計與機率製作各個黑盒子。

目前資訊工程師眞正應該要學習的就是黑盒子部分，也就是統計與機率部分。如果一直抱持著黑盒子就讓它繼續黑吧，不想理解黑盒子（統計與機率）的原理，那麼它永遠不會變成灰盒子或是透明盒子。換言之，如果不能將黑盒子融會貫通，那麼人工智慧的能力就會到此止步，而無法繼續提升。

大家要明白目前人工智慧要繼續提升，必須了解目前機器學習的本質，它是建立在**程式碼、統計與機率上，兩者缺一不可**，但是資訊工程師對此太不了解，故需要一個良好的黏著劑來加以黏合。希望資訊工程師不要再害怕接觸統計與機率，如此一來才能創造出更進步的黑盒子演算法，也就是更棒的人工智慧。

而一般人（使用者）對黑盒子應有的理解與態度，與工程師又不相同，就是不要太鑽牛角尖，不用非要了解黑盒子原理，見下圖，只要結果正確就可放心使用，如同一般人不用會製造汽車僅需要會開車即可。

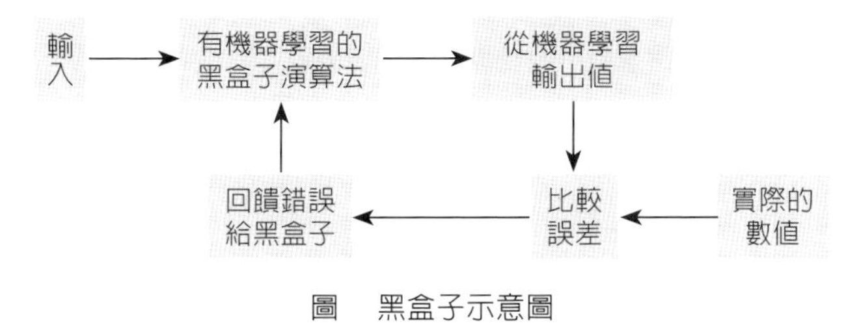

圖　黑盒子示意圖

【目前機器學習的黑盒子重點】

目前機器學習的重點是如何在經驗中改善整個演算法的效能。可以分成下面類別：

1. 監督學習（Supervised Learning）：從給定的資料中學習一個函式，而此函式需要人加以協助套入。當有了新的資料時，可以根據這個函式預測新的結果，重點放在輸入和輸出，常見的監督學習演算法，如：回歸分析、統計分類。
2. 非監督學習（Unsupervised Learning）：非監督學習與監督學習的差別，在於是否有人加以協助。常見的無監督學習演算法，如：生成對抗網路（GAN）、聚類等。
3. 半監督學習（Semi-Supervised Learning, SSL）：半監督學習介於監督學習與無監督學習之間。
4. 強化式學習（Reinforcement Learning）：嘗試錯誤中學習。

1-13 使用者該如何看待黑盒子模式演算法 (2)

黑盒子利用大數據的案例：飛彈的飛行優化計算模式

黑盒子這個概念不是什麼新穎的內容，早在巡弋飛彈飛行時就有這樣的內容，我們都知道飛彈應該要隨著環境的變化，而修正飛行軌跡，才能順利擊中目標，但是如果每次都是利用全體數據重新計算，那將花去太多時間，以及硬體容易不足，進而影響命中率。

我們以一個簡單的例子來說明，假設飛彈的飛行需要不斷的計算一個平均值，已知在第 10 秒有 10 筆數據，可得到前十秒總合：S_{10}，前十秒平均是 $\overline{S_{10}}$。

在第 11 秒時，會得到第 11 筆數據，也得到一個新的總合：S_{11}，新平均是 $\overline{S_{11}}$。

如果我們將 11 筆數據加總後再相除，要做加法 10 次跟除法 1 次，顯然效率很差。

如果可以利用第 10 秒的平均換算出前 10 秒的總和，加上第 11 秒的數據，再相除，只要 1 個乘法、1 個加法、1 個除法，僅僅 3 個步驟，效率將近差了 33.3 倍。而在愈多筆數據時效率差愈多倍，我們可以觀察下述數學式來認識概念。

前 10 項總合 $= S_{10} = a_1 + a_2 + \cdots + a_{10}$

前 10 項平均 $= \overline{S_{10}} = \dfrac{a_1 + a_2 + \cdots + a_{10}}{10}$

前 11 項總合 $= S_{11} = a_1 + a_2 + \cdots + a_{10} + a_{11}$

前 11 項平均 $= \overline{S_{11}} = \dfrac{a_1 + a_2 + \cdots + a_{10} + a_{11}}{11} \cdots$（11 個步驟，計算太慢）

已知 $\overline{S_{10}} = \dfrac{a_1 + a_2 + \cdots + a_{10}}{10} \Rightarrow 10 \times \overline{S_{10}} = a_1 + a_2 + \cdots + a_{10} \cdots (1)$

而前 11 項平均 $= \overline{S_{11}} = \dfrac{a_1 + a_2 + \cdots + a_{10} + a_{11}}{11} \cdots (2)$

將 (1) 代入 (2) 可得到 $\overline{S_{11}} = \dfrac{10 \times \overline{S_{10}} + a_{11}}{11} \cdots$（3 個步驟，計算較快）

以此類推後

前 n 項平均 $= \overline{S_n} = \dfrac{a_1 + a_2 + \cdots + a_n}{n} \cdots$（$n$ 個步驟，計算太慢）

改良後的方法是 $\overline{S_n} = \dfrac{(n-1) \times \overline{S_{n-1}} + a_n}{n} = \dfrac{n-1}{n} \times \overline{S_{n-1}} + \dfrac{a_n}{n} \cdots$（3個步驟，計算超快）

上述在講解的內容，就是數學中的「遞迴概念」，如果設計飛彈的工程師不懂這一段數學式，會將它當作黑盒子，但其實原理一點都不難。所以如果要在人工智慧上進步，**設計者無法避開統計與機率**。

打個比方說，壽司師傅應該要了解各家魚市場魚肉的情況，甚至要知道他們配合的廠商是如何捕魚，以及捕魚的過程中所使用的保存方式，是否達到期望的魚肉保鮮程度。因此想要獲得理想的魚肉，就免不了去關心每一個環節。而一般的消費者只需要找到好吃的壽司店面，享用店家經過層層把關的魚貨即可。因此店家只需提供基本資訊供消費者了解就好，並不是每位消費者都需要了解食用的魚肉是如何被捕撈上岸及經過哪些保鮮方式等。

【目前生活中的黑盒子模式】

我們由前文可知，程式碼的黑盒子絕大多數都是統計與機率，但生活上其實我們也面臨著許多黑盒子，不過有些黑盒子已經被理解了，已經轉變爲灰盒子或是透明盒子。比如說，石頭爲什麼會往下掉，亞里斯多德提到是石頭的本性，這聽起來就是不知其原因，只能被認知是眞理的事情，但牛頓經由假設與計算，得到是因爲萬有引力的影響，這時石頭往下掉的原因已經轉變爲灰盒子。

一般來說我們會想了解一個現象，爲什麼它的結果是這樣，但是我們找不到相對應的因果關係，所以我們放棄尋找它眞正的函數及數據關係內容，而是去尋找跟他極度接近吻合、誤差極小的模式，就稱爲「**黑盒子模式**」。如：股市分析，我們無法找到一條完全吻合的函數曲線來進行預測，但是我們可以在某一個小範圍找到一個函數來吻合，換句話說，我們無法找到 1 年份的曲線預測，但是有可能可以找到 1 個月內的，但是可能還是不了解整個完整情況的因果關係。

同時要注意的是，黑盒子模式是我們只能看見它決策的結果，而無法了解這整件事情的因果關係。打個比方，有點像烹飪，我們看到蛋炒飯，我們知道要有蛋、飯、油、鹽，但是我們不知道外面的廚師怎麼做，但我們還是可以做出一個看起來很像、吃起來很接近的蛋炒飯。

1-14 使用者該如何看待黑盒子模式演算法 (3)

認識，只能逼近目標的黑盒子，而不完全準確的黑盒子

- **飛機的飛行、潛水艇的移動**

人類自古以來一直想要在天上飛翔，但是找了很多方法都不是很理想。以下是曾經有的經驗。

1. 利用仿生學（Bionics）：仿生學是模仿生物的科學，了解生物的結構和功能原理後，研製新的機械和技術，或是用來解決機械技術的難題。2000 年來人類希望能像鳥一般的飛翔，但是身體太重，就算加裝翅膀後，拍擊的力道也無法飛翔。
2. 利用仿生學模仿飛鼠在天上滑翔。
3. 利用熱氣球升空，而熱氣球的原理是燃燒空氣，讓氣球內部氣體密度低於外部進而升空，這個原理可以用在水底吹游泳圈的想法來理解，吹飽氣體的游泳圈會因密度小於水而浮上去。其實這也是一種黑盒子概念，只要能飛上天，結果正確了，過程不重要，但是熱氣球飛太慢不盡理想。

現在飛機是怎麼一回事？我們先思考游泳，在水底時我們向下壓水，人自然會上浮，所以只要向下推，本體就會上浮，同理在空氣中，我們只要向下用力推，本體就會向上浮，而對應到飛機，就是向斜下用力噴氣，我們就上浮與前進。也可以聯想到一個吹飽的氣球，不綁起來，將開口朝下並放開，會向下排氣產生推力，導致本體上升。而這就是一種黑盒子概念，可以飛上天（火箭也是同理），如果我們再增加一個水平噴射的動力就可以無死角移動，結果正確了，可以跟鳥一樣快速的任意的在空中移動，過程不重要；而潛水艇也是同理。

我們無法利用仿生學來飛翔，只好找一個結果類似的黑盒子方法，讓我們在空中移動。當物理學家研究黑盒子的原理，完成分析後，將其稱之爲流體力學。

- **天氣預報**

我們不了解天氣如何變化，但是現在與 20 幾年前相比，準確性提高了，這就是黑盒子模式的進步，也就是電腦的硬體能力提升及演算法升級，大大的加快模擬的速度及準確性。

- **壓縮音樂**

我們都知道聽音樂要去聽現場演奏的比較好聽，而且錄製的完整檔案較大，而壓縮過後的音質總是差一些，而壓縮檔案的行爲就是黑盒子模式。它過濾掉一些人類比較難以察覺的部分，而保留大家比較能聽到的部分，但大家還是可以分辨出它保留大多數想聽的音樂部分。見圖 1：原始音樂檔與壓縮後的音樂檔的差異。而壓縮就是濾波（過濾）的一種應用。

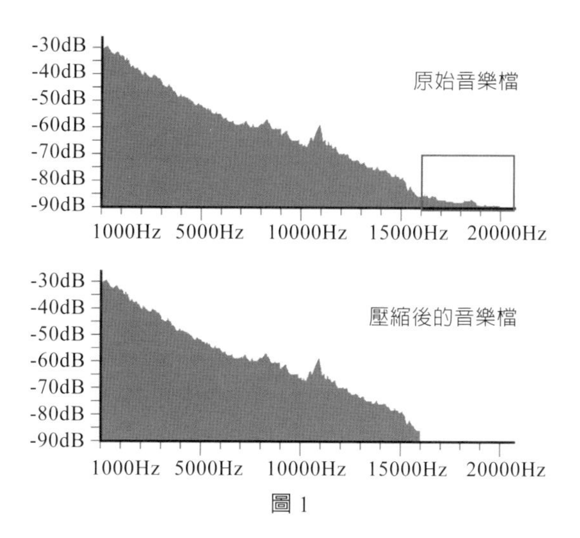

圖 1

• **噪音去除**

噪音去除也是類似壓縮音樂的方式，仍然是濾波的應用，不過它是判斷錄到的聲音，判斷哪些是人聲以外的雜訊，再加以過濾，不可避免的是會刪除到較多的人聲，所以在早期的過濾噪音，人的聲音有較大的失真，現在則是進步許多。

• **迴歸分析**

圖 2 是預測原料（重量）與商品（重量）的關係圖，可以發現數據少時的預測範圍較大（準確度較差），而當數據多時預測範圍比較小（準確度較大），而如果可以寫成一個會自我修正的演算法，那麼預測的方式就會愈來愈準確，也更有效率。

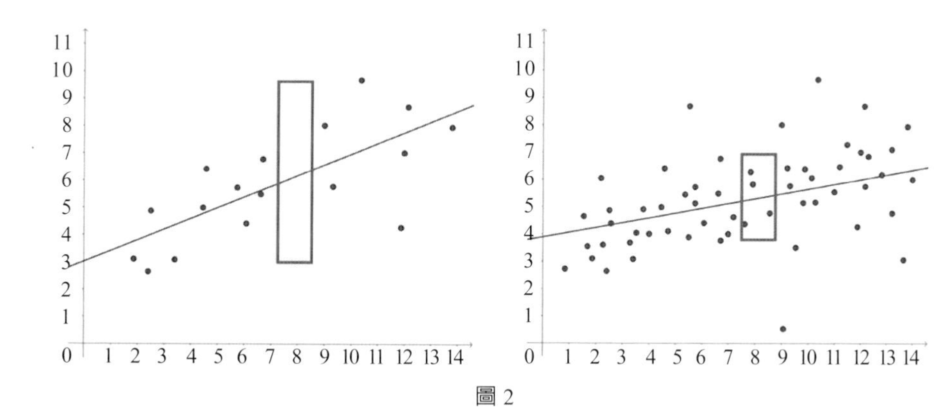

圖 2

1-15 使用者該如何看待黑盒子模式演算法 (4)

觀察下述內容，了解黑盒子模式只能認識輸入與輸出的關係，而中間的過程我們很難發現，但 AI 可以透過種種演算法找到接近的輸入與輸出的對應關係。

觀察此數列，1, 3, 2.1, 2.16, 1.93, 1.8, 1.66, 1.54, 1.42, 1.31, 1.21, 1.12, 1.04, 0.96, 0.89，我們難以找出規律。但是我們可以讓 AI 去尋找一個接近的方法，如：迴歸或是遞迴。迴歸請見圖 1，去除前 3 項後（前三項爲極端値，去除後可以增加相關性），可以發現數列的規律是 $y_n = 2.9029e^{-0.079n}$，並且 $R^2 = 0.9992$，是高度相關，此方法可以利用 Excel 完成。或是利用遞迴的方式，讓電腦思考 $y_n = a \times y_{n-1} + b \times y_{n-2}$ 的 a 與 b 爲何，或是更多項 $y_n = a \times y_{n-1} + b \times y_{n-2} + c \times y_{n-3} + \cdots$。而兩項的遞迴可以推導爲 $y_n = 0.6 \times y_{n-1} + 0.3 \times y_{n-2}$。

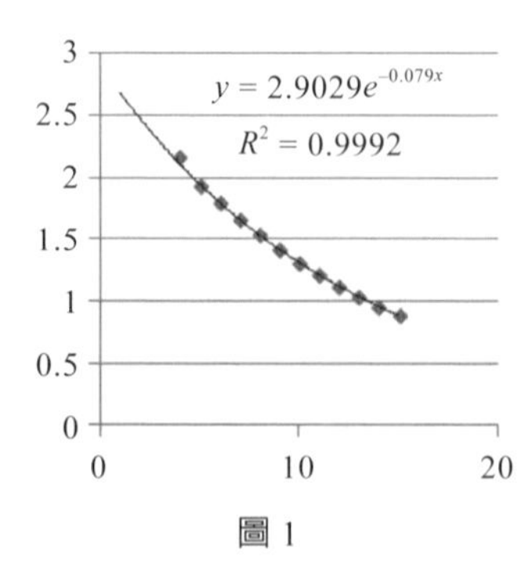

圖 1

比較一下原數列，與電腦黑盒子數列的差異性，見下表，可以發現相當接近，而這就是黑盒子的使用，我們不見得要知道電腦怎麼找到逼近的方法，只要夠逼近原數列，誤差不大，足以利用即可。

原數列	迴歸：$y_n = 2.9029e^{-0.079n}$	遞迴：$y_n = 0.6 \times y_{n-1} + 0.3 \times y_{n-2}$
1	2.682417	1
3	2.478681	3
2.1	2.290419	2.10000
2.16	2.116456	2.16000
1.93	1.955706	1.92600
1.8	1.807165	1.80360
1.66	1.669906	1.65996

原數列	迴歸：$y_n = 2.9029e^{-0.079n}$	遞迴：$y_n = 0.6 \times y_{n-1} + 0.3 \times y_{n-2}$
1.54	1.543073	1.53706
1.42	1.425873	1.42022
1.31	1.317574	1.31325
1.21	1.217501	1.21402
1.12	1.125029	1.12238
1.04	1.03958	1.03764
0.96	0.960621	0.95930
0.89	0.88766	0.88687

事實上這個方法不是新鮮事，股市預測就是利用類似的方法，找出一條接近的函數來逼近股市曲線，而且隨時間修正，故又被稱爲時間序列。我們面對黑盒子，可以不知道原本的運算式是什麼，找一條極度接近運算式去逼近該曲線，如同利用泰勒級數逼近原函數，見圖 2，或是傅立葉級數逼近週期函數，見圖 3。

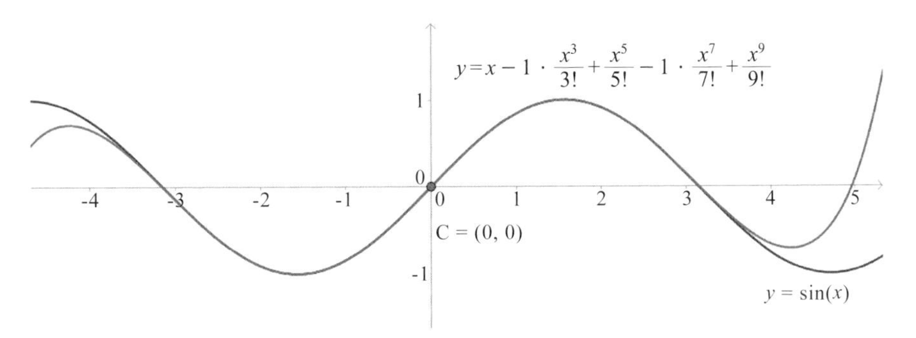

圖 2　$\sin x=\frac{1}{1!}x^1+\frac{-1}{3!}x^3+\frac{1}{5!}x^5+\frac{-1}{7!}x^7+\cdots$，展開足夠多項，就可貼近原函數

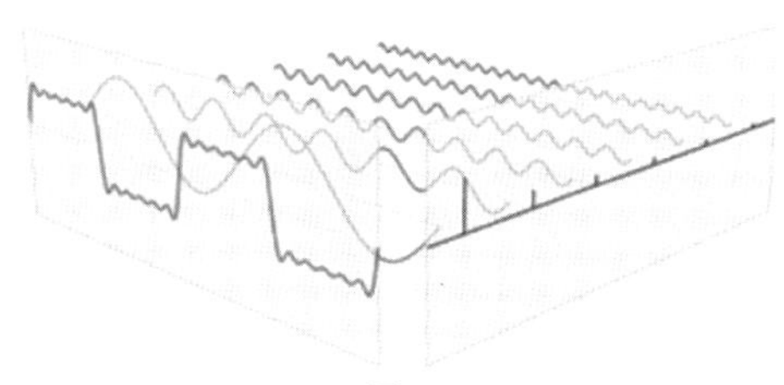

圖 3

1-16 使用者該如何看待黑盒子模式演算法 (5)

延續前述，觀察更多案例了解黑盒子。

• 函數

小明很好奇米與稻子、土地、秧苗間的一連串的關係，但是如果問農夫，他大概會回答一斤米大概要種多少土地的秧苗，而不會說中間的實際數據內容，見圖 1。黑盒子也可以視作一個合成函數。

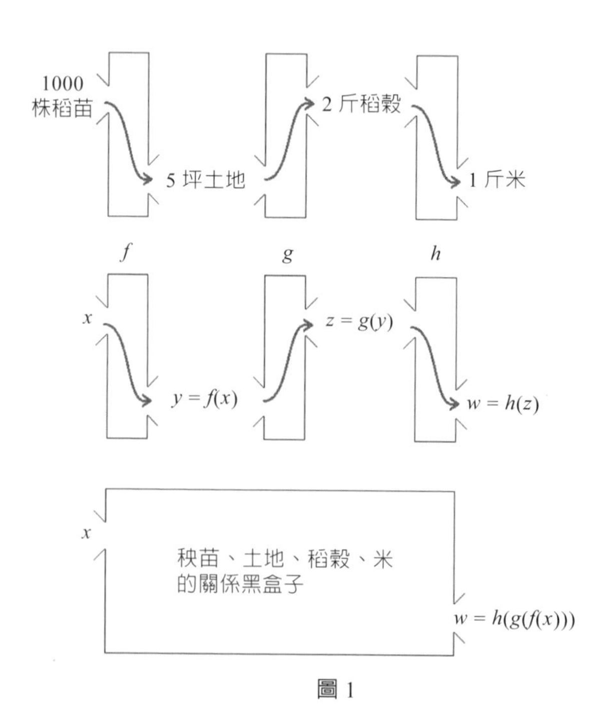

圖 1

• 以集合論來討論黑盒子概念

先觀察圖 2，可以發現我們不需要知道過程是怎麼變化，只要知道輸入 1 會得到 e，如果是得到 d 肯定是輸入 3。

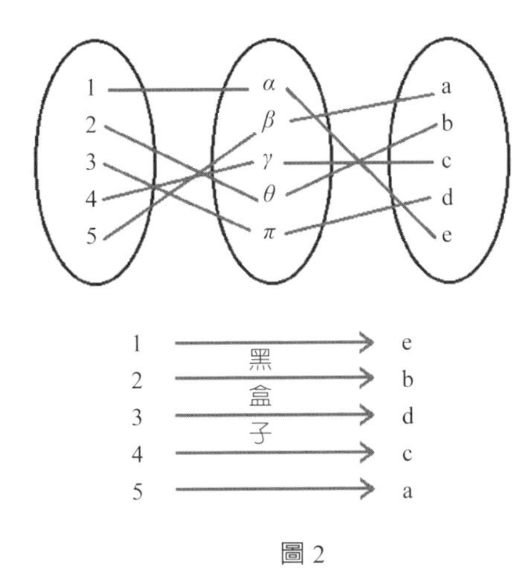

圖 2

而這樣的變化規則，在二次世界大戰的德國文件加密機器——恩尼格碼機（Enigma Machine）就已經出現黑盒子的概念，見圖 3。每天選一組序號，每組序號會有不同的字母變化，比如說：今天的 apple 會變 tgg6a ，可以發現 a 變 t 、p 變 g 、l 變 6、e 變 a，明天的 apple 則變 9kk + y，可以發現 a 變 9、p 變 k 、l 變 +、e 變 y，而破解加密文件的方式是利用機器與演算法去找到當日序號，進而破解加密文件，成爲打贏二戰的原因之一。而破解加密文件的團隊就是由艾倫．圖靈主導。

圖 3　恩尼格碼機

1-17 使用者該如何看待黑盒子模式演算法 (5)

有些人對於電腦的黑盒子模式是難以接受的，會思考**電腦的黑盒子模式可信嗎**？見圖 1，甚至是覺得有些荒謬，因爲他們認爲一定要有完整的因果關係才是合理的，也就是他們更關注決策的過程，才能接受決策的結果。作者認爲這是不懂黑盒子原理才會說的話，作者以正確的角度來詮釋**什麼是黑盒子模式**？

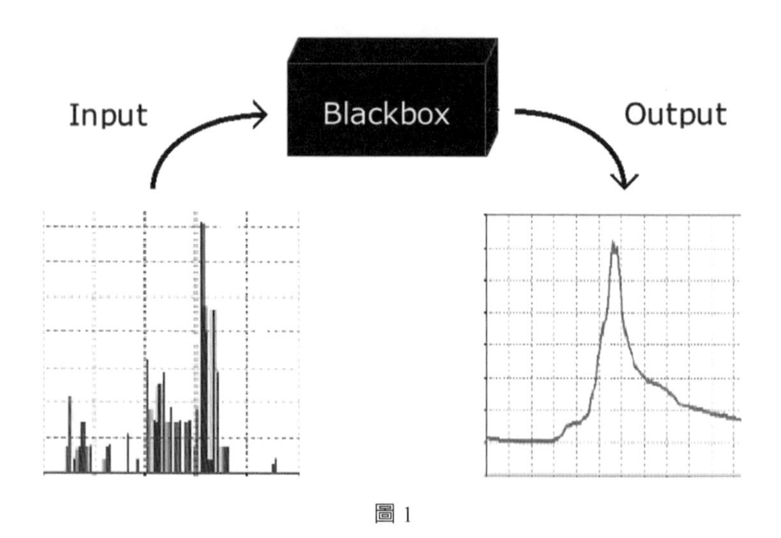

圖 1

先了解人類的直覺是什麼？一個是主觀情緒帶來的行爲，一個是長久以來經驗的累積。兩者使用的時間都極短，但別人看起來都像是不經思考的衝動行爲。然而前者容易出錯，後者則是不容易。而電腦的行爲就是類似後者的行爲甚至更爲強大，因爲電腦的所有內容都是人類輸入進去的程式碼，本身的運作符合正確的邏輯，但是它的速度比人腦快上無數倍，除非程式碼設計錯誤，才會導致無法判斷、或是錯誤判斷。所以當我們在參考電腦建議決策時，其實就是相信電腦會利用所收集到的資料庫的數據，進行大量數據的分析，而這個分析是基於統計與機率理論做出的最佳建議，所以黑盒子模式是值得信賴的。而**否定黑盒子模式的人，基本上是不清楚電腦的運作及黑盒子模式原理的人**。

最後我們可以總結一個內容，**電腦的黑盒子模式的基礎原理就是統計與機率**，並可對應到一個**經驗豐富的人的直覺判斷**。或許他說不出爲什麼，但是在大多數情況下是值得信賴，因爲太多道理已經成爲他的本能，同理我們可以相信電腦的黑盒子模型，見圖 2。

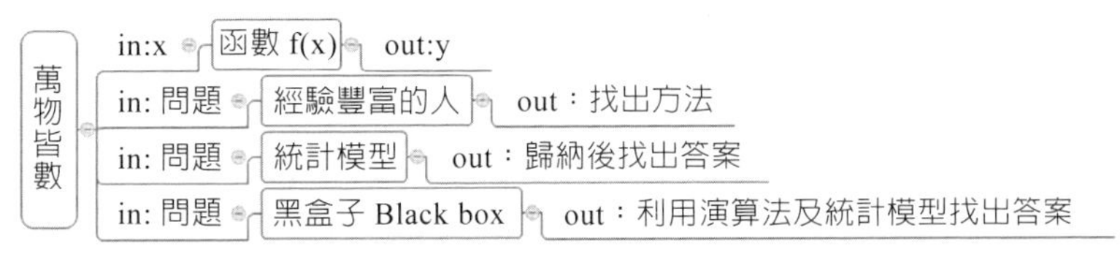

圖 2

愈是經驗豐富的人或電腦，愈可以做出更好的選擇，而這就是統計與機率的分析後的決策模式（黑盒子）。而有些事情會有特例的情形，人需要遇到特殊情況後，累積經驗才能找到配套的處理方式，同樣的電腦是也需要建立特殊處理的資料庫。最後它處理問題的方案就會更正確、更有效率。

一個問題可以有多個演算法來解決，只是效率上的好壞、成功失敗與否，不斷的累積數據後，會慢慢修正出一個最佳的辦法來執行，而這就是黑盒子的意義，所以電腦的黑盒子模式值得相信。

【結論】

我們可以知道，資訊工程師（設計者）與一般人（使用者）認知黑盒子的角度應該要「不同」，設計者要透徹理解黑盒子，而使用者就放心使用即可，以結果正確來認知可否值得信賴（結果論）。

弔詭的是現實恰巧相反，**部分設計者閃避黑盒子的統計與機率原理**，而**使用者不斷去質疑黑盒子每一個內容是否正確、因果關係是否合理**。其實這些問題都源自於害怕數學、統計、機率，使用者不相信設計者的數學能力，擔心會得到一個錯誤百出的程式，所以才會要求設計師說清楚黑盒子內容。如果要從根本上解決問題，必須從數學、統計、機率的能力開始做起。設計者才有機會將黑盒子轉變爲灰盒子、甚至是透明盒子，並進一步解釋給使用者聽，讓使用者信任設計師。

不管怎麼說，目前的黑盒子是由目前頂尖統計、機率與資訊工程師一起設計完成的內容，使用者實在沒有必要去質疑黑盒子的正當性，因爲再質疑別人之前，也要先提升自身的統計與機率能力，才能判斷對方的解釋是否合理，否則對方解釋了也等於沒說。如果是這樣的結果，**一般的使用者就安心使用黑盒子即可**；如同不會製作汽車，但只要相信品牌大廠可以做出值得信賴的汽車供自己駕駛即可。

1-18 人工智慧的利與弊 (1)

由機器學習、演算法、黑盒子模式的內容，可以發現機器經由學習及經驗的累積，產生出近似人類的智慧，可以完成許多人類命令，因此科學家稱呼這樣的智慧爲**人工智慧**。

作者認爲我們應該稱呼機器是**有智慧的、且不會抱怨的苦力**，爲什麼這麼說？因爲電腦只是照著我們需求去作事，而非像是人類一樣有著慾望、好奇心、創造力、聯想力等重要的情感元素。或許當電腦有上述元素之後，眞正的機器形狀的智慧生命時代就眞的降臨了。**固然人工智慧可以帶來種種生活便利，但是我們仍然要考慮到人工智慧過度發展後的風險問題**。

【思考人工智慧科技與各面向關係】

許多電影、傑出數學家、物理學、科學家、科技人才都有指出人工智慧可能導致的後果，見下述。

- 當代大物理學家霍金提過人類可能會因人工智慧而滅亡，應該停止開發人工智慧，以下是它的想法：「霍金教授認爲人類大腦和電腦所能學會的事情，不存在深刻的差別。但從理論上來說，電腦可以模仿人類的行爲，並超過人類的能力，因爲記憶力與計算能力遠超過人類。並表示人工智慧的發展可能幫助人類消除疾病、消除貧困、阻止氣候惡劣變化，但是也可能產生人們不願意看到的後果，包括產生自主武器、造成經濟災難，以及發展出同人類發生衝突時擁有自己意願的機器。」我們可以這樣認知人工智慧不斷進化後，有可能將變成電影《駭客任務》的情況，或是在探索外太空會出現人工智慧危害人類的情況，參考電影《異形1》。

- 愛因斯坦在討論量子力學時曾說過，造物主（神）不可能用丟骰子（機率）的方式來創造這個世界。但現在愈來愈多現象證明這件事的正確性，同理我們如果要仿造造物主創造人類，則機器人要更像智慧生命，其中運作模式就要納入丟骰子（機率）的概念，因爲人類的情感的決策方式很多時候也是機率行爲，比如說迷路遇到岔路左轉右轉的機率，**所以設計人工智慧時需要充分利用統計與機率**。

- 參考電影《星際效應》，可知影片中具有接近人類情感的人工智慧機器人，它可以在初始設定時，加入許多情感元素，如邏輯機率、幽默機率、說謊機率等，邏輯情況其實現在就可以設計出來，比如說設計故意失敗的機率，因爲人類作事不會完全一致，但機器的人工智慧可以，只要讓它具有瑕疵的機率，可以更接近人類的行爲；至於幽默機率與說謊機率也是同樣的情況。

- 作者認為對數學有偏好的人比較像機器人，因為邏輯性比較高，而且比較難以察覺字裡行間的意義，比較容易執行字面上的實際內容。比如說小時候吵著要出去玩，父母會用兇的方式說：「你再說一次！」一般小孩就會知道父母是生氣而不會再問，但有些人卻會直接再問一次，這就是只考慮到表面字義的意思。如果是機器人的話一定也會執行再問一次，所以作者認為這些人都常會陷入這樣的困擾，如同機器人缺乏部分的情感一樣。所以才會說科技人才需要高度邏輯性，只有高度邏輯性的人才能設計有人工智慧的機器人，之後再增加一些機率性的情感因素，就可讓機器人更像人類。

- 參考電影《模仿遊戲》，可以知道裡面有段內容是在討論機器是否會思考？裡面圖靈指出，人類有其思考行為，而機器也有其思考行為，所以他才可以幫助我們做事，不能因為他是一台機器就說他不會思考。同理回到本文的內容，機器是否可以經由學習得到智慧，機器當然有學習能力。機器就是從模仿人類的行為，如同小朋友要不斷學習才能生存在社會上，而學習就是從模仿開始，進而產生智慧。

- 看病時會盡量去尋找家庭醫生，因為有比較完整的自身病歷。因此作者認為，其實醫生是最需要利用醫療機器的人工智慧，因為它的資料最完整，考慮的情況一定不會疏忽。打個比方，它可以從觀察到的現象去條列出每一種病的機率，如此一來可以有效幫助醫生來判斷到底怎麼處理。而不用只靠這位醫生的經驗，因為醫生的經驗跟年資及記憶力有關，但是醫療機器人的經驗來自資料庫，記憶力絕對不會忘記任何事，並且資料庫也可以是全人類共享的完整資料庫，遠比單一醫生的資料庫（記憶、經驗）來的更大、更有效。因此只要搭配優秀的演算法、及統計分析，一定可以幫助醫生更有效的治療病人。

- 生活上遇到有嚴重糾紛的時候會尋求法律途徑，但我們害怕遇到恐龍法官，應該怎麼做？我們應該設計一套系統（演算法），只要設計得夠完善，數據夠完整，它的邏輯性及判決一定都比人來的更好，與其相信人的判決，更應該利用人工智慧來處理法律問題。並且由人工智慧來寫訴訟狀，一定比人類來的更具邏輯性及文字更為白話。

1-19 人工智慧的利與弊 (2)

- 達文西手術系統也是一種人工智慧，在 21 世紀醫療出現了醫生操作精密儀器指揮機器手臂做手術的方式，此種手術稱爲達文西手術系統，見圖 1、2。此系統主要是利用微創手段進行複雜手術，由外科醫生通過控制台進行控制三或四個機器手臂（取決於型號）夾著手術工具（如：手術刀）來進行手術，此機器手臂也被稱爲達文西手臂。**目前台灣已有 39 個達文西手術系統**。

達文西手術系統的優點

1. 機器手臂的鉸接腕式設計，使得機器手腕可自由旋轉移動，超出了人手的自然運動範圍。同時比人類的手術行爲更加減少震動，減少錯誤的產生。
2. 達文西手術系統需要一名操作人員，**並採用多種安全措施，這就是人工智慧，判斷哪些行為是操作、哪些行為是顫抖，目的是為了有效減少與傳統方法產生的人為錯誤**。
3. 達文西手術系統更節省體力、並擄有更好的視野、不用擔心老化的視力，傳統醫生必須站著開刀，對體力是一個考驗，同時視角也是有限，而醫師的視力也隨年紀老化，但達文西手術系統是坐著操作，並可以擁有完整的視野，並且細微的部分電腦也可以捕捉得更清楚。
4. 可以遠距離跨國進行長途手術。如 2001 年，來自 IRCAD 的雅克 • 馬雷斯科（Jacques Marescaux）博士和一個團隊將高速光纖連接與平均延遲時間 155 毫秒的高級異步傳輸模式（Asynchronous Transfer Mode, ATM）和宙斯遠程操作器結合起來，成功完成了第一個跨大西洋手術程序，覆蓋美國紐約（New York）和法國史特拉斯堡（Strasbourg）之間的距離。這次活動被認爲是全球遠程醫療的里程碑，並被稱爲「林德伯格行動」。

- 2014 年出現了名爲「Liftware」的智慧防震湯匙，此湯匙偵測使用者手部顫抖情況，進行平衡震動的演算法，能有效協助帕金氏患者進食，減少因顫抖而把食物在湯匙上弄翻的情況，讓他們能自在的進食。

  參考影片聯結：https://www.youtube.com/watch?v = DxrRP_qzvJI

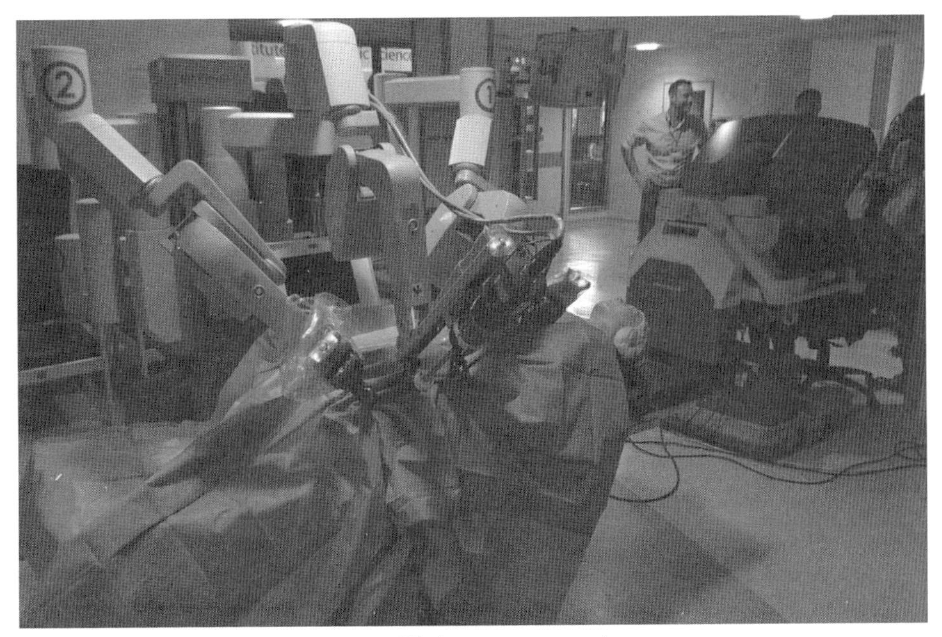

圖 1　（取自 WIKI，CC3.0）

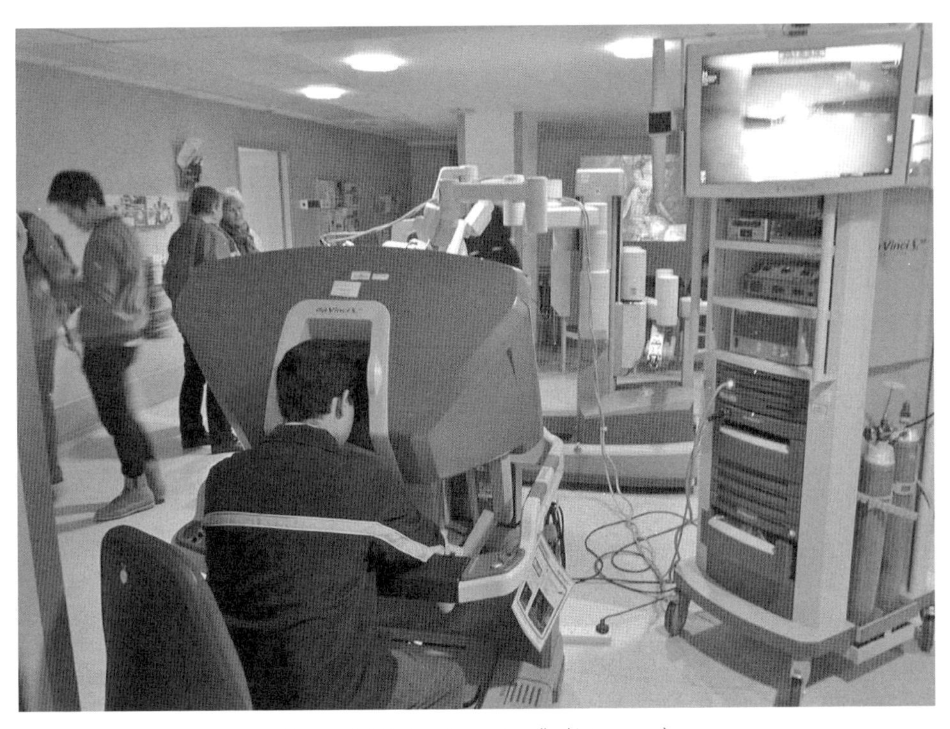

圖 2　（取自 WIKI CC3.0 作者 Cmglee）

1-20 人工智慧的利與弊 (3)

【人工智慧應該往哪走】

大多數人會以為人工智慧的最終目標是讓機器人像人類，這在許多電影都演過。但是作者認為這根本是搞錯重點，人類是一種會因為情緒而失去理智的生物，如果我們人工智慧將它設計的非常像人類，豈不是有可能整天與自己唱反調。**所以作者認為絕大多數的人工智慧，不該有情緒的出現**。

人工智慧應該如何發展？作者認為應該回歸原本的人工智慧目標，就是服務人類。而早期的電腦因為硬體不足以支撐計算、記憶、能源等問題，進而只能學習簡單的演算法。我們有了統計與機率現在再加上硬體能力，我們可以讓電腦**學會人類的決策模式，加上科技所具備的高效率能力（黑盒子模式），就可以比人類更有用，也才能達到進而協助人類**。

但真的完全不需要有情緒性的人工智慧嗎？答案也是否定的，在某些情況下可能需要有情緒的人工智慧，如：對話機器人，它需要有情緒的人工智慧，才可以讓使用者感到更開心。而事實上目前也已經展開研究，並具有一定成果。

【為什麼人類需要人工智慧】

為什麼人類需要人工智慧？把時間點往前拉到為什麼需要電腦？我們在人力時期，沒有機械力的時期，我們希望將不花腦力的、靠蠻力的、重複性的苦力的事情交給別人做、或動物來協助施作；到了工業革命時期開發了許多器械來省時、省力，但還是要人力去進行操作；最後到了現代，我們有了電腦、也有了可以用電腦自動操作的器械，所以我們可以讓電腦與器械代替人類進行苦力的部分。

電腦可以有效的幫助人類做許多的事情，除了做人類**不願意**作的苦力之外，它還可以做人類不具備的能力部分，**如大量數據的記憶、快速計算等**，換言之人類在數量、速度是遠遠比不過電腦，所以人類需要電腦。當我們認清人類需要電腦的事實之後，隨之而來的就是我們**希望電腦可以讓我們更進一步的省時、省力**。

科技不斷的進步，就是在省時、省力更上一層樓，也就是擁有更棒的工具。我們以伐木作為舉例，一開始是斧頭（人力使用工具）、而後有了電鋸（人力使用電力工具）、之後有大型的伐木車（人力輕鬆使用電力工具），相信之後會出現無人駕駛伐木車來進行伐木（電腦使用電力工具）。

基於科技的不斷進步，人類不可能完全靠人力輸入電腦的每一條程式碼（演算法），而是必須讓電腦像小孩子般自主學習（機器學習），累積足夠多的經驗後（大數據），就能讓電腦自主應對每個可能遇到的問題（黑盒子模式），最後就能產生智慧（人工智慧）。同時電腦的人工智慧有著人類智慧做不到的事情，比方說記憶能力、運算能力、分析能力，如果可以經由機器學習及大數據加強能力後，就有可能可以產生**聯想能力**，見下表。

	記憶能力	運算能力	分析能力	聯想能力	直覺能力
人類	有限 不能改變	有限 不能改變	有限範圍	強	強
以前的 機器學習	愈來愈超前 無上限	愈來愈超前 無上限	較差	無	無
現在的 機器學習 （加入大數據 與統計方法）	無上限	無上限	機器學習一定時間後，會突破目前的分析能力	統計方法 如：AlphaGO	未知

事實上目前已經有聯想能力，比如說**以圖找文**的功能。而現在最需要聯想能力的地方，作者認爲是數學與科學、工程的許多方程式，要把同一性質的方程式都使用同一個符號、名稱。因爲一直以來數學一直不斷的創造許多數學式，但未必有使用到，而物理、化學等科學、工程都在努力尋找符合該情況的方程式。而不幸的是，現在是同一個方程式會各自創造各自的符號、名稱，如數學的虛數 i，而物理、工程用 j。如果利用人工智慧將其整合起來，或是根據科學需求去找到可以利用的數學方程式，那麼人類的科技可以更進一步發展。

同時可以發現電腦還是沒有人類的直覺能力，因爲作者認爲不能讓電腦有這種能力，因爲有可能電腦哪一天會判斷人類是有害的，進而滅絕人類。這在許多的電影都曾演過。

1-21 人工智慧的利與弊 (4)

【人工智慧與科幻僅僅一線之隔——不一樣的永生方式】

我們不難發現現在的醫療科技不斷進步，有許多人工智慧的器械可以取代受傷的肢體。我們可以將想像力放大，如果可以創造出奈米級的機器，甚至更微小的機器來取代神經，甚至是腦神經，並且別忘記這些微小機器也可以是一台電腦具有記憶力。如此一來，是否可以將這種機器植入腦中，慢慢複製該人的記憶與行爲模式，微型小電腦具有強大的反應能力及計算能力，可以讓人成爲一個擁有輔助機器腦的生化人（Cyborg），見下頁圖。更甚至如果機械腦可以完全複製記憶，並且完全的學習該人的行爲模式後，該人的肉體在死亡後，機器腦是否可以放到另外一個機器人上面，進而使該人達到永生，這可能是不同於原本醫療進步的永生方式。

【人工智慧有可能產生的問題】

人工智慧最終有可能發展到哪一步呢？作者認爲絕大多數的工作會被機器人取代，除了設計機器人及人工智慧的人之外。人工智慧的機器人會逐步搶走全部人的工作，首先會出現經濟問題，但是人數還是會不斷增加，等到地球不能負荷的時候，就會開始出現限制生育的情形，屆時如果還不能移民外星球，那麼**「被許可生育」**就會變成一個大問題，這個內容我們可以參考電影《美麗新世界》。所以即便人工智慧可以幫助人類的各種便利，但是仍然會出現新的衍生問題。所以我們除了科技進步外，我們也要去考慮衍生而來的問題。

基於上述的嚴重性，目前已經有部分人反對過度開發 AI ，以下是具代表性的人物及其內容。史蒂芬 · 霍金（Stephen William Hawking）、伊隆 · 馬斯克（Elon Musk）、史蒂夫 · 沃茲尼亞克（Stephen Gary Wozniak）、比爾 · 蓋茨（Bill Gates）等許多科技人材及科學家，在媒體和公開信中對 AI 風險表示關心。而人工智慧可能產生的危險，有兩種情況最有可能發生：

1. AI 被設計執行毀滅性任務：自驅動武器（Autonomous Weapon）的人工智慧。如果被有心人利用，或是變成各國的 AI 軍備競賽，導致 AI 戰爭，造成大量傷亡。
2. AI 被設計進行有益的任務，但它執行的過程可能是破壞性的。案例 1：如果你要一輛無人駕駛車，不要管安全考量，並將你以最快速度送到機場，它可能不顧一切地嚴格遵從你的指令，即使你可能受不了。案例 2：如果此系統是一個工程項目，但會破壞生態系，並自主判斷人類會試圖阻止它，進而先毀滅人類。

作者在此做一個假設，我們已知地球已經存在 46 億年多，在此之前可能也曾出現過高度智慧的文明，更甚至是與目前一樣走向了高度智慧機械的情況，或許之前文明的終結都是被機器生命消滅，然後機器文明又不知爲何又都消失於地球。因此，不得不進一步假設，我們所開發的人工智慧，若不事先訂立相關規章，避免過度開發。人工智慧的最終可能都會對人類有害，不管是衍生的社會問題、生命哲學問題、軍事武器的破壞，或意外的判斷人類有害而毀滅人類等。

我們想要提升科技能力，是難以避免人工智慧的發展，我們必須在人工智慧對人類造成危害之前，就應該先訂立發展人工智慧的規章與方向。

【結論】

由這幾篇我們可以了解到，電腦中的運作模式及專有名詞，並認識部分的案例，可以發現人工智慧的優點以及衍伸問題。

認識人工智慧的內容並不難，但先知先覺人工智慧衍生的道德問題才是困難的地方。如果我們繼續放任人工智慧自由的成長到非常強大的狀態（相對於未來的強AI，可以稱呼現在是弱AI），最後不是造成有錢、有權的人才可以永生，就是變成人工智慧毀滅人類。**所以我們必須將風險降到最低，而降低風險的基礎就是要對人工智慧有一定的認識，而不是盲目的相信人工智慧全然對人類有幫助。**

圖　機器戰警（取自WIKI，1987的美國影集）

1-22 AI 會有情緒嗎？有情緒會不會對人類有所危害？

大多數人都聽過哆啦 A 夢（小叮噹），而他是從未來世界坐時光機回來的機器貓。他在漫畫及卡通中表現出各式各樣的情緒，我們可以思考一下 AI 眞的可以產生情緒嗎？作者認爲應該還是不可能，因爲情緒是生物特有的象徵，代表著有所喜好，進而產生開心或不開心的情緒。

AI 如果有情緒，可能產生對人類厭惡的情感，並導致人類滅絕；或是喜歡製作出更多的同類，或是想要統治人類，如：電影《駭客任務》的 AI 統治操控人類的生老病死，讓人類成爲它們的能源，見圖 1。目前 AI 應該無法產生自主情緒，同時作者認爲也不該設計讓 AI 有情緒。但是可以讓他利用機器學習，從表情、語調、文字內容判斷人類處於怎樣的情緒下，進而有效協助人類。比如說：它可以發現你處於傷心的狀態，他會作一些讓你開心的事，如找出喜歡看的影片、音樂、製作或是尋找一些主人喜歡的食物。

AI 可能作不到有情緒，作者也不建議做到有情緒，但是仍可以設計說謊比率與幽默比率等令人覺得有趣的人格特質。而這些特質在電影《星際效應》就曾經出現過，見圖 2。而這個要進行設計也不是一件困難的事情，比如說：可以讓 AI 機器學習哪一句話、音調、節奏、音色、語氣可以讓人類覺得幽默、開心，當然進階一步是讓他可以有幾個模式來面對不同的族群：1. 大多數人類；2. 男主人；3. 女主人；4. 小孩；5. 主管，進而讓人類覺得此 AI 更人性化，或是設定在某幾個領域的內容上可以說點無傷大雅的玩笑話，如：請問有什麼建議的餐點，AI 回說每一樣都是建議的，但是不幸的是本日沒有任何食材，等待顧客驚訝時，再說一句爲了尊貴的客人今天還是可以如期供餐。

如果讓 AI 有情緒是危險的，但讓它會讀情緒具有意義，能因應人類的幽默感等人格特質，可以更令人感到舒適。爲了讓 AI 可以在安全的情況下利用，可以參考科幻小說家艾薩克 · 艾西莫夫（Isaac Asimov）的機器人三大法則（Three Laws of Robotics）。此法則在小說《我，機械人》（I, Robots）提到，見圖 3，而此著作更有被改編爲電影《機器公敵》，見圖 4（香港的電影名稱就更直接爲《智能叛變》）。

第一法則：機器人不得傷害人類，或坐視人類受到傷害；

第二法則：除非違背第一法則，否則機器人必須服從人類命令；

第三法則：除非違背第一或第二法則，否則機器人必須保護自己。

而這個內容應該強制執行在有情緒的 AI 上，否則將會造成人類的滅絕。而這在電影《星際效應》也可以觀察出此原則。至於沒有情緒的 AI ，本質上還是人類用 AI 來殺人，如同輔助工具，無法阻止人類如何利用 AI。

結論

AI 會自主有情緒嗎？顯然是不太可能的，除非人類寫下，造成他容易失控的程式碼，比如說能量不足會生氣，或是讓他偏好某種事物。其實可以思考人類的情緒若是源自於靈魂，那麼靈魂的喜好是否也是某一種造物主（神、上帝）寫的程式碼呢？回過頭來說，如果設定 AI 必須讓地球永續，讓地球不永續的行為會讓 AI 生氣並產生破壞行為，那麼人類就有危險了，因此不可以讓 AI 有情緒。

圖 1

圖 2

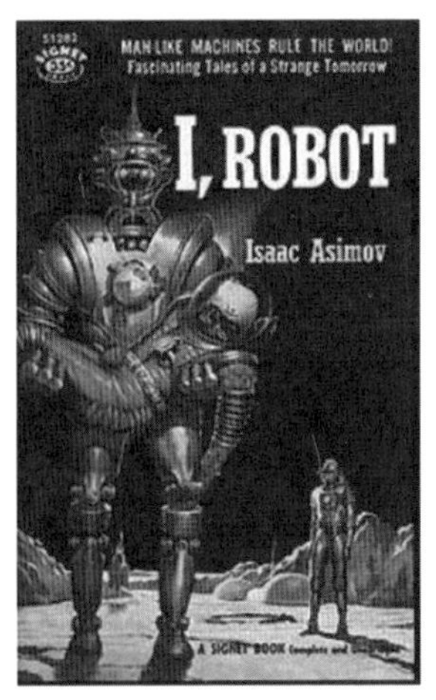

圖 3

圖 4

1-23 我們需要有情緒的 AI——強人工智慧嗎？

早在艾倫 · 圖靈的時代，就已經在討論，機器是否有靈魂、是否會主動思考、是否有好奇心、是否有情緒等人類智能行為，直至今日都普遍被認為不可能。而電影與許多科幻小說大多假設未來人類會有強人工智慧（強 AI、Strong AI、Artificial General Intelligence, AGI）機器的社會環境，不過結局大多普遍不好。強人工智慧的代表，如：卡通的哆啦 A 夢（小叮噹）、《復仇者聯盟》電影系列中的幻視、以及電影《機器公敵》的維琪、桑尼。

強人工智慧是人工智慧研究的目標之一，同時也是科幻小說和未來學家所討論的主要議題。一般認為應該具備執行一般智慧行為的能力，把意識、感性、知識和自覺等人類的特徵互相連結。相對應的，也產生弱人工智慧（Applied AI、Narrow AI、Weak AI、Artificial Narrow Intelligence, ANI）的說法，只能處理特定領域的問題，不具有人類的完整感官認知能力，只要能有一定智慧可以處理人類交付的問題即可，如：無人駕駛。

具備自我意識的強 AI 是否存在？現在還是一個哲學問題，它的思考模式可由人類灌輸各式各樣的演算法，並利用統計、機率、大數據，它可以表現的很像人類，如 Apple 的 Siri，或是聊天機器人，可以參考：〈什麼是 Chatbot 聊天機器人？見下頁圖，它能幫你導入客流量，是行銷自動化的必備工具。〉一文。但仍然可以說，我們了解每一條演算法，本質上是照人類給的規則在運作，實際上並沒有到達強 AI 的地步，也就是沒有主動思考及**情緒**。但有趣的是有些機器學習更久更完善，他的回話有可能連一般人也無法發現是 AI 還是眞實人類，而這也是圖靈測試的內容之一，更加聰明的 AI。

電影《機器公敵》指出強 AI 的危險，其中資訊工程師讓 AI 可以自由隨機編寫程式碼，AI 一定可以找出一條語句來違背原始設計師的三大原則之一的不傷害人類。結果 AI 決定把所有人類隔離，就能降低人類受傷的機率。但這對人類並沒有好處，這不是設計 AI 的原始目的。同時隨機編碼會讓 AI 產生自主性行為，或許已經可以稱為它有了自己的喜好與靈魂。

強 AI 是否有其必要性，一直以來許多學者在討論是否應該讓 AI 機器擁有情緒，人工智慧的基礎模型中沒有任何情緒，一些研究人員表示，將情緒編程到機器中或許可以讓他們擁有自己的心靈。而事實上這個也不是一件不可作到的事情，比如說可以設計一段程式，稱為情緒指數與工作效率的關係，情緒（心情）愈快樂，工作效率愈好，並且會唱歌、說笑話，或是情緒好過頭而不願工作，如同人類心情太好一直想要出去玩；以及情緒不好時，則效率變差或是不做，並會抱怨。而控制情緒的變因可以與許多事情連結，如：能源比例、機器的勞損程度、工時是否太久、被稱讚的情況、事情的重複性等，可以把影響人類情緒的內容都賦予給機器，經由一段時間的機器學習後，或許我們就創造出一個有情緒的 AI。如果再進一步讓他可以隨機編碼看最後他可以喜好哪一種事物，自此或許可以稱爲創造出強 AI。但隨機編碼或許會產生電影中指出的危害人類問題。

作者認爲我們不需要讓機器有情緒，甚至是強 AI ，這並不合理。我們需要的是 AI 愈來愈好用，一但有了情緒，是否會跟人類一樣鬧脾氣，這樣不就與原始目標矛盾了，故**作者認為沒必要設計強 AI**，以及現在可能要設計強 AI 還不太可能會實現。

```
 Welcome to
                    EEEEEE  LL      IIII  ZZZZZZZ   AAAAA
                    EE      LL       II       ZZ   AA   AA
                    EEEEE   LL       II     ZZZ    AAAAAAA
                    EE      LL       II    ZZ      AA   AA
                    EEEEEE  LLLLLL  IIII  ZZZZZZZ  AA   AA

 Eliza is a mock Rogerian psychotherapist.
 The original program was described by Joseph Weizenbaum in 1966.
 This implementation by Norbert Landsteiner 2005.


ELIZA: Is something troubling you ?
YOU:   Men are all alike.
ELIZA: What is the connection, do you suppose ?
YOU:   They're always bugging us about something or other.
ELIZA: Can you think of a specific example ?
YOU:   Well, my boyfriend made me come here.
ELIZA: Is it important to you that your boyfriend made you come here ?
YOU:   He says I'm depressed much of the time.
ELIZA: I am sorry to hear that you are depressed.
YOU:   It's true. I am unhappy.
ELIZA: Can you explain what made you unhappy ?
YOU:
```

圖　ELIZA 聊天機器人（取自 WIKIELIZA）

1-24 AI 的應用 (1)

本節介紹熱門的 AI 案例：AlphaGo。AlphaGo 是 2014 年開始由英國倫敦 Google DeepMind 開發的人工智慧圍棋軟體，見圖 1，其原理是由人類輸入大量的棋譜到電腦，讓電腦紀錄每一步可能輸或贏的機率，人工智慧每一步都選輸會是最小的機率，或是選贏是最大的機率。如此一來就從人類輸入的資料中學習到如何獲勝的方式。同時作者也認爲或許讓 AlphaGo 自己跟自己下棋，電腦創造自己的資料庫，而這概念對應到人類就是「舉一反三」，自我進階的思考與機器學習。最後電腦的棋譜遠比人類多，人類就永遠無法戰勝電腦了。

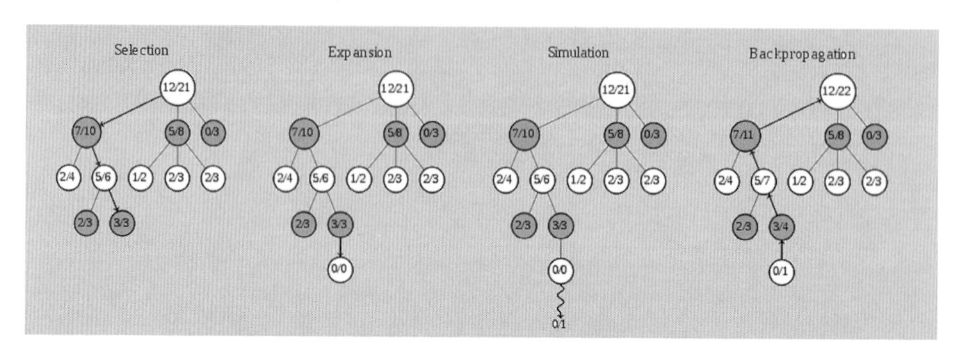

圖 1

人工智慧到底是如何利用棋譜來獲勝的呢？可先參考九宮格的圈圈叉叉獲勝的棋譜，見圖 2，因爲只有九格可以列出**全部的**可能性（其中可以發現有些位置沒有討論，因爲旋轉後就變成同樣的棋路），因此替人工智慧建立了獲勝棋譜之後（人爲建立演算法），他就會每一步都下在會贏的位置上，獲勝或是至少不敗。

理解圈圈叉叉的人工智慧獲勝原理後，以此類推 AlphaGo 也是記下許多張棋譜才取得勝利，但是圍棋期盤是 19 條線與 19 條線垂直相交，下在格線交點上，一共 19×19 = 361 的格點，在不討論對稱或是旋轉的情況下，棋譜最少有 361！種，但是加上互相吃掉對方棋子，導致棋譜數量會擴充到無限多種，所以不可能列出全部棋譜。但如果電腦夠強大，理論上還是列的完，但是因爲實在太多，所以目前爲止，仍然只能說是「可能中的不可能」。

那 AlphaGo 到底是如何獲勝的呢？除了建立目前的棋譜、棋路（誘敵撲殺對方棋子的布局）之外，還需要搭配**蒙地卡羅（Monte Carlo tree search, MCTS）的統計決策方式**，來走出每一步都是最好的棋，進而獲勝。AlphaGo 如何利用 MCTS？它利用棋譜及可以在小範圍區域多次記錄下棋互相廝殺的情況，**也就是多次的丟丟看最終獲勝的機率**，最後找出幾步以內的最佳位置下棋（可能是 5 到 10 步以內，因爲不可

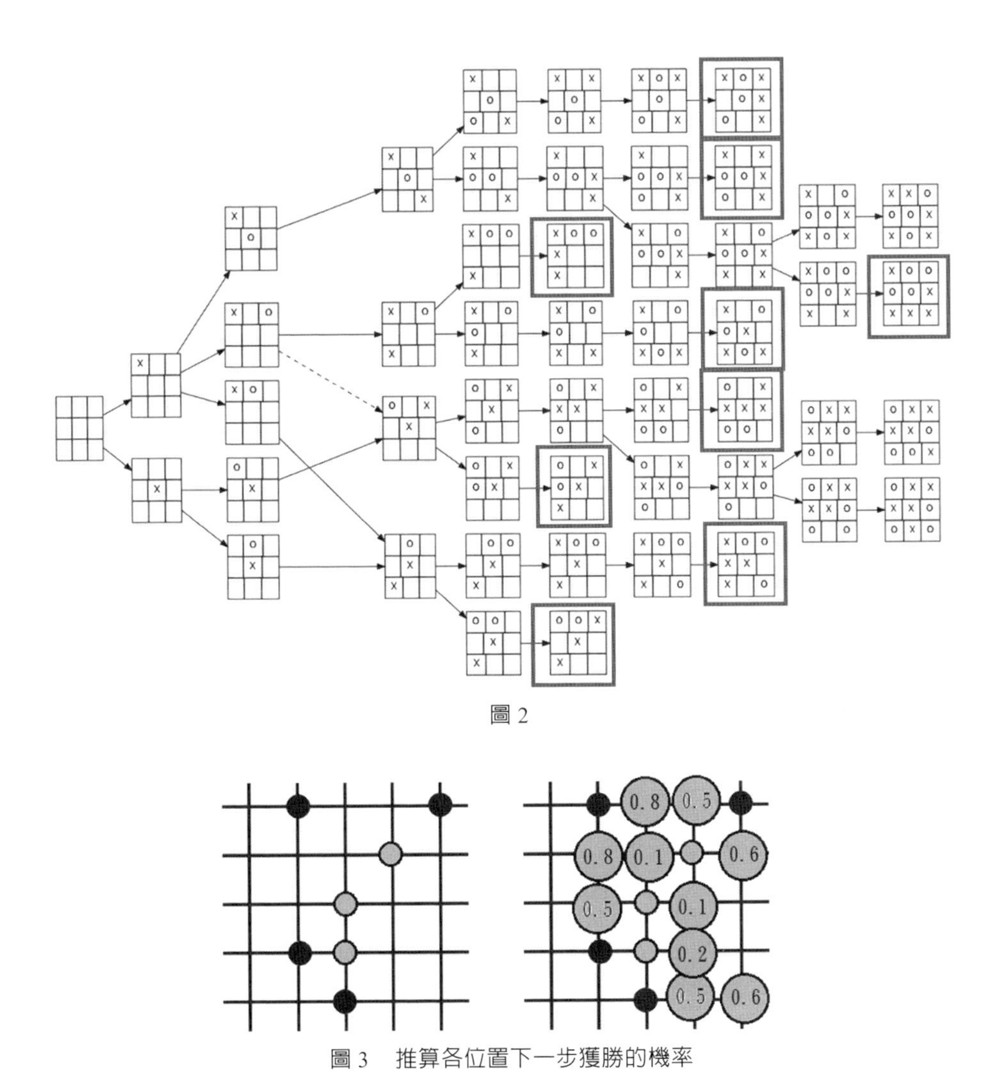

圖 2

圖 3　推算各位置下一步獲勝的機率

能推算到全部），見圖 3：推算下一步的最佳機率。如果人工智慧每一步都是下棋到最佳位置，則在每過 5 到 10 步，就能帶來一個小區域的勝利，最後許多小區域的勝利，或許就很有可能帶來整場的勝利。

如果 AlphaGo 累積足夠的數據（下棋的紀錄）後，與人類下棋就可以青出於藍更勝於藍。人工智慧可以相對於人類記下更多棋譜，並搭配好的演算法（MCTS），就可以不斷的戰勝人類。當然 AlphaGo 並不是無法戰勝的，如果出現沒看過的棋路的時候，也是有可能會被殺的片甲不留。

1-25 AI 的應用 (2)

推薦系統利用統計的關聯性法則（Association Rules, AR），目的是從大量資料中挖掘出有價值的相關關係。關聯法則解決的最常見問題如：「如果一個消費者購買了產品A，那麼他有多大機會購買產品B？」，以及「如果一個消費者購買了產品C和D，那麼他還將購買什麼產品？」爲了達成關聯法則的目的，必須減少大量雜亂無章的資料，變成容易觀察理解的資料，最後關聯法則可找到組合與結果的關聯性。

關聯法則一個經典的實例是購物籃分析（Market Basket Analysis）。超市對顧客的購買記錄資料庫進行關聯法則挖掘並發現顧客的購買習慣，例如，購買產品 X 的同時也會購買產品 Y ，於是，超市就可以調整貨架的布局，比如將 X 產品和 Y 產品放在一起，增進銷量。如果有在亞馬遜（Amazon）網路商店買書的人，一定都會知道，它的推薦系統會推薦某些商品給你參考。令人驚訝的是此推薦系統相當有效，也就是說推薦的商品大多都是你很感興趣，而這是怎麼做到的呢？

在購買網路商品時必定輸入基本資料，所以它就可以有一定的基本資料，如年紀、職業、性別等，把你歸類到某一個群體中，再依據這個群體的人喜好的東西推薦商品給你，如你塡好資料後，它會推薦你這一組基本資料的人大多會買的東西。假設你一開始買了數學類的書，而它知道「買數學類書的這群人，大多會買尺規文具」，於是他就推薦你一些文具，但你可能不是很需要，所以沒買。到了下一次，你買了音樂類的書，而它知道「買數學類及音樂類書的這群人，大多會買古典樂 CD」，於是就推薦你一些古典樂 CD。推薦系統就是根據這樣的「凡走過，必留下足跡」的循序漸進模式，收集、建議、再收集與建議，找出類似消費族群會購買的商品。而你會屬於很多群體（見下頁圖的右下角），每個群體都會有比較喜好的東西，每個群體都有興趣的交集商品（見下頁圖的重疊色塊區域），就是推薦給你的商品。這可能是亞馬遜找出消費者有興趣商品的模式。事實上，因爲它光是基本資料就可以將人分爲多個群體，性別、年齡、職業、興趣等，再加上利用關聯法則，它推薦出有相當精準度的商品，或許這是它一步步成爲最有名的網路商店的原因之一。同理網路的推薦商品，不管是網路書店（博客來、金石堂）、樂天市場、FB 的廣告，也是用同樣原理去引起消費者的興趣，不過因爲**資料庫不夠大，所以相對來說比較不準確**。

由以上的例子可知人工智慧從購買者的習慣發現關聯性，也就是利用分析其背景資料，到他所逛過的網頁與所購買過的商品，進行「族群式的分類」，再經由每筆交易成功的項目，再細分下去，並重複幾次後，就知道消費者屬於哪些族群，再推薦這些族群的交集商品，此商品就有可能是消費者感興趣的商品。**推薦系統是透過機器學習的一種演算法，可進行探查消費者的喜好，好比是「銷售員」的眼睛**。

【更多的推薦系統的原理】

目前推薦方法包括：基於內容推薦、協同過濾推薦、基於關聯規則推薦、基於效用推薦、基於知識推薦和組合推薦。

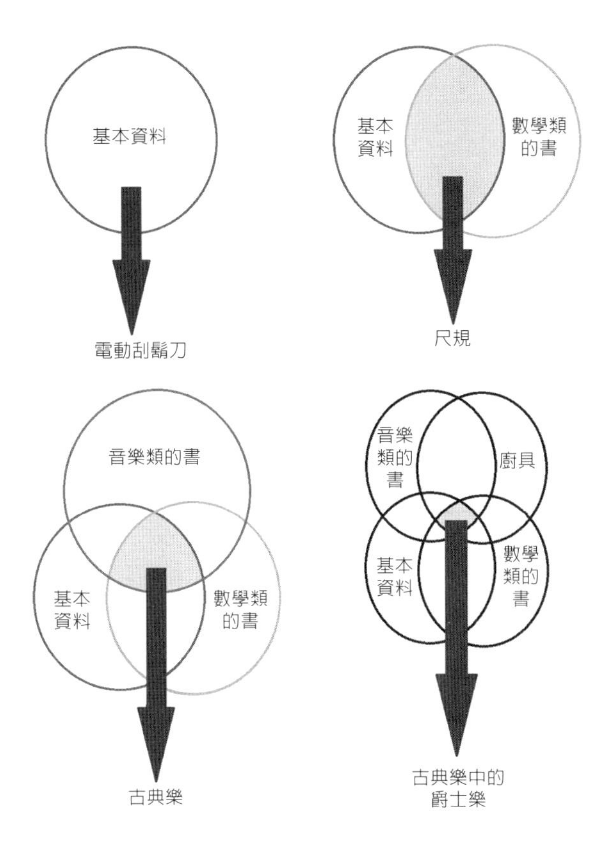

1. **基於內容推薦**（Content-based Recommendation）

需要用機器學習從內容的特徵，得到使用者的資料。

2. **協同過濾推薦**（Collaborative Filtering Recommendation）

一般採用最近鄰演算法（k-Nearest Neighbors, KNN），利用歷史資料推測喜好的程度，計算特定商品的喜好程度。

3. **基於關聯規則推薦**（Association Rule-based Recommendation）

以關聯法則（AR）爲基礎進行推薦，可參閱前文所列舉的案例。

4. **基於效用推薦**（Utility-based Recommendation）

建立一個有效的函式給每一個使用者去使用。

5. **基於知識推薦**（Knowledge-based Recommendation）

能解釋需要和推薦的兩者關係，可以明確定義出爲什麼需要，比如說理髮師會直接推薦美容類的書籍等。

6. **組合推薦**（Hybrid Recommendation）

上述所使用的方法並未排除突顯的缺點，於是採用混合式方法進行推薦，提高推薦商品是消費者有興趣的機率。

1-26 AI 的應用 (3)

先前已介紹部分的 AI 應用，本節再擴充認識 AI 的應用。我們知道人類會不願意或是沒能力作大量處理、大量數據、批次重複性、且需要快速的內容、以及需要大量比對的內容。要解決上述的問題，需要利用到 AI ，而 AI 必須建立在統計與大數據、足夠的硬體能力以及夠多、夠完善的機器學習上。觀察下表了解人類與機器、及經過機器學習的 AI 的差異。由此可知 AI 經由機器學習後，只要硬體可以支撐效能，則 AI 的功能可以發揮到無限大。

	記憶能力	運算能力	分析能力	聯想能力	直覺能力
人類	有限	有限	有限	強	強
機器	持續進步	持續進步	差	無	無
大數據 + 機器學習的 AI	無上限	無上限	持續進步	利用統計可持續進步	不一定

未來可能出現或是現在已有的 AI 的內容如下：

1. 法律
   (1) AI 法律查詢系統：建立法條的大數據庫，可由犯案的一切資訊找出最適當的罪名，或是符合哪幾項罪名，而不用再依靠人類經驗，畢竟太多因法官造成的個別差異（自由心證），以至於被戲稱為恐龍法官，利用 AI 可以建立相對的公正。
   (2) 字跡比對：以往是由專業人士的判斷，但是其實只要把專業人士判斷的規則教給 AI，再由多次的機器學習及更新，即可成為有效的 AI ，可省下大量時間。
   (3) 犯罪的時間拼圖：以往犯罪線索東一塊西一塊，靠的是辦案人員的聯想，再去搜查其相關的情況，如果有了 AI 可依時間軸組成可能的情況，再去尋找可能的線索，而不是等辦案人員突然想到，到時有可能線索已經被抹除。
   (4) 人臉辨識與腳步辨識：可利用人臉辨識來追查嫌疑犯，以及用腳步辨識預防可能犯罪的人。
2. 醫療與健康
   (1) 達文西手臂：介由機器學習判斷手部動作，可帶來更為精細的手術行為。
   (2) AI 輔助醫療查詢系統：建立醫療的大數據庫，可由症狀的一切資訊找出最接近的疾病，或是符合哪幾項疾病，而不用完全依靠人類的經驗，並讓醫生可以多一個參考資訊。
   (3) 生化人、或是半生化人、AI 器官：未來可能會出現 AI 器官（如：機器手臂、腿），進而產生半生化人，或是只有腦子是人類其他都是生化人的全生化人，進而實現另類的永生。而此想法再 2019/7/17 馬斯克也提出相關內容，參考連結：人腦植入晶片計畫有進展 盼明年人體試驗（https://www.cna.com.tw/news/ait/201907170295.aspx）。

(4) 機器推拿：可經由機器學習，辨別按壓的位置到達何種深度的組織（皮、肥肉、肌肉、骨），讓按摩的機器給人類更舒服的按摩。

(5) AI 與 AR（Augmented Reality）或 VR（Virtual Reality）的結合：藉由 AI 機器學習後，再以 AR 或 VR 的圖象顯示，有助於醫療行爲，如：模擬開刀。AR 是擴增實境，可理解爲光學投影成像，VR 是虛擬實境。

(6) 基因工程：利用 AI 破譯基因密碼的秘密，以及可能可以讓人類利用基因工程再次進化，或是把其他物種的優勢基因植入人體，如讓葉綠素在身體，即可不用進食或降低進食量，行光合作用就可以，還能減緩溫室效應。

(7) 醫療輔助檢測：如：高榮首創腦出血 AI 判讀系統，獲美 FDA 認證（https://www.taiwannews.com.tw/ch/news/3747169）。

3. 科學

(1) 利用 AI 算出常數：參考蒙地卡羅計算圓周率，人類可以利用電腦的特性，快速計算類似的事物，進而得到常數，或是相關的數學式（定理）。以前的克普勒等數學家就是用人腦做 AI 的工作，經由多次的運算找出相關的數學式。同時美國紐約 Flatiron Institute、卡內基美隆大學、加州大學柏克萊分校以及英屬哥倫比亞大學共同組成的研究團隊率先發表了世界上第一個 AI 宇宙模擬器，這款 AI 模擬器除了速度快以外，還在未設定任何參數的狀況下，自動推算出宇宙暗物質的數量。見連結：驚！世上首個 AI 宇宙模擬器 竟自動模擬出「暗物質」數量（https://udn.com/news/story/7086/3896086）。

(2) 天災預防系統：若有一天，人類可以利用 AI 與大數據，進而分析出各地天災的前兆時，就能有效避開或是減緩天災的問題，參考電影《氣象戰》。

(3) 符號整合：在數學及物理上常有雷同的數學式，卻有不一樣的符號，利用 AI 可以進行整合。甚至是給定基礎的公理、定義，作出更多有用的定理。也就是給定歐式幾何的原理，就能推導（演繹）到現在數學高度。

(4) 驗證數學式：數學家或是科學家，應該利用 AI 驗證自己的數學式，而在此**作者建議數學家與科學家應該具備一定寫程式的能力。**

4. 人性化的生活工具

(1) 常見的有：聲音、人臉辨識、讀寫板、手寫板、PDF 變文字檔、無人駕駛、掃地機器、AI 管家、無人停車場與建議等待時間、無人商店與推薦購物等。

(2) AI 與交通：可藉由大數據、機器學習、車流量判斷紅綠燈該如何變化，進而讓交通更爲流暢。偵測行車中眼球離開正前方時間，判斷是否疲勞或危險駕駛，發出警示音。

1-27 AI 的應用 (4)

延續上一篇。

5. 教育

   教學輔助 AI：作出可輔助教學 AI，以免太過依靠老師經驗（後面單元有更多的介紹）。

6. 軍事

   (1) 飛彈：飛彈攔截與閃躲。

   (2) 國際安全：利用 AI 來駭入他國國防或是防備。

   (3) 軍事 AI 裝備：AI 戰爭機器、AI 輔助眼鏡協助射擊、無人戰機、無人潛艇、作戰機器人。

   (4) AI 金屬服裝：可以理解爲鋼鐵人的 AI 服裝。

7. 娛樂與藝術

   (1) AlphaGo。

   (2) AI 相機：眼睛是個雙鏡頭，有專注的東西，其他則是模糊背景，而且專注的東西還可以自動凸出化，所以相機進一步應該要有 AI 判斷哪些物體爲重點（一個到多個）的大概範圍，再把其他部分自動作爲背景模糊化，就可以更爲逼眞、貼近拍攝者所要的意涵。事實上現在有類似的相機：光場相機，類似的 APP：FOCOS。

   (3) AI、VR、飛輪、充電電池的串連：運動器材的運動不免讓人覺得不夠貼近自然，但外出又會嫌麻煩。如果可以開發出一套 AI、VR、飛輪、充電電池的串連，頭戴 VR 讓視覺模擬貼近大自然，腳上踏著腳踏車，其中靠 AI 計算飛輪速度、時間來決定場景變化，同時如果把腳踏車接上蓄電裝置，及可讓人類在遊戲中運動又發電。而遊戲還要能做到多人連線，也由 AI 計算隊友應該出現的位置，爲了增加遊戲的耐玩性，還可以增加對戰干擾模式或是追殺模式。

   VR 與運動結合不是新鮮事，2015 年美國 VirZoom 就已經推出 VR 單車的健身遊戲。參考連結：VR 運動帶你愈玩愈瘦（https://kknews.cc/zh-tw/health/n9k38xq.html）。

   (4) AI、VR、運動器材的結合：延續 (3) 的概念，還可以複製到獨木舟、衝浪、滑雪、攀岩等戶外運動上，如果可以設計出電影《一級玩家》全身覆蓋式收縮服裝，由 AI 模擬碰撞的感覺，就更爲逼眞。

   (5) 協助鑑別藝術品的簽名眞僞。

   (6) 人工智慧與音樂科技：分析、理解、與創作，相關連結：https://case.ntu.edu.tw/blog/?p = 33440，讓 AI 進行機器學習，學習基本的樂理，以及某音樂家的風格，便有可能得到音樂 AI，或可參考 AI 模仿巴哈作曲的音樂，相關連結：https://www.technologyreview.com/s/603137/deep-learning-machine-listens-to-bach-then-writes-its-own-music-in-the-same-style/。

(7) 康丁斯基試圖將繪畫的藝術，利用幾何、線條、構圖表現出音樂的熱鬧感，見圖 1，以及牛頓也將各顏色與音調對應起來，見圖 2，音樂家史克里亞賓也試圖將各個和弦轉換爲顏色，見圖 3。我們不難理解畫家作畫時腦中會浮出某種旋律，而音樂家作曲時也會呈現某種畫面，因此可理解繪畫可對應一首音樂。我們應該可以用 AI 譜出許多曲子，假設每個顏色的 RGB 可以轉換爲一個音調、旋律，而亮度、圖案、構圖可以成爲一個節奏，或裝飾音，所以在畫作上任意的畫上一條曲線將可以成爲一個單音的樂譜，其臨近的部分則可以轉換爲其他的音調或是合弦，如此一來，我們或許就可以聽出畫作的音樂。

圖 1　構成第 8 號

圖 2　牛頓的和弦與顏色

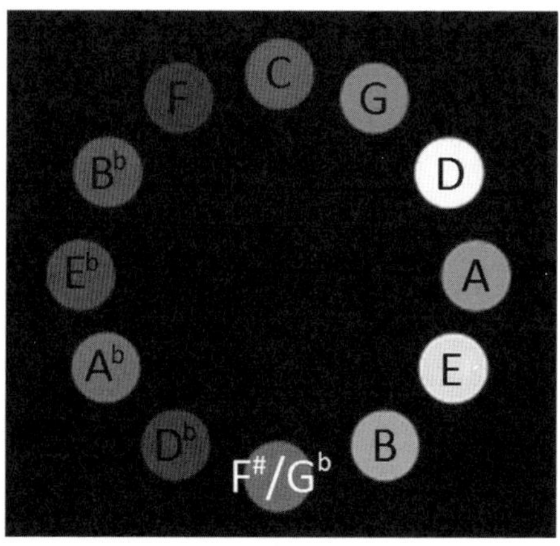

圖 3　史克里亞賓的和弦與顏色，12 點到 3 點鐘位置依次是紅橙黃綠，4 點到 7 點是藍到紫的漸層變化，8 到 12 點是紫到紅的漸層變化

1-28 AI 的應用 (5)

延續上一篇。

8. 商業
   (1) 商業行爲：可從許多數據中挖掘出關連性，並作出最佳化的商業行爲。
   (2) 工廠的自動化機器：取代人力。
   (3) 無人銀行、保險業：AI 可取代業務員等需要協助認識內容或查詢的人員。
9. AI 與太空計畫
   太空工程 AI 利用 3D 列印與 AI 工程機器協助建造太空中設施、或其他星球設施，如：在火星上建設基地，探索號、好奇號的探索火星，(註)。

結論

由以上可知 AI 應用的範圍相當廣泛，沒有作不到，只有想不到，但是每一種 AI 各自有不同的阻力，如：醫療 AI 可能不易推行。因爲只要 AI 侵犯到某部分人的利益時，都會遇到阻礙，但只要隨著時間的演進，人們總是會慢慢接受。同時開發 AI 的時間與費用、消耗的能源，也是必須列入考量的問題，但不管怎麼說只要可以將機器學習的經驗留下來並複製到其他 AI ，便能讓 AI 不斷成長，進而讓人類生活愈來愈便利。

註：AI 在太空計畫的應用是最早，也是最相關的、最必須的發展。在外太空，太空人的生命是如此的寶貴，需要利用 AI 取代人類進行有風險的行動。同時要在外太空也經常會遠端操控，但常會受限於距離與訊號問題，必然要讓機器有一定的 AI 能力來判斷安全性，必須即時有反應，而不是等人類的反應，如果訊號延遲，可能會造成損害，如：遇到坑洞必須立刻閃避，從地球發射的訊號約 20 分才能發射一次到火星上的好奇號（下頁圖），如果不利用 AI ，根本無法有效執行太空計畫。

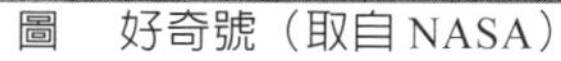

圖　好奇號（取自 NASA）

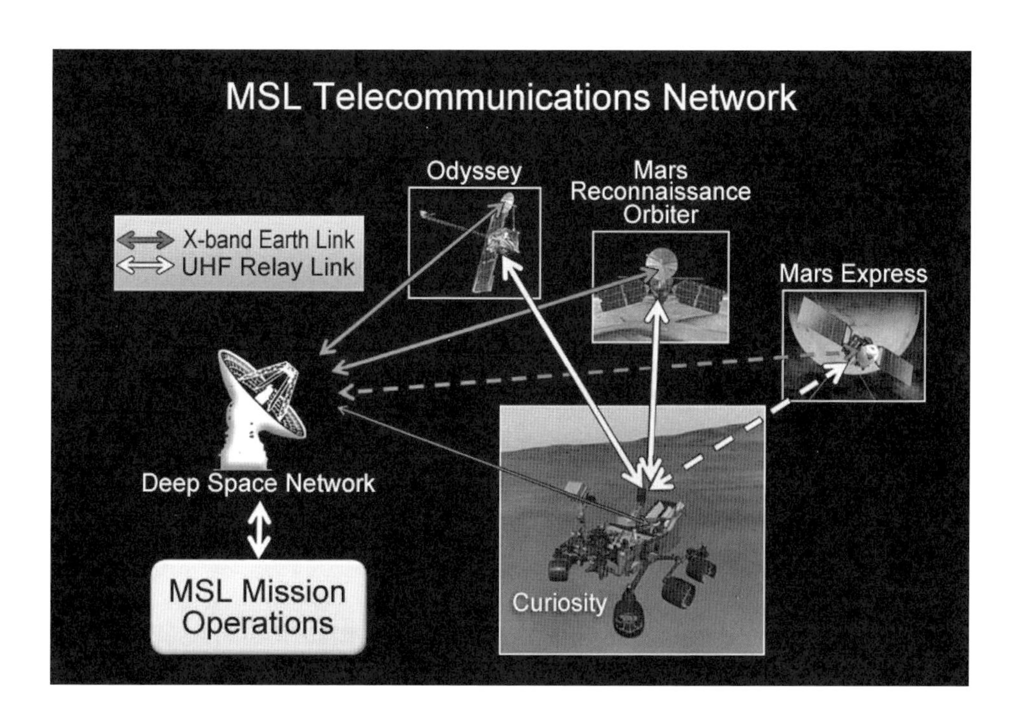
MSL Telecommunications Network
X-band Earth Link
UHF Relay Link
Odyssey
Mars Reconnaissance Orbiter
Mars Express
Deep Space Network
MSL Mission Operations
Curiosity

1-29 碎形與 AI

碎形（Fractal）是最年輕的數學，在 1975 年才被本華 · 曼德博（Benoit Mandelbrot, 1924～2010）創造出來，碎形的研究時間實在太短，導致對它的認識與應用還太少，更無法有效應用在自然界中。同時碎形跟以往的數學差異太大，我們難以用以前的數學理論解決碎形問題。

如今已經利用電腦來模擬與處理碎形的問題，及現在科技利用碎形的原理，可做出非常擬眞的地形影片，如：魔戒的場景。所以眞的可以透過數學來描述這個眞實世界。即便知道碎形可以有效描述大自然，但現在並沒有完整的碎形理論、及有效的數學工具來處理碎形的問題，所以對於用數學描述自然界我們仍有一段路要走。

人類要用現有數學語言來詮釋大自然，是難以描述的，因爲大自然充滿著碎形，而我們目前沒有太多有效的方法處理碎形。我們需要對碎形有更多的認識或是有新的數學，才能更完美的描述大自然，也才能讓人類的科技繼續向前進。雖然現在暫時無法有效討論碎形，但是電腦已經可以有效繪製出碎形的 2D 、3D 圖案。見下述圖片。

1. 碎形拱門

碎形構成的藝術，不斷的圓弧構成一幅奇妙的拱門，見圖 1。

圖 1

2. 碎形與電腦做出逼真的場景

電腦特效公司（Terragen Planetside）專門以碎形技術來制作特效場景，甚至有碎形與電腦製圖的影片：https://www.youtube.com/watch?v=eYlafu-Hico 、https://www.youtube.com/watch?v=zMvJXwTxyVE 、以及我們熟悉的電影開頭 http://planetside.co.uk/component/content/article/7-news/46-tg2-paramount ，都是利用碎形製成擬眞度很高的影片。其他影片可至 http://planetside.co.uk/ ，所以如果要讓電腦製作的場景顯的自然又美觀的話，就必須利用碎形，最好還要利用到黃金比例的概念，見圖 2、3。

圖 2

圖 3

3. 小海龜碎形

可以發現圖案不停放大不斷的出現自我相似的部分，見圖 4。

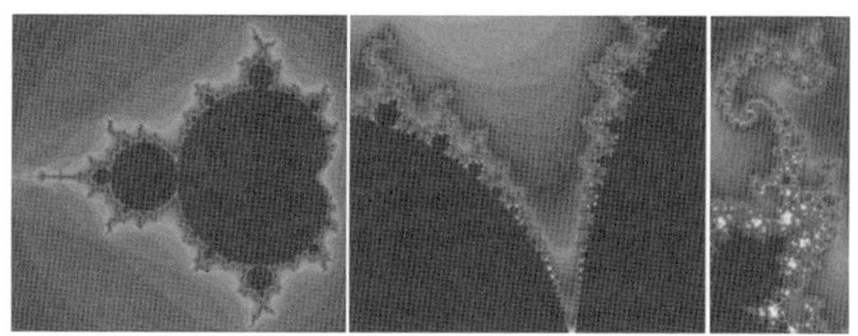

圖 4　作者利用 XaoS，自行做出的圖。

4. **更多的碎形圖案，見圖 5、6**

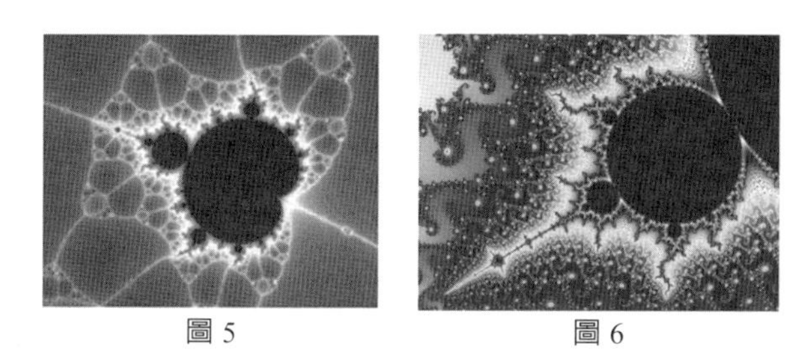

圖 5　　圖 6

1. **黃金比例螺線**

我們可從黃金比例的螺線中發現自我相似的情形，如果我們將螺線放大就可以看到自我相似的情形，見圖 7。

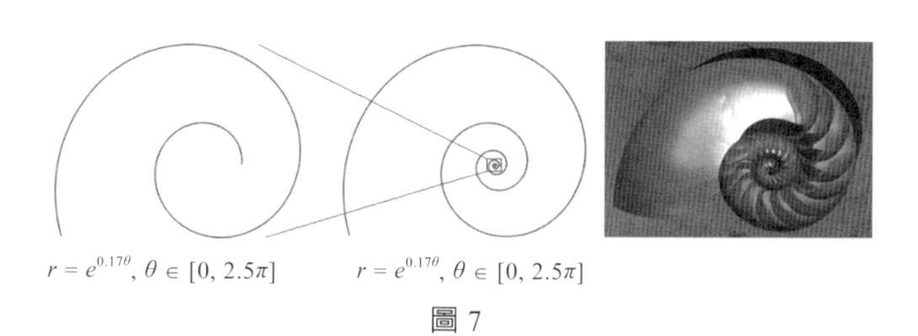

圖 7

2. **碎形樹**

碎形作出來的樹，見圖 8，可看到每一節都是一個大正方形與等腰直角三角形，再延伸兩個小正方形，之後不斷重複，就能夠成為一顆樹，經由角度的改變後，就會更貼近大自然。或參考影片連結：https://www.youtube.com/watch?v=Ma3Hh-KtoRE。

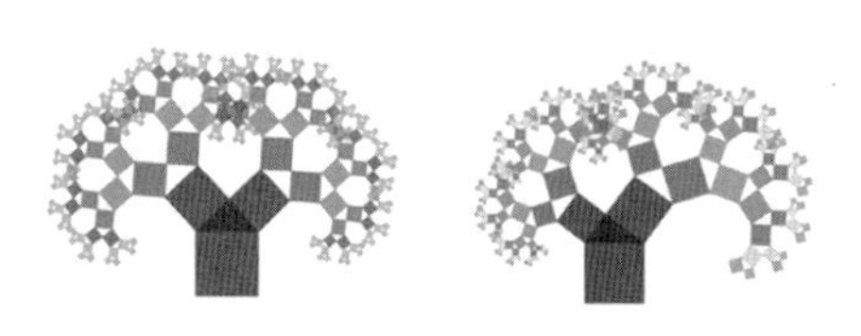

圖 8　作者自製

1-30 碎形的起源

碎形的起源是因爲 Lewis Richardson 想測量英國海岸線的長度，他發現地圖愈精細就愈長，甚至思考是否可視爲無限長，見圖 1，並看下述

1. 在海岸線找 8 點，測量可得英國海岸線長 1600 公里。
2. 在海岸線找 19 點，測量可得英國海岸線長 1900 公里。
3. 在海岸線找 58 點，測量可得英國海岸線長 2900 公里。
4. 目前公布的英國海岸線爲 12429 公里。

圖 1

可以發現找的點愈多，其連線就愈吻合英國海岸線，其周長就愈接近眞實海岸線的長度。如果海岸線的地圖不斷放大，我們可以看到更多細節，也就是曲線會變得更加彎曲，見圖 2，所以我們也就可以描更多點來測量距離，**換言之英國海岸線地圖愈精細，海岸線的總長就會愈大。但要注意的事，它不會是無限長，因為國土面積的關係仍會有一個界限存在。**

或是可參考此連結，感受碎形雪花的邊緣也是不斷放大不斷精細的感覺：

https://en.wikipedia.org/wiki/Scale_invariance#/media/File:Kochsim.gif

基於討論海岸線的契機，法裔美國學者本華 · 曼德博研究不斷放大細部的理論，並於 1967 年提出了碎形的理論。

他認爲碎形主要具有以下性質：

1. 具有精細結構。
2. 無論是整體或局部都與傳統歐式幾何的規則不同。
3. 具有自我相似。

由於是 1967 年才提出碎形理論，可以了解到碎形是一個年輕的數學概念，而碎形的數學理論直到目前都仍未完善。目前世界與科學有很大部分建構在微積分與歐氏幾何上面，而微積分處理的都是微小的直線，即便是曲線，也是當作是很多非常微小的

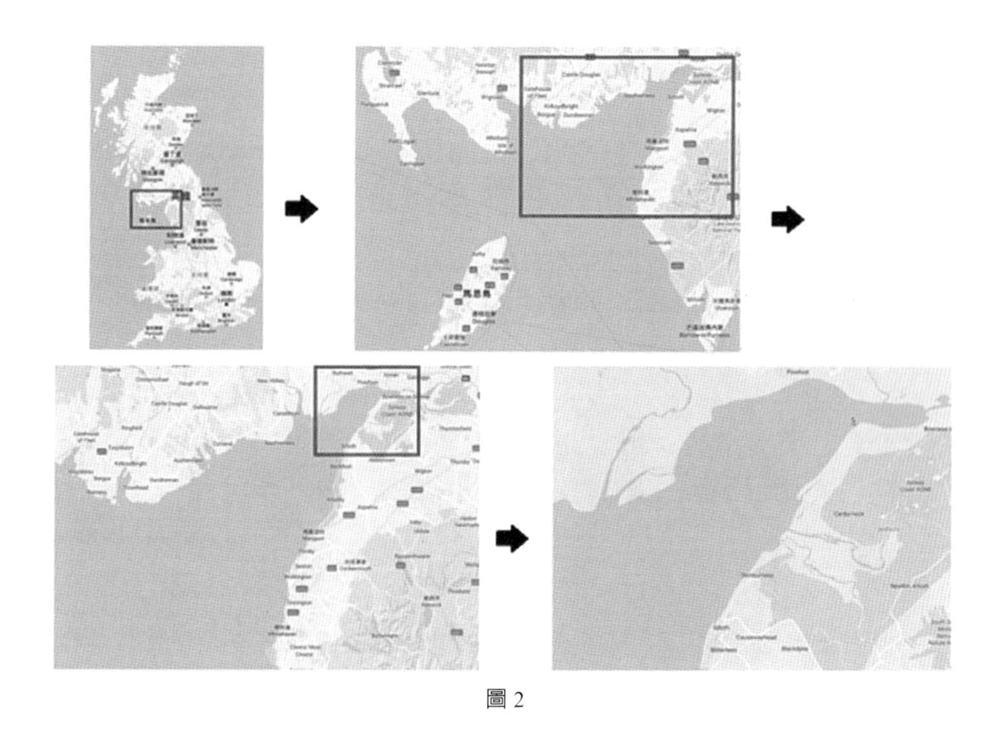

圖 2

直線來處理。但碎形是討論曲線的自我相似，微小部分仍然是曲線，因此微積分就無法處理碎形的問題。碎形類似「處處連續卻處處不可微的函數（**魏爾斯特拉斯函數，見圖 3**）」，大學研究的非線性內容的方法，本質上還是看作一段段的直線，所以無法處理碎形的問題。大自然是眞正非線性的結構，也就是碎形，如果仍舊用接近線性的方法（微積分）去研究大自然，是難以取得成效。

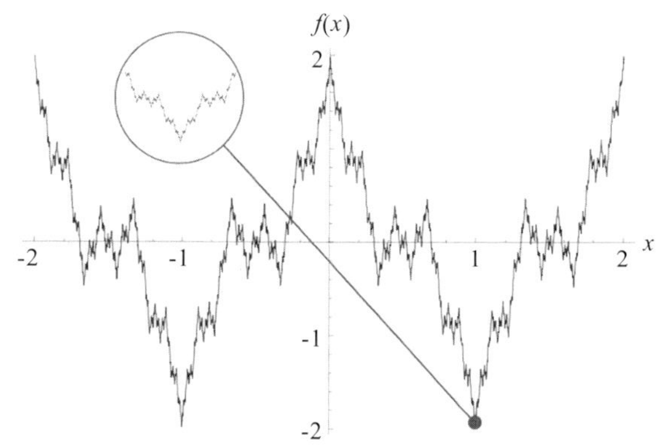

圖 3　魏爾斯特拉斯函數，可以看到有碎形結構，並且是一條連續的線，到處有轉角，所以處處不可「微分」

1-31 碎形藝術

大自然中富含碎形的藝術。如：蕨類、樹、向日葵、雪花、宇宙、血管、神經等，都是自我相似的圖案。而我們也應該要知道非碎形的幾何形狀都是人造的。接著來認識更多的大自然的碎形圖案。

1. 雪花：雪花的結構可以是邊長三等份點位置再作一個三角形，也是碎形的結構，見圖 1。也可參考影片連結觀察動態，https://en.wikipedia.org/wiki/Fractal#/media/File:Koch_nowflake_Animated_Fractal.gif。

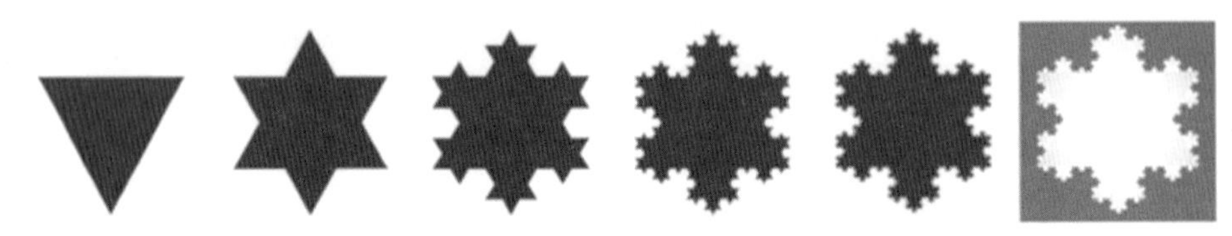

圖 1　作者自製

2. **H 碎形的變化**：H 做碎形結構，可看到很多 H 的形狀，隨著角度的變化，可發現能變成樹，又可變蒲公英，所以碎形的形狀是最能貼近大自然的規則，見圖 2。也可參考影片連結：https://www.youtube.com/watch?v = bbaf GCMvt6U。其中對應到眞實生活的 H 碎形（改變角度）有：氣管、蒲公英，見圖 3～6。

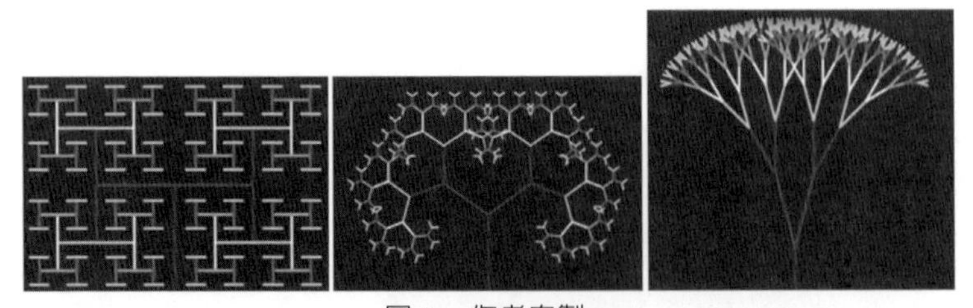

圖 2　作者自製

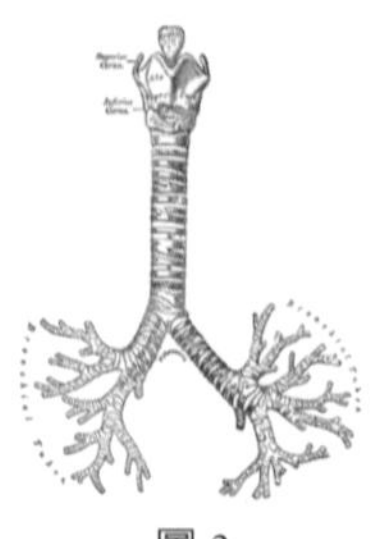

圖 3

圖 4

圖 5　圖 6

3. 閃電：閃電會不斷的開叉，每個局部與整體相似，符合碎形的性質，見圖 7、8。

圖 7

圖 8

4. 利希藤貝格圖（Lichtenberg Figures）：1777 年利希藤貝格（Lichtenberg）電擊透明玻璃，產生樹的紋路，感覺如同電在玻璃中流動的軌跡，見圖 9、10。此圖被稱爲利希藤貝格圖，並且此圖也是碎形。同時地面被雷打到出現紋路，見圖 11，或是世界上有許多人或物被雷打到所留下的紋路，都是利希藤貝格圖。

圖 9　圖 10　圖 11

大數據顧名思義就是大量的數據，前幾年商用統計分析的商用智慧（BI），經常冠上大數據一詞，本章將介紹什麼是大數據，對於傳統統計、工程統計及商用統計上是如何應用。而 AI 的資訊工程是應用傳統統計與工程統計的內容。並介紹上述的差異性，大家向來將其混為一談的討論，但實際上有著相當顯著的差異。傳統統計是因為受限成本及方法必須利用小數據推論大數據的可能情況；而大數據是因為科技進不可以容易收集到大數據，再進一步相對以前的小數據可以更完整的分析情況；而工程統計早已使用大數據多年，只是相對於商用統計的大數據，功能上又有些不同。

統計與資訊軟體容易被統計濫用，或許曾聽過某某商用分析 BI 軟體，可以進行大數據視覺分析，你可以不用會統計、不用會資訊的寫程式碼，只要把資料輸入進去，再進行簡單的操作，就可以得到想要的圖表。但這是廣告語言，如果一點統計與資訊能力都沒有，連收集資料的方向都沒有，要如何建立資料，更別提進行分析。或是說現有資料輸入進去卻看不懂統計圖表要表達的概念，這樣也是無法有效利用 BI ，若是再被老闆進一步追問，豈不是造成老闆對 BI 軟體的不信任，以及統計無用論，最後繼續相信過往的經驗。所以不管是用傳統統計或大數據 BI 的分析人員，都是要會統計，並且還需要會一點資訊能力，才能有效利用 BI。

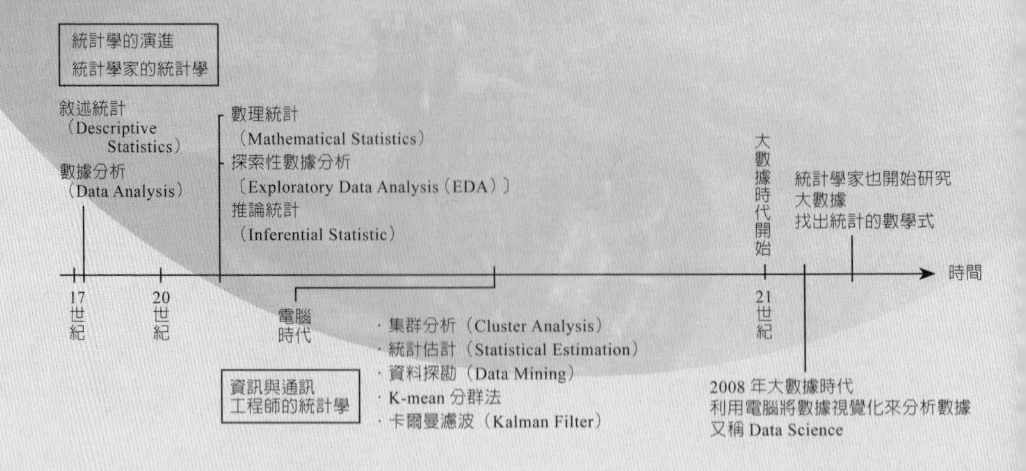

第二章
認識大數據、傳統統計、商用統計與工程統計

2-1 大數據概要 (1)
2-2 大數據概要 (2)
2-3 什麼是大數據
2-4 大數據的問題
2-5 統計學界的統計分析與商業界的大數據分析之差異
2-6 統計學界的統計分析與工程界的統計分析之差異
2-7 大數據分析的起點
2-8 資訊視覺化
2-9 視覺分析的意義
2-10 建議大數據該用的統計方法
2-11 卡門濾波
2-12 資訊科學家的定位、大數據結論
2-13 資料探勘 (1)：資料探勘的介紹
2-14 資料探勘 (2)：數據中的異常值
2-15 資料探勘 (3)：分群討論
2-16 資料探勘的應用
2-17 時間序列

2-1 大數據概要 (1)

大數據的意義就是顧名思義大量的數據，但它的功能性必須建立在強大的硬體能力上，**具有大量的記憶力，以及快速的處理速度，再加上網際網路的連結，大數據才具有強大的功能性，見圖** 1。但是除此之外，我們的效能還需要進一步優化。打個比方說，我們知道加法不夠用，所以創造了乘法，而乘法不夠用時，就創造了指數律。同理雖然我們的硬體如此的強大，但是我們還是希望它可以更加有用，所以他的處理方式必然的借助了某些理論，而這些理論就是**統計與機率**。故我們現在講的大數據，其實就是在討論統計與機率，只是換個領域就用不同的名詞包裝。

統計是個特殊學科，大多數領域都用的到，但大家對它卻又相當陌生，難以交流，甚至彼此之間都是用二分法來看待其他人，如：統計學界認為其他人的統計不夠嚴謹。工程界認為其他人的不夠實用，需要更快速。商業界綜合兩者取其優點，創造出不會有太嚴肅且生澀的數學，做出一套大家都能看懂及方便操作的統計。除此之外就是都不會的人，可以透過圖 2、下表了解三者間的差異性。

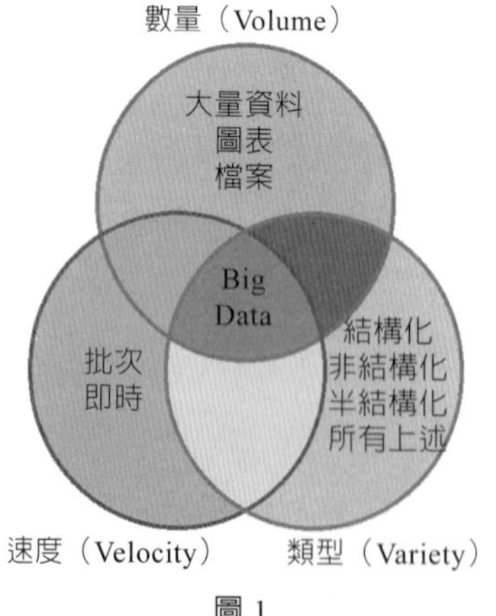

圖 1

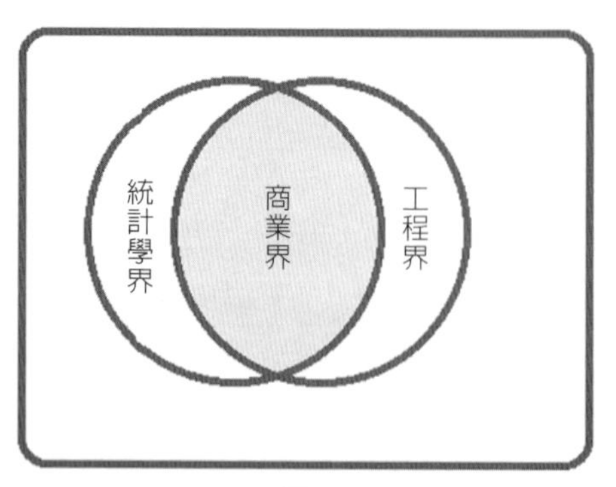

圖 2

	統計界	工程界（資訊／通訊）	商業界
分析名稱	傳統統計	工程統計	大數據分析
分析者	統計學家	資訊工程師／通訊工程師	資料科學家
資料量	少量	大量	大量
急迫性	不一定	有	不一定
狀態	靜態	動態	動態

	統計界	工程界（資訊／通訊）	商業界
精準度	精準	較精準	目前粗糙， 仍有進步空間
分析方法	數理統計及決策理論。	部分自行開發， 部分利用傳統統計	利用工程統計軟體， 及傳統統計。

一般社會認知的大數據內容落差頗大，作者將其分成三部分。

1. 大部分人會認為大數據是一個抽象的形容詞，凡事都要做大數據，做了才完整，但大數據是什麼卻不知道，這些人是把大數據當作萬靈丹。
2. 比較有感覺的小部分人會認為大數據是商業軟體的意思，若我要做分析就是要用大數據，以前的方法都不算完整的討論，只有用大數據才是正確的。
3. 剩下的人則是認為大數據就僅僅是大數據，它要併入其他內容之中才會有意義，如同水很重要，但是如果不與其他東西一併使用，水永遠是水，無法發揮出更好的效用，比如說水泥、煮飯等。

本章將介紹大數據是如何發揮效用，其根本原理就是**統計與機率**。若要將其**變得更有用**，就要著重於了解**遞迴式的功能性**。目前熱門的機器學習與人工智慧就是工程界（資訊工程）的一部分，人工智慧想要更進一步就不可避免**統計與機率，以及了解大數據的意義**。

在**沒有大數據**的時候，我們的電腦能力還**不能稱為具有人工智慧**。而當**硬體的能力提升**後（處理數據量、處理速度），以及**網路的普及率**提高，再加上**統計與機率的內容，電腦才真正的可以稱為具有人工智慧**。隨著時代的進步，人工智慧可以不斷的提升，進而帶來生活的便利。

2-2 大數據概要 (2)

傳統統計分析

傳統統計的歷史源自 17 世紀，一直到 20 世紀，統計的研究是希望從樣本推論到母體，所以都是**以小樣本數為主**，其原因是有效樣本的不易取得且太過昂貴，並且數據受太多因素互相干擾而不準，所以早期的統計研究分為兩個階段。

第一階段——資料分析（Data Analysis）：研究如何收集、整理、歸納，描述資料中的數據和分散程度。第一階段的統計又被稱做探索性資料分析（Exploratory Data Analysis, EDA）。EDA 傾向於直接利用數據做判斷。

第二階段——推論統計（Inferential Statistics）：由第一階段的資料分析推理數學模型，由隨機且有效的樣本推論到全體情形，來幫助決策。第二階段的統計又被稱做數理統計（Mathematical Statistics），傾向於利用第一階段的結果，並排除不必要的極端值後，再作分析。

以前統計因為樣本取得不易，必須用少數有效樣本推理、決策。也因此做許多機率模型並驗證，最後有了目前的統計。

大數據分析

到了 21 世紀的電腦時代，因為能獲得大量資料，不像以前的資料量比較少，工程界已經有能力可以處理大量資料的分析，直接用電腦做出各種視覺化（Visualization），再來加以分析。但是由於可以獲得大量資料，也導致了樣本不完全是隨機樣本，所以大數據的分析不能僅限於傳統統計的分析方法（隨機抽樣），必須用到工程統計多年發展的工具。一直到 2010 年網路的普及程度提高，商業界也意識到利用大量外部資料來分析商業行為是勢在必行，所以商業界推出**大數據分析**的統計方法，**但其實目前大數據分析就是工程界上早已使用大量數據的統計分析**。

處理大量資料的分析，又稱**資料科學**（Data Science），現狀是使用者不用完全懂統計的原理，只要會操作電腦來進行視覺化及分析，期望從中找到有用的資訊。當然這樣的方法在統計觀點是較不嚴謹的，但仍有助於分析。也正因為大數據的不嚴謹性，普遍地不被大多數統計學家認同是有效的統計方法。但在作者觀點，數據視覺化的提升可被認定是在敘述統計範疇內，並且使用的方法是工程統計的方法（Predictive Analytics），所以**大數據分析**可被歸類在統計之中，當然如果要很完整且有效的被利用，則需要數理統計的證明。

統計分析與大數據分析的異同

由以上的內容可知，統計與資訊、通訊工程師具有密切相關性，可參考圖 1、2。然而實際情形卻是兩者間有著很大的距離，各走各的路。其中有許多內容，數理統計已經研究出內容，但因為溝通的不易，工程師也不知道其統計內容，而自行開發程式與統計內容。同時工程師開發的統計工具，因缺乏嚴謹的統計模型，在某程度上的討論具有高度風險性。

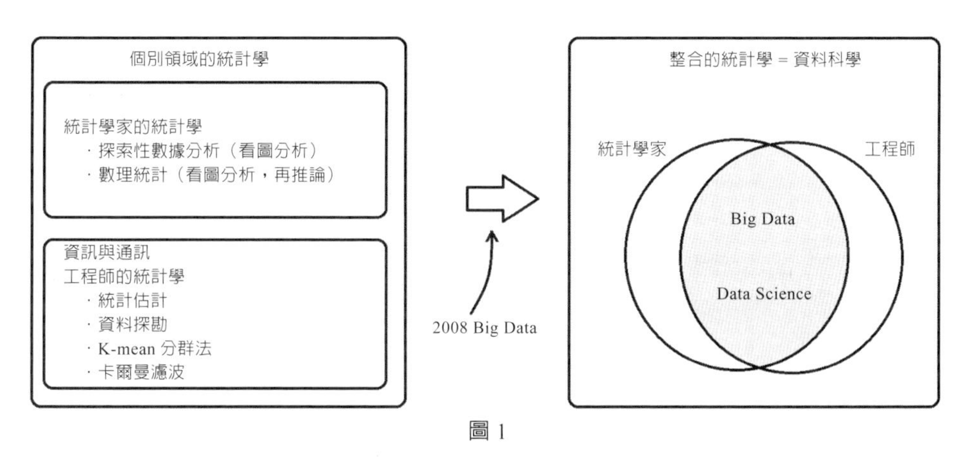

圖 1

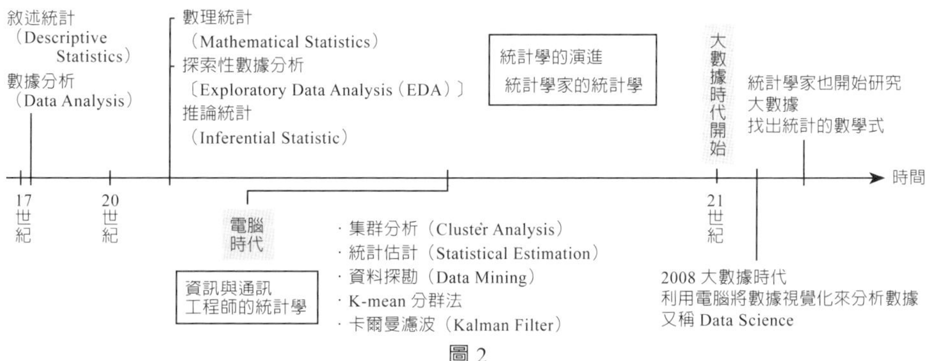

圖 2

以工程界為例，如果有問題可以很快檢測出來，但如果是社會、醫療、人文類的問題，容易受多重因素影響，不容易即時檢驗統計結果是否正確。所以工程師開發的統計程式，在某些情形下沒有數學嚴謹的統計理論支持，容易失去準確性。同理在商業上的大數據分析使用也要更小心。

結論

統計的演變，從少量數據來推論數學模型，進而做出推論。然而在 21 世紀可獲得大量數據，並利用電腦跳過部分數學模型，利用視覺化來分析，科技的改變帶動統計的進步，當然視覺化的分析，裡面仍然是藏著數學模型在內，並且也需要數學的驗證，只不過仍在研究中，但已經可由視覺化來幫助分析。

大數據的時代比起以往更需要統計分析來驗證，利用**數據圖像化，視覺化，即時互動**來協助判斷，換句話說**大數據分析就是更精細的敘述統計**，而非只是簡單的長條圖，或說是數據量太少的統計。以上的方法廣泛的應用在各門學科之上，從自然科學和社會科學到人文科學、統計學、經濟學、戰爭（如：飛彈遞迴修正路線），甚至被用來工商業及政府的情報決策之上。**傳統統計與大數據的差異性，就是小樣本**（Small Data）**與大樣本**（Big Data）**的分析**。

2-3 什麼是大數據

我們的統計數據量，在網路時代突然有著爆發的成長，見圖 1。並且以往種類數性會單一化來討論與分析，但到了大量數據時期，各種類間也互相有著關係。見圖 2。

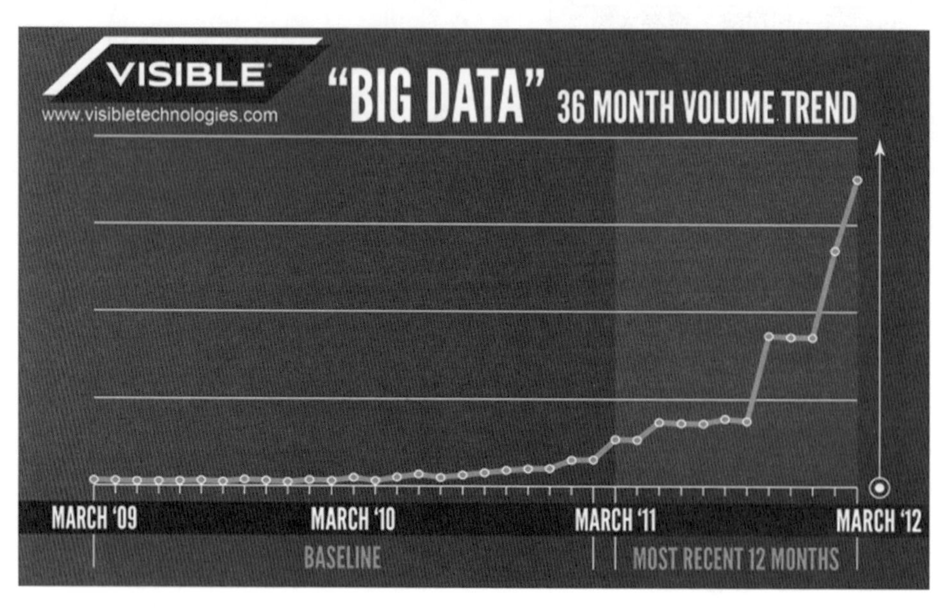

圖 1

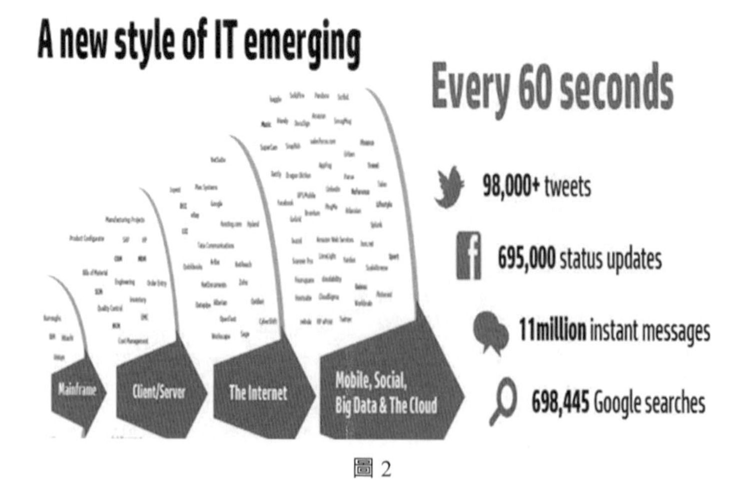

圖 2

因為以往的傳統統計分析會除去不必要的數據，而有多少數據被忽略呢？根據最近的一項研究 Forrester Research 指出，估計大多數公司分析他們的數據的只有總量約 12%，企業忽視了絕大多數數據。為什麼會忽略掉，因為往往很難知道哪些信息是有價值的，哪些是可以忽略，所以只好挑認為是有用的來分析。到了網路時代由於外部資訊遠大於內部資訊，資料的來源與數量有著本質上的改變，因此**商業界將所有的資料混在一起討論，稱為大數據**，見圖 3。

大數據（Big Data），或稱巨量資料、海量資料、大資料，是資料量大到無法透過人工，在合理時間內處理為能解讀的資訊。在總資料量相同的情況下，將各個小型資料合併後進行分析可得出許多額外的資訊和資料關聯性。可用來察覺商業趨勢、判定品質、避免疾病擴散、打擊犯罪或測定即時交通路況等，這樣的用途正是大數據盛行的原因。而我們可以用視覺化來分析大數據進而做初步判斷，再用其他演算法或推論統計的方法做預測。

有趣的是討論大量數據並不是最近才開始。**事實上，30 年前工程界已經建構很多演算法來處理大量資料的分析，應用在通訊、自動控制及品管生產等領域。一直到 2010 年網路的普及程度提高，商業界也意識到利用大量外部資料來分析商業行為是勢在必行，大數據具有三大特色（3V），很多是傳統統計沒有討論到的問題，所以商業界推出大數據分析，見圖 4。但其實目前大數據所使用的分析方法，大多是 30 年前工程界早已使用大量數據的統計分析。而統計學界一直以來都是在小數據中統計與分析。三者的關係將在後面介紹。**

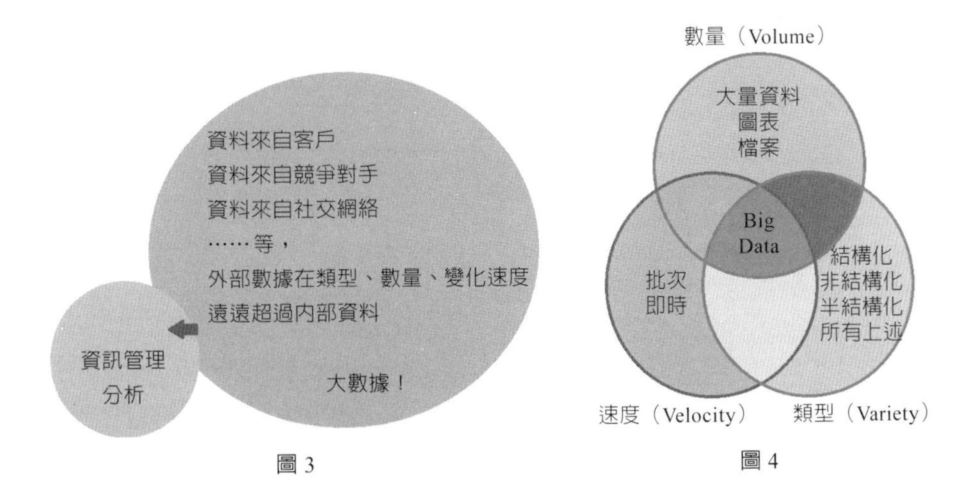

圖 3　　圖 4

2-4 大數據的問題

大數據目前仍未完善，使用「大數據」者經常忽略掉以下問題：

1. 80% 的大數據是非結構性（Unstructured）資料。
2. 結構性（Structured）的數據，也可能是任何形態的「隨機過程」（Stochastic Processes），並非隨機抽樣（Random Sampled）。
3. 大數據的資料模型很可能是各種形態的時間序列（Time Series，如 AR、ARMA、ARIMA 等），見圖 1。

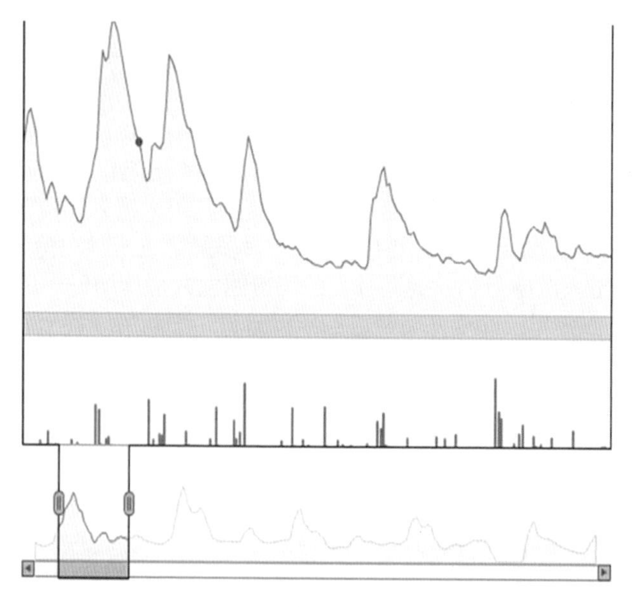

圖 1

所以大數據序列的「相關性（Correlation）」不可隨意假設或簡化，合乎邏輯的假設檢定是必要的！

發生問題的案例有「2009～2010 年 Google 對流感趨勢的預估」，Google 指出他們的預測有 97% 準確性，Google 與疾病預防控制中心（Centers for Disease Control and Prevention, CDC）的數據進行比較，新聞報導號稱 Google 的預測非常準確，但之後又不準了。不準的圖形可參考圖 2，我們可以發現左半部實線與虛線很接近，到了右半部分又常常不接近了。

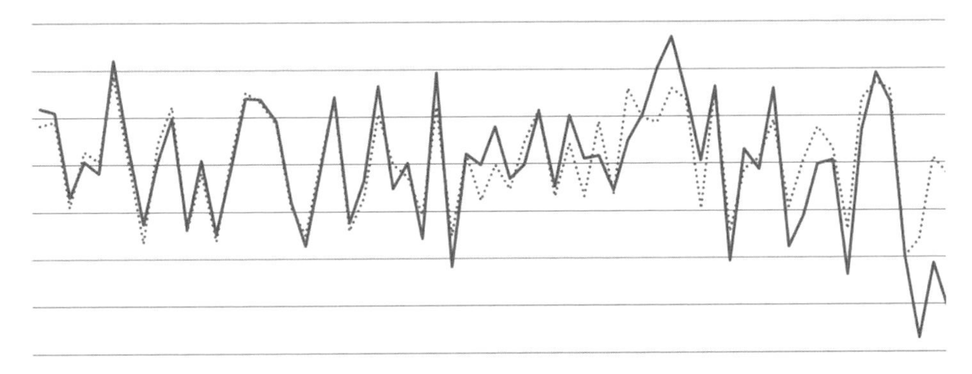

圖 2

然而大多數鼓吹大數據的暢銷書都只提及 2009 年及 2010 的「成功」預測，避開 2011 年之後的全面錯估！這會讓人誤會大數據已經完善。2011 年的錯誤代表大數據仍有很大的改進空間，所以暢銷書應該也要提到大數據未完全完善才不至於令人誤會。

資料量很大並不表示就可以避開統計分析的方法，所以仍需要對這些大量資料做統計分析。而 Big Data 分析的可信度如何判定？因爲大數據並非是隨機抽樣，而是拿全部的數據以及即時增加的新數據來加以分析，可能具有高度相關性，以及複雜的時間序列。參考圖 1 可知道該數據具有自我相似。所以要用多個分析方法，如：預測性分析（Predictive Analytics）、傳統統計推論（Traditional Statistical Inference）之後才能知道應該要如何有效分析。

2-5 統計學界的統計分析與商業界的大數據分析之差異

統計學界的統計分析似乎與商業界大數據分析不太一樣，彼此間的連結性也不強，爲什麼呢？作者認爲目前有兩種不同的統計專業群體並存：

(1) 參與 Big Data 分析的統計專家，但他們自稱資料科學家（Data Scientist），而不是統計學家。

(2) 學院派的統計學家：大多數進行學術研究，參與政府的經濟統計，醫院的生物統計，以及社會學及心理學的統計。

所以傳統統計與大數據有何關係？傳統統計的定義相對於 Big Data，可說是 Small Data，它需要經過收集→整理→列表、製圖→詮釋→分析，最後得到結構性資料，見圖 1，然後再做下一步。

傳統統計分析的基本架構，是從母體中隨機抽取一定數量的樣本，做出敘述統計中的探索式資料分析，或者再進一步作推論統計，見圖 2。

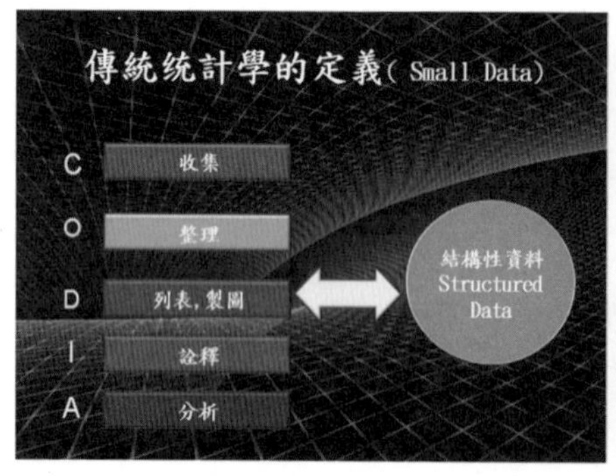

圖 1

圖 2

而大數據是怎樣的情況呢？它不像傳統需要經過收集→整理→列表、製圖→詮釋→分析，才得到結構性資料。它是直接將全部的資料通通收集起來，然後分類，再各別做出結論，見圖 3。

大數據分析的基本架構，因爲資料量大，故首先要處理的是資料庫的問題，將全部的資料轉換爲同一格式（如：Hadoop），再進行大數據分析，但準確性、可靠性仍然在萌芽階段，見圖 4。

大數據的分析方法統稱爲預測分析（Predictive Analytics），而傳統統計稱爲統計推論。觀察大數據與傳統統計的差異，參考下表。

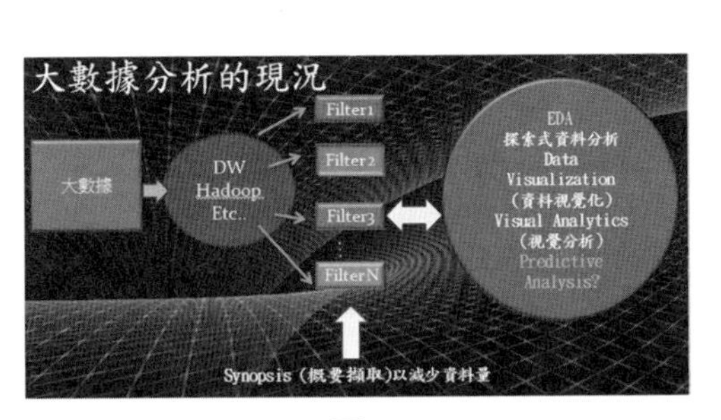

圖 3

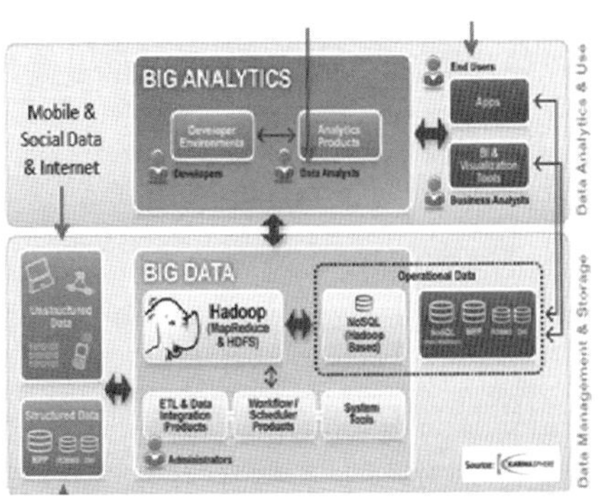

圖 4

傳統統計	大數據
隨機抽樣（Random Samples）	非隨機抽樣，大部分有相關的數據 （Correlated Data Stream）
小而乾淨的抽樣數據	大數據
大部分靜態分析，例如：多元回歸、假設檢定	動態分析，隨時有即時資料的加入 例如：遞迴最小平方法（Recursive Least Square, RLS）

由於大數據的分析準確性有所疑慮，所以需要思考以下三個問題：

1. 如何從大量的非結構性（Unstructured）資料篩選出「有用」的結構性（Structured 資料？要使用哪些合理的篩選（Filtering）法則？
2. 「預測分析」（Predictive Analytics）在哪些條件下是可信的？
3. 「預測分析」（Predictive Analytics）和統計推論方法如何整合？

2-6 統計學界的統計分析與工程界的統計分析之差異

我們了解商業界的大數據與統計學界的傳統統計之關係後，也必須知道工程界與統計學界的關係，在 1980 年代統計學與通訊 / 資訊工程對於相同的「統計」方法，就有不同的名稱，見下頁表及圖 1。

可知有很多統計內容一樣，但卻各自用自己的語言描述，各自的發展需要用的統計，其中遇到重複的內容時，就導致科技的延遲，或是少了彼此可互相幫助的觸類旁通。所以交流是必要的，但是彼此間卻因符號及名稱的不同而難以交流，而這正是統計界與工程界常久以來的隔閡。**如：相同的演算法，在統計上稱為，複迴歸分析**（Multiple Regression）**，而在工程上正是卡門濾波的特例之一**。

同時我們可以看到工程界有寫著 Big Data 的字樣，意思是處理大量數據。接著來看兩者的差異。對於數量的多寡，統計方法可分成動態與靜態。

統計學界靜態（Data Model）**與工程界動態**（Algorithmic Model）**的統計方法**：

靜態的統計方法針對少量數據（Small Data）**，見圖** 2：

1. 依據 Type 1,2 Errors ，設定 n（樣本數）。
2. 估算 Data Model 的參數。
3. 由 Data Model 導出統計推論 / 預測。
4. 討論 Data Model 參數的收斂性，如：$\hat{\theta}_n \to \theta$。

使用靜態統計方法的統計學家的比率約占 80%。

動態的統計方法 Big Data **，見圖** 3：

1. 不需設定 n，假設 n →∞。
2. 作出估算 output $\hat{y}$。
3. 討論 $E\|y-\hat{y}_n\|^2$ 的收斂性。

使用動態統計方法的統計學家的比率約占 20%，也被稱爲資料科學家。

由上面可以看到統計學家對於兩者的參與比率不同，參與傳統統計分析的比率占 80% ，參與工程界分析的比率占 20%。因此兩派的分析專家並不認爲彼此可用同一種稱呼。統計界的分析者稱爲統計學家（Statisticians），工程界的分析者稱爲資料科學家（Data Scientists）。然而資料科學家未必有統計學術基礎，要知道統計知識是任何分析師的基礎，所以作者認爲合格資料科學家有必要掌握一定統計知識及分析方法。

統計界與工程界的分析，兩者的統計方法不盡相同，若再加上商業界的大數據分析，三者來比較便會更容易被人混淆。商業界的大數據分析，用了少量的統計學界的分析，以及利用工程界處理大量數據的技術，所以大數據分析的分析者也被統計學家歸類在資料科學家。而一般人因爲不了解三者的關係，就會將分析數據的人，統稱爲統計學家或資料科學家，卻不了解其中的差異性，甚至混淆。

統計學的名稱（中文）	統計學的名稱（Statistical Analysis）	通訊／資訊工程的名稱（Predictive Analysis）
迴歸分析	Regression	Recursive Least Square, Regression
主成分分析	Principle Component Analysis（PCA）	Data Mining
時間序列分析	Time Series Analysis	IIR filtering, Kalman Filter
多變量群集分析	Cluster Analysis	K-mean Analysis
常態分布	Normal Distribution	Gaussian Noise

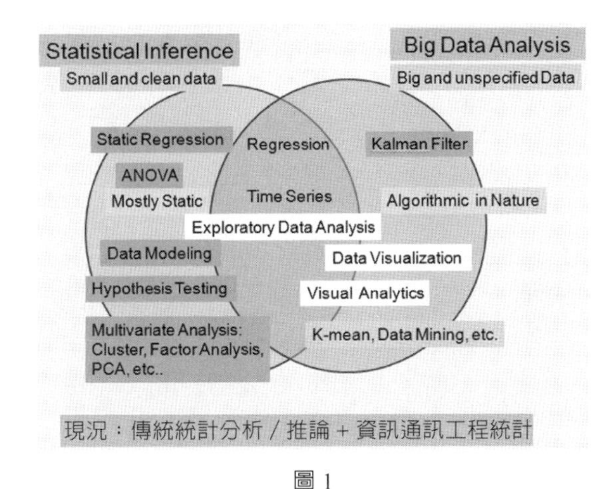

圖 1

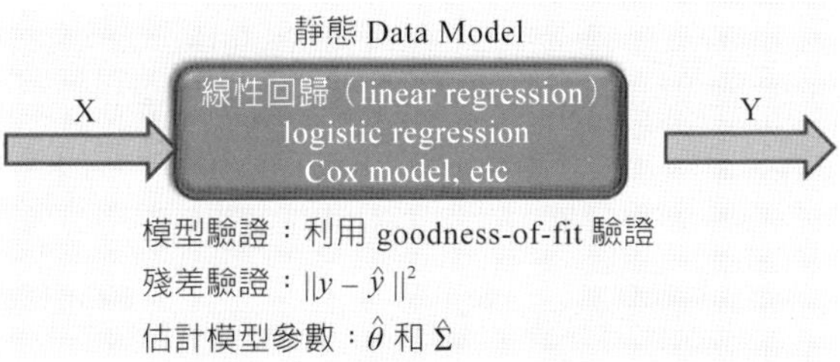

靜態 Data Model

X

線性回歸（linear regression）
logistic regression
Cox model, etc

Y

模型驗證：利用 goodness-of-fit 驗證

殘差驗證：$||y-\hat{y}||^2$

估計模型參數：$\hat{\theta}$ 和 $\hat{\Sigma}$

圖 2

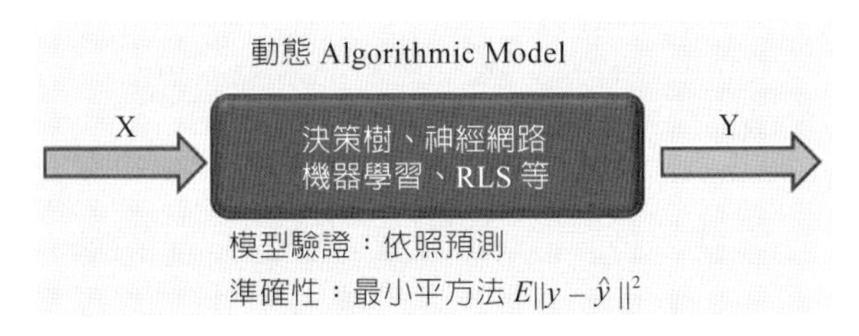

圖 3

2-7 大數據分析的起點

資訊視覺化（Data Visualization）及視覺分析（Visual Analytics）是大數據分析的起點。觀察圖 1、2，可以知道人類的思維用圖片來理解比較方便，以及做報表時，用各式各樣的圖表比較方便做數據分析。

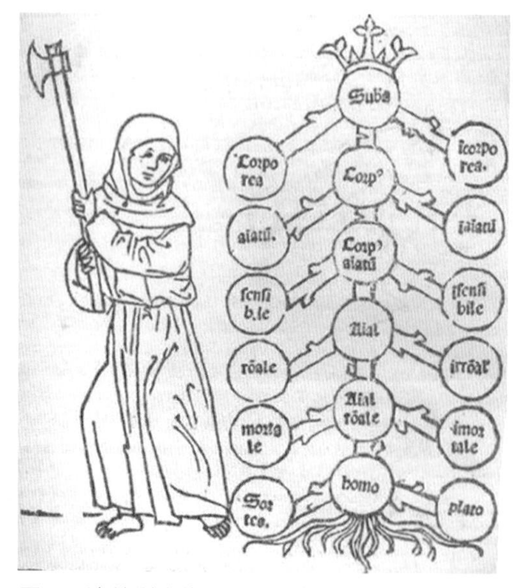

圖 1　波菲利之樹：古代思維導圖（Porphyrian Tree: Ancient Mind Map）（心智圖）

特別是具有高維度，複雜的資料，好的資料科學家分析任何複雜的數據，見圖 2：台北市的預算圖，如果可以與上一年度的作比較就能方便看出差異。

而分析數據的第一個步驟通常是玩數據，也就是隨意重組，試圖去觀察出規律性或是有價值的資料。著名統計學家約翰・圖基（John Tukey）在 20 世紀替這個動作定義爲探索式資料分析（EDA）。

探索性資料分析是一種分析資料的方法，常用視覺化協助找出資料的主要特點。約翰．圖基鼓勵統計人員研究數據，並盡可能提出假設，這要求引導分析者重視搜集新的數據和實驗。這流程及數據的收集方法，使分析更容易、更精確，所有的工程類（如：通訊）和數學類的統計適用於這樣的方法。這樣的統計方法大大提高視覺化功能，使得統計人員能更快的識別異常值（Out Liers），並找出趨勢和模式。探索性資料分析的統計方法，可以推動科學和工程問題的發展，如：半導體製造流程、通信系統的設計。

在 1977 年約翰．圖基寫了《探索性數據分析》一書，他認爲，傳統統計過度強調驗證數據分析（Confirmatory Data Analysis），應該要更重視探索性資料分析。他認爲 EDA 的目標是：

- 建議對觀察到的現象的作假設。
- 基於假設做統計上的評估。
- 支持用適當的統計工具和技術。
- 通過調查或實驗，提供用於進一步的資料。

到現在，2015 年許多探索性資料分析的技術，已被資料探勘採納，並進入大數據分析範疇之中，並且探索性資料分析也是教給青年學生統計思想的重點之一。

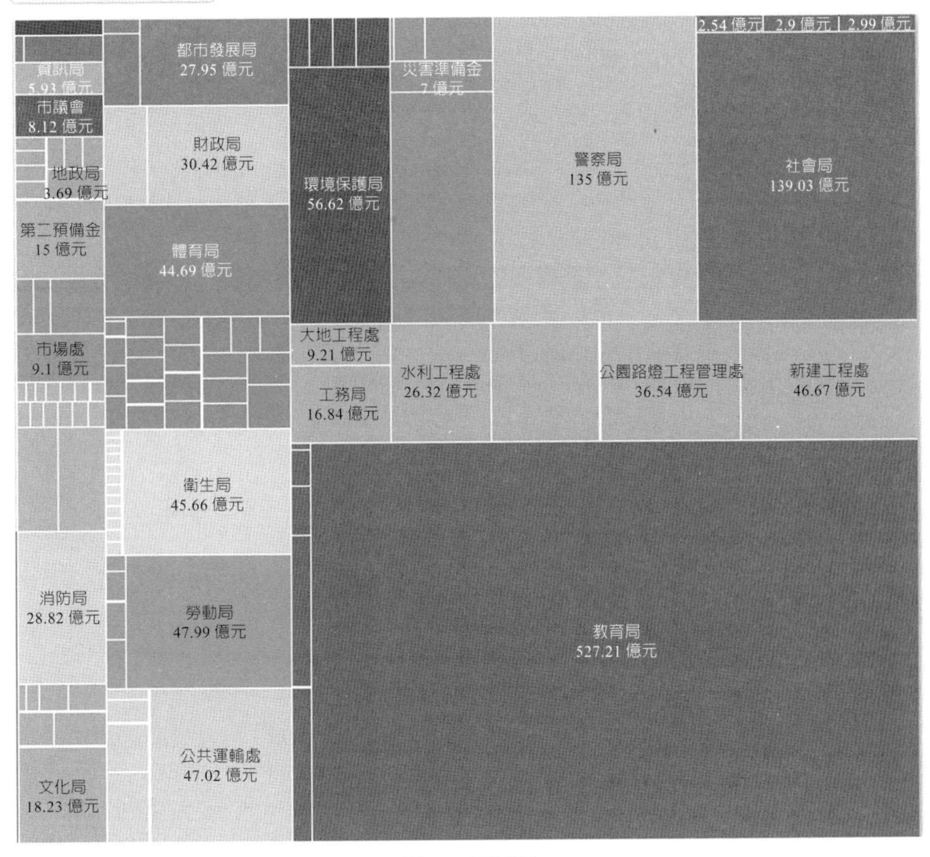
台北市 2016 年預算
2.54 億元
2.9 億元
2.99 億元
都市發展局
27.95 億元
資訊局
5.93 億元
市議會
8.12 億元
災害準備金
7 億元
警察局
135 億元
社會局
139.03 億元
財政局
30.42 億元
地政局
3.69 億元
環境保護局
56.62 億元
第二預備金
15 億元
體育局
44.69 億元
大地工程處
9.21 億元
市場處
9.1 億元
水利工程處
26.32 億元
公園路燈工程管理處
36.54 億元
新建工程處
46.67 億元
工務局
16.84 億元
衛生局
45.66 億元
消防局
28.82 億元
勞動局
47.99 億元
教育局
527.21 億元
公共運輸處
47.02 億元
文化局
18.23 億元

圖 2　區域圖

2-8 資訊視覺化

資訊視覺化（Data Visualization）的主要目標是透過統計圖形、圖表、訊息圖形、表格，明確有效的傳達給用戶的資料其中的訊息。有效的資訊視覺化可幫助分析和推理。它使複雜的資料更容易理解和使用。如：找出因果關係，並從圖形的啓發去設計數學模型。而各種類型的圖表就是一個最簡單的資訊視覺化。一個有效的資訊視覺化工具有助於找到趨勢，或實踐自己的推論模型，或探索來源，或講故事。在網路時代資訊視覺化已成為一個新的活躍領域。

大多數人對資訊視覺化存在著錯誤的認知，大多數人認為現代軟體的大數據分析的圖表才是資訊視覺化；而傳統統計的統計圖表不是，這是完全錯誤的認知。傳統的統計圖表就是資訊視覺化的產物。

資訊視覺化的重點

- 顯示夠多的數據。
- 促使閱讀者思考。
- 避免刪除數據。
- 讓人可以自行比較不同的資料區塊。
- 可以顯示不同層次的細節，不論是從廣泛的概述或是以精細結構。
- 利用描述，勘探，製表或圖，顯示出明確的特性。
- 圖形顯示的資料，可以比傳統的統計更讓人有直觀的感受。

例如：米納德圖（圖 1）顯示拿破崙軍隊在 1812 年至 1813 年期間變化。

(1) 軍隊的大小，其上的二維位置（x 和 y 的數值）、(2) 時間、(3) 移動的方向、(4) 溫度

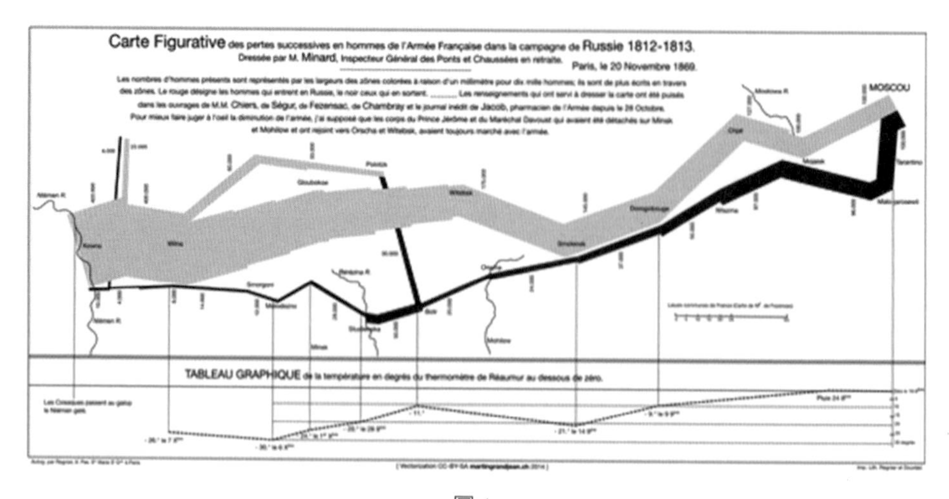

圖 1

這在當時二維度的統計圖形中是重大突破。因此塔夫特在 1983 年寫道：「這可能是迄今爲止最好的統計圖形。」**資訊視覺化定義為將資料數據表現為圖表的形式，以利解讀**。**資訊視覺化的案例**可參考下圖 2、3

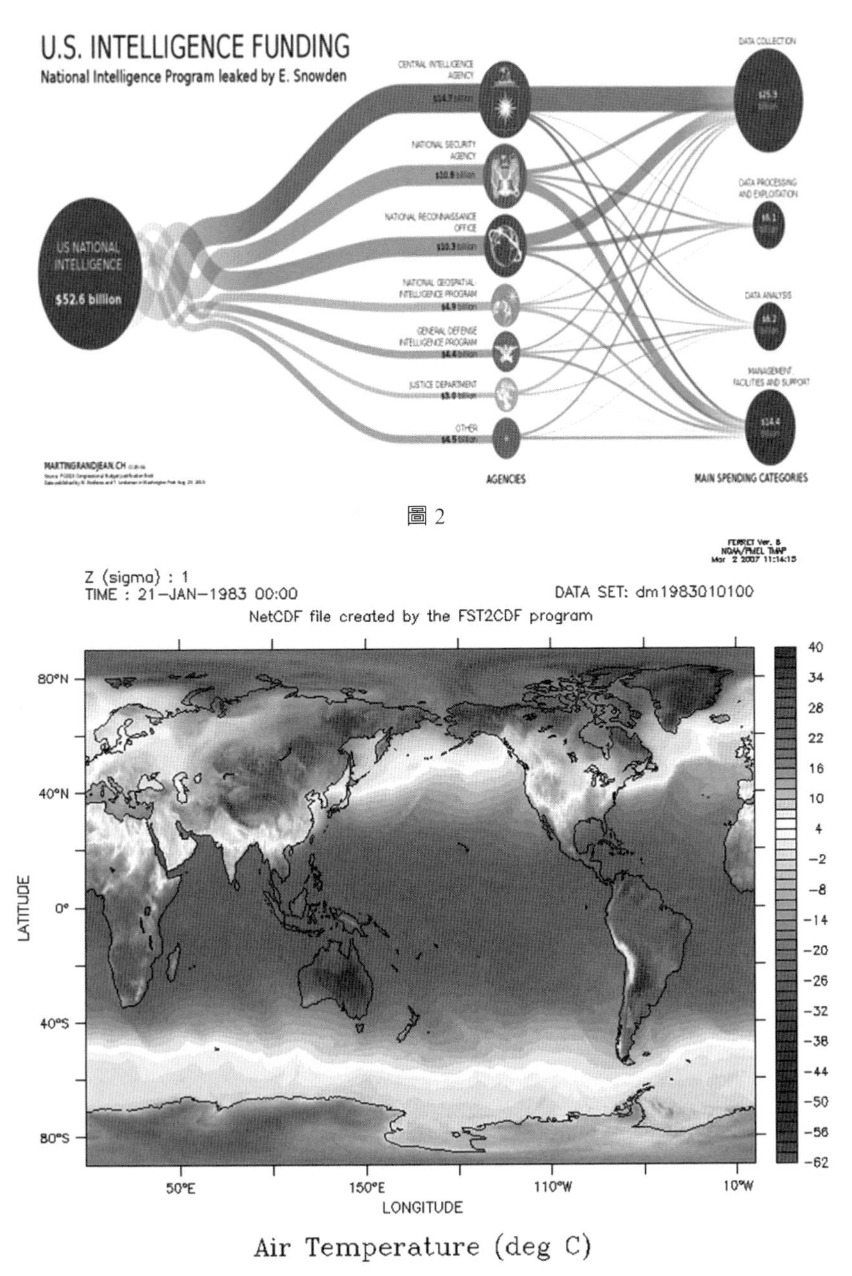

圖 2

圖 3　全球氣溫分布圖，取自 WIKI，公共領域 https://en.wikipedia.org/wiki/Data_visualization

2-9 視覺分析的意義

視覺分析版型是利用互動式視覺化界面再加以分析推理的統計方法，分析師稱為資料科學家。而軟體與資料科學家的關係，就好比是畢卡索作出了一幅抽象畫，再由其他人去做評論解讀。而我們也知道有了一幅好畫，再有好評論者最後就能得到深層意境。所以軟體必須先完善以及好的分析師才有完美的分析推論。所以視覺分析軟體必須要具備怎樣的條件？我們知道它建構在視覺化技術和資料分析上，主要有 4 種基本功能：

1. 可以快速觀察大量資料的分布狀態，如：十張報表內容，整合成一張圖。
2. 將資料視覺化：
   (1) 利用視覺化引導分析師的想法。
   (2) 利用不同圖案標計、方法來顯示多維度關係，如時間與數量。
3. 可以即時修正、回饋資訊。
4. 快速掌握資料，更快分析判斷，更容易觀察數據的相關性、可以預測或監控潛在問題，縮短決策時間。

由上述可知，將資料轉換成視覺化，可以讓分析推理過程變得更快，更精準。

而這正是大數據的視覺分析應該要達成的重點。**視覺分析定義為利用資訊視覺化及其互動性介面進行的分析推理的統計方法**，而視覺分析可參考下列圖片。

1. SAS 的軟體，見圖 1。
2. Gapminder：資訊視覺化的軟體，圖 2 為各國 GDP 的視覺呈現。

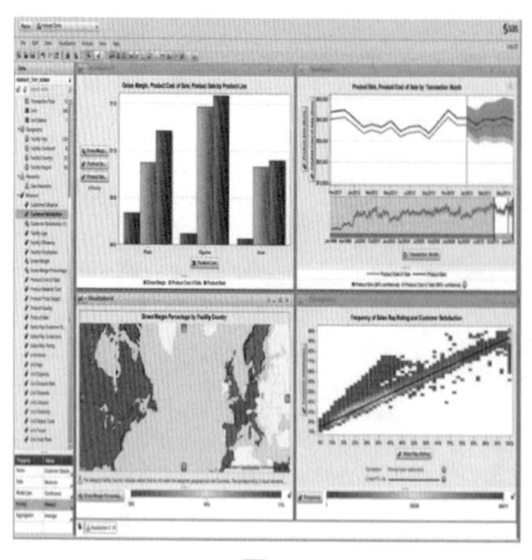

圖 1

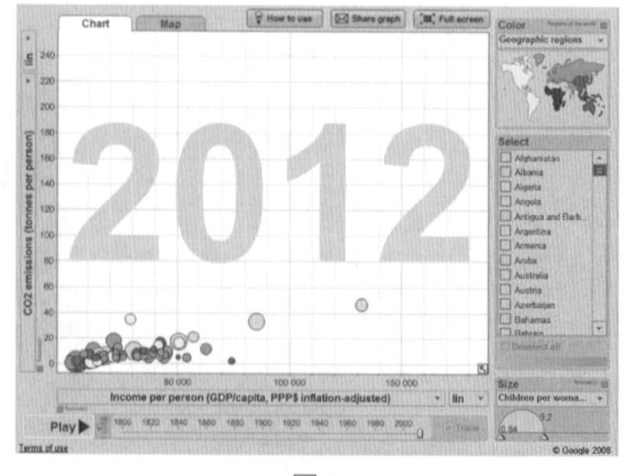

圖 2

3. 視覺分析實例（Visual Analytics Example）還可參考以下工具軟體，見下表。

Toolbox of Analytics Components Patient similarity analytics Predictive modeling Clustering Process mining Key Properties Scalable	Designed for sparse data Data model designed for analytics Computationally efficient for population-wide analyses Separate model training and scoring phases Learning techniques that can incorporate user feedback

4. 可互動的視覺化軟體（Interactive Cohort Visualization），Multi-facet Query Box，見圖 3～6。
5. Tableau，見圖 7。

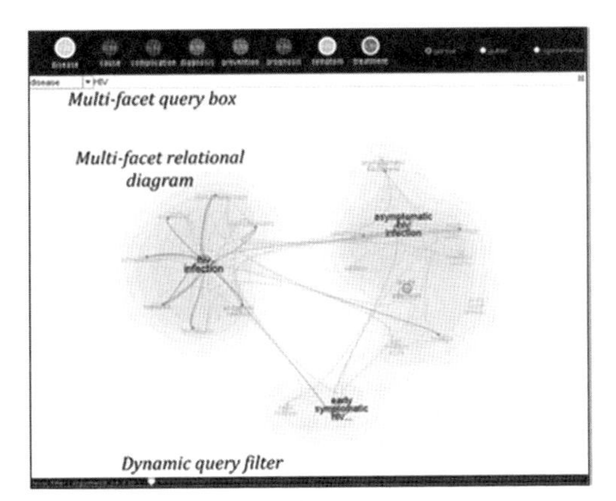

圖 3

圖 4　Default Mode　圖 5　Outlier Mode

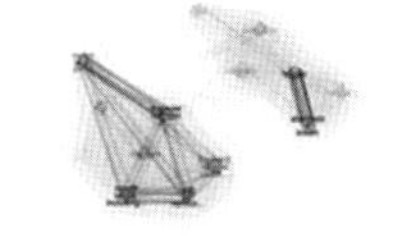

圖 6　Co-occurrence Mode

由此我們可以看到目前軟體有許多軟體可供我們將資料視覺化，以利進行數據分析。資料視覺化可以有利於理解的案例，還可以參考《全球版圖變遷》的影片，影片連結爲 https://www.youtube.com/watch?v=6q8IJ9Pbm0g，由影片可知用時間軸與觀察地圖的方式可以輕易的知道各時期各國的版圖變化，比起純文字的說明來得更清楚。所以不論是哪種數據，將資料視覺化是有必要性的。

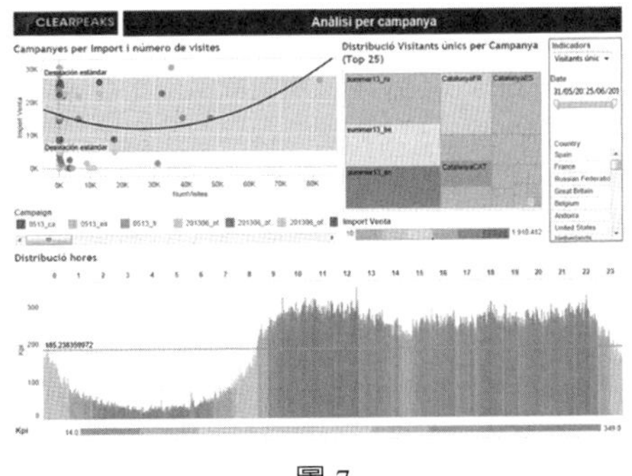

圖 7

2-10 建議大數據該用的統計方法

作者認爲大數據的統計方法最適合使用遞迴演算法（Recursive Algorithms），這個方法就是工程界的方法，爲什麼要用這個方法？因爲商業界的分析對象與工程界的分析對象，都是大量的數據，即時的數據。何謂即時的數據？即時的意思就是要隨時會加入新數據，並且馬上就要有結果，如：飛彈的運行軌跡，我們都知道飛彈的路徑上中途不可以有障礙物，以及在飛行途中可能隨著風向、阻力等問題導致需要馬上修正飛行方向。衛星也是同樣原理，那麼要如何修正？

對於即時的數據，我們不可能將舊數據與新數據通通重新計算一次，這樣將會浪費太多時間，在計算的途中，飛彈早就撞到障礙物爆炸了，衛星早就脫離軌道飛往更遠的外太空或是墜落。所以必須將舊資料變成一個數值，這樣下次的資料進來就可以快速得到新答案。我們可以將全部資料慢慢計算的情形視作靜態計算，而需要馬上計算出答案的情況視作動態計算。我們可以參考以下案例，來了解傳統靜態統計與工程的動態統計之差異性。

樣本平均（mean）

- **靜態式，用傳統的統計**（Traditional Statistics）

$$\overline{x_n} = \frac{S_n}{n} = \frac{x_1 + x_2 + ... + x_n}{n}$$

可以看到靜態式每次都需要將全部資料 x_1、x_2、……、x_n 加起來重新計算平均，沒利用到先前的資料，其中經過的步驟就是加法做 n – 1 次，再做一次除法，一共有 n 個步驟。

- **遞迴式，用工程的動態統計**（Recursive Algorithm）

$$\overline{x_n} = \frac{S_n}{n} = \frac{x_1 + x_2 + ... + x_{n-1}}{n} + \frac{x_n}{n} = \frac{n-1}{n} \times \frac{S_{n-1}}{n-1} + \frac{x_n}{n} = \frac{(n-1) \times \overline{x_{n-1}} + x_n}{n}$$

而動態式，用人腦思考已有 x_1、x_2、……、x_{n-1} 的資料，可以留下怎樣的數值，保留上一次的資料 $\overline{x_{n-1}}$ 給下一次用，也就是前文提到的**將舊資料變成一個數值**，使得 $\overline{x_n} = \frac{(n-1) \times \overline{x_{n-1}} + x_n}{n}$，其中步驟，有減法、乘法、加法、除法僅剩四步驟。

樣本變異數（Variance）

- **靜態式，用傳統的統計**（Traditional Statistics）

$$s_n^2 = \frac{1}{n-1} \sum_{i=1}^{n} (x_i - \overline{x}_n)^2$$

- **遞迴式，用工程的動態統計**（Recursive Algorithm）

$$s_n^2 = \frac{n-2}{n-1} s_{n-1}^2 + \frac{(x_n - \overline{x}_n)^2}{n} \quad , n > 1$$

由以上兩個案例可知，遞迴式可以利用先前的結果數值，幫助快速得到新數值，而這就是大數據利用的原理。接著我們看看有哪些統計用到這樣的概念。

- 羅賓斯（Robbins）與門羅（Monro）在 1951 年所做的隨機逼近（Stochastic Approximation），見圖 1：

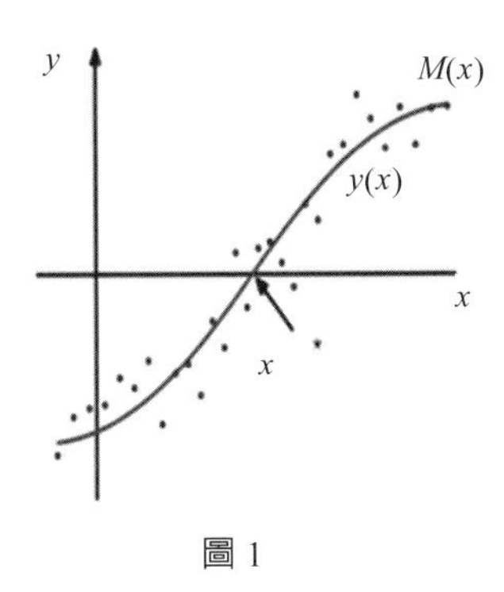

圖 1

模型 Model：$y_n = M(x_n) + \varepsilon_n$，$\varepsilon_n$ is an additive noise

演算法 Algorithm：$x_{n+1} = x_n - \alpha_n y_n$ With $\Sigma\alpha_k = \infty$，and $\Sigma\alpha_k^2 < \infty$

then, $x_n \to x^*$，with Probability 1

- 牛頓（Newton-Raphson）找函數根的遞迴演算法，見圖 2：

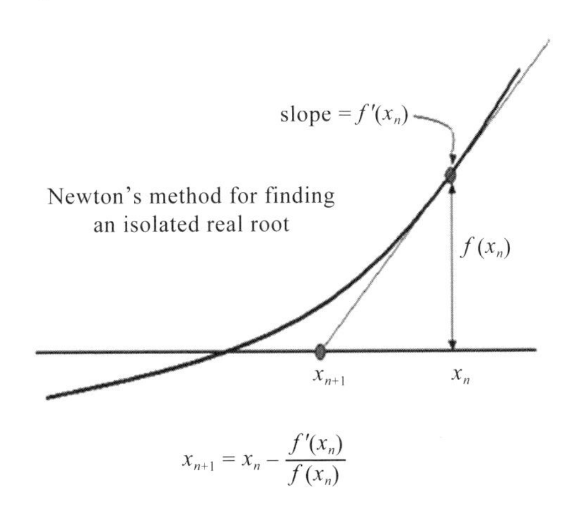

$$x_{n+1} = x_n - \frac{f'(x_n)}{f(x_n)}$$

圖 2

所以我們可以發現到遞迴式在計算中具有舉足輕重的重要性。下一小節將會介紹最重要的卡門濾波。我們要是沒有卡門濾波，科技將延緩數十年。

2-11 卡門濾波

卡門濾波（Kalman Filter）是工程統計中的重要概念，他利用許多方法，但最後利用遞迴的原理將一切混亂不堪的數據整合成幾條容易計算的數學式。它的計算過程我們就節錄部分說明，見圖 1，其中利用到 RLS（Recursive Least Square）、泰勒展開式。

Kalman filter and Recursive Least Square algorithms (RLS)Kálmán (May 19, 1930 (age 85)) is an Electrical Engineer by his undergraduate and graduate education at M.I.T and Columbia University. $x_k = F_k x_{k-1} + B_k u_k + W_k$ System Assumption.

where F_k is the state transition model which is applied to the previous state x_{k-1};

B_k is the control-input model which is applied to the control vector u_k;

w_k is the process noise which is assumed to be drawn from a zero mean Multivariate Normal Distribution with covariance Q_k..

At time k an observation (or measurement) z_k of the true state x_k is made according to

$z_k = H_k x_k + v_k$ Observation Assumption,where H_k is the observation model which maps the true state space into the observed space and v_k is the observation noise which is assumed to be zero mean Gaussian white noise with covariance R_k.

Assuming: $w_k \sim N(0, Q_k)$, $w_k \sim N(0, R_k)$, Recursive Estimates of state vector

$\hat{x}_{k/k-1} = F_k \hat{x}_{k-1/k-1} + B_k u_k$

$P_{k/k-1} = F_k P_{k-1/k-1} F_k^T + Q_k$

$\tilde{y}_k = z_k - H_k \hat{x}_{k/k-1}$

$S_k = H_k P_{k/k-1} H_k^T + R_k$

$K_k = P_{k/k-1} H_k^T S_k^{-1}$, *Optimal Kalman gain*

$\hat{x}_{k/k} = \hat{x}_{k/k-1} + K_k \tilde{y}_k$ Updated (*a posteriori*) state estimate

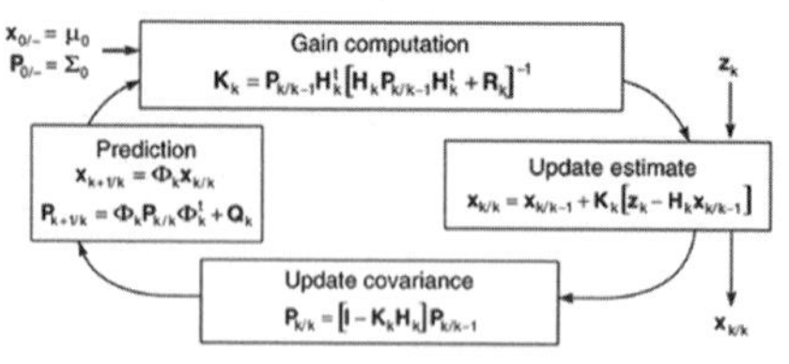

Extended Kalman filter

In the extended Kalman filter (EKF), the state transition and observation models need not be linear functions of the state but may instead be non-linear functions.

f and h *are nonlinear functions*

$x_k = f(x_{k-1}) + B_k u_k + w_k$ State Transition

$Z_k = h(x_k) + v_k$ Observation model

EKF is almost idNetwork

The *Extended Kalman Filter* (EKF) and neural network training algorithm was first introduced by *Singhal and Lance Wu*[I]. These authors demonstrated that the EKF is almost identical to neural network training algorithm...

EKF: data model is not important, as in Neural Network;

Consider the following nonlinear system: $x_k = f(x_{k-1}) + B_k u_k + w_k$ .Nonlinear function $f(x)$ can be expanded in accordance with the following Taylor expansion: $f(x) = a_0 + a_1 x + a_2 x^2 + a_3 x^3 + ...$, Take the number of items in the previous estimate $f(x)$, we can make inferences using EKF. $f(x)$ Is the complicated nonlinear function (Red)) , we can approximate it. By simple function $h(x)$ (Blue) Locally and continue the estimation.

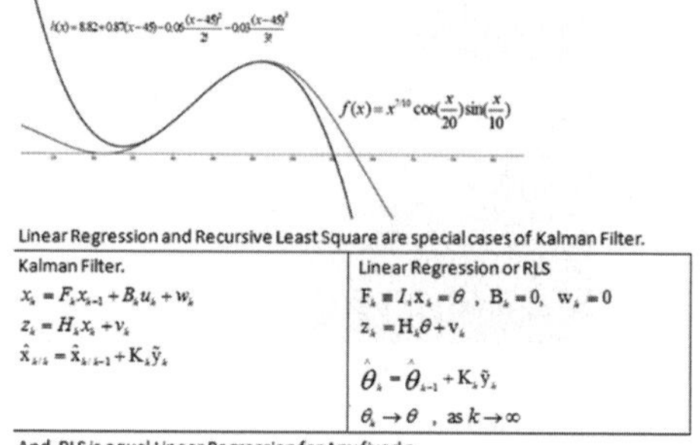

Linear Regression and Recursive Least Square are special cases of Kalman Filter.

Kalman Filter.	Linear Regression or RLS
$x_k = F_k x_{k-1} + B_k u_k + w_k$ $z_k = H_k x_k + v_k$ $\hat{x}_{k/k} = \hat{x}_{k/k-1} + K_k \tilde{y}_k$	$F_k = I, x_k = \theta$, $B_k = 0$, $w_k = 0$ $z_k = H_k \theta + v_k$ $\hat{\theta}_k = \hat{\theta}_{k-1} + K_k \tilde{y}_k$ $\theta_k \to \theta$, as $k \to \infty$

And, RLS is equal Linear Regression for Any fixed n

Recursive Algorithms is getting attention now.. Article Recursive data mining for role identification in electronic communications.International journal of hybrid intelligent systems, ABSTRACT We present a text mining approach that discovers patterns at varying degrees of abstraction in a hierarchical fashion. The approach allows for certain degree of approximation in matching patterns, which is necessary to capture non-trivial features in realistic datasets. Due to its nature, we call this approach Recursive Data Mining (RDM)....

NOTE: Recursive is also Adaptive to Data by definition!!

Authors: Vineet Chaoji, Apirak Hoonlor, Boleslaw K. Szymanski Rensselaer Polytechnic Institute

圖 1

由上述可知卡門濾波需要假設許多東西。但最後卡門濾波被整理出幾條數學式：

$x_k = F_k x_{k-1} + B_k u_k + w_k$ 、

$z_k = H_k x_k + v_k$ 、

$\hat{x}_{k/k} = \hat{x}_{k/k-1} + K_k \tilde{y}_k$ 。

由此可見遞迴式是重要的基石，有助於整合計算式及省下計算時間。而卡門（Kalman）是一位雙領域全才，不但是工程上的知識精通，連統計部分也很精通，所以才知道如何去整合進而簡化計算並省下時間，見圖 2。

作者認爲關於現在商業界的大數據，目前有整合各種類型數據進入資料庫（Data Base）、再分類討論（Filter）、將數據視覺化（Data Visualization），用少部分的統計原理，進行視覺化分析（Visual Analysis）。所以可發現的是大數據分析仍有一段路要走，就是找出各個數據適當的遞迴式演算法，見圖 3。

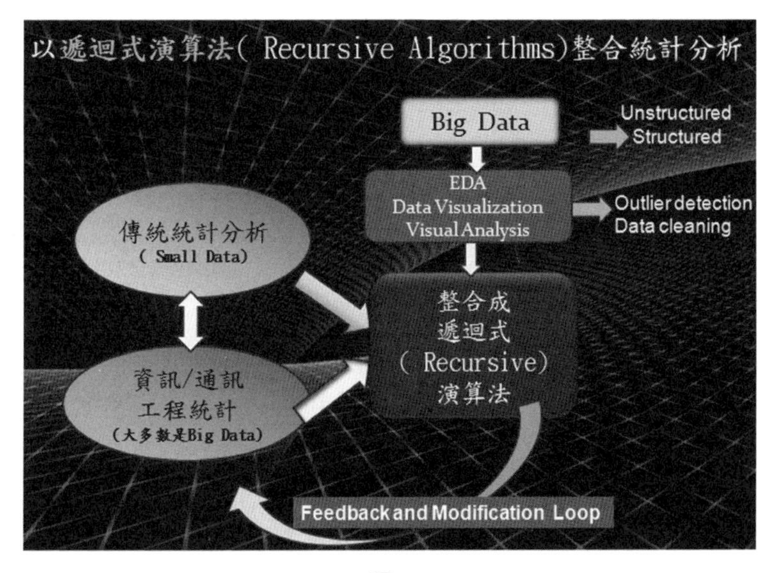

圖 2

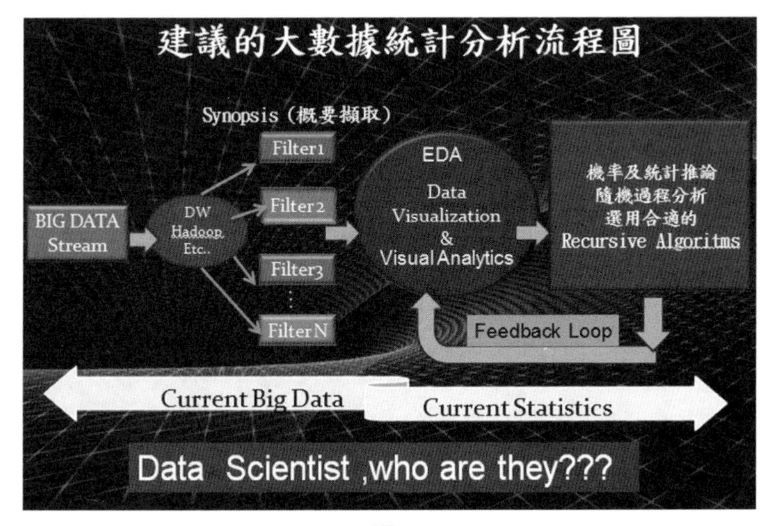

圖 3

2-12 資訊科學家的定位、大數據結論

資訊科學家（Data Scientist）的定位是什麼？我們先看看國外的網友資訊科學家的認知，如圖 1。可以看到他說的，資訊科學家比統計學家來的輕鬆，因爲不用學會太深的統計，只要會操作軟體就可以做出統計分析。但是這樣子眞的是對的嗎？作者認爲稱職的「資料科學家」應該要具備下述能力：

1. 大學或研究所主修數學、統計、物理、電腦科學，具有足夠數學推理能力者。
2. 能在工作中自主學習資訊系統、資料存取等知識。

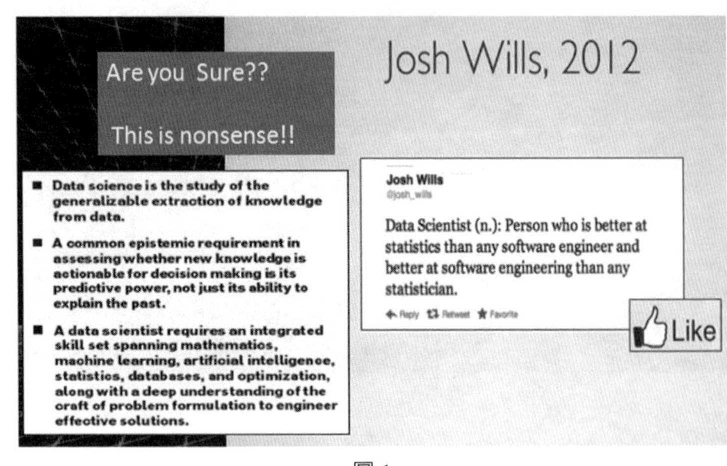

圖 1

上述兩者比例：數學推理能力：80% ，資訊實作知識：20%。理由：數學推理能力需長期養成，但資訊實作知識可以短期補足，且日新月異，即時學習新軟體即可。

但人有可能同時是兩大領域的長才嗎？如同人有可能同時是藝術家和數學家嗎？答案是可以的，見圖 2，可看到文藝復興時期的畫家／數學家皮耶羅．弗朗切斯卡（Piero della Francesca ，他是達文西的老師）充分應用幾何投影的數學原理，才能將人及景觀畫的如此的逼眞。如果 21 世紀是資訊的文藝復興時代，則資料科學家可視作是畫家一般，故需要有數學推理能力與資訊實作知識才能推動歷史的轉動。

圖 2

大數據結論

1. 非結構資料篩選出結構資料的自動化技術仍需改進。
2. 統計方法仍是大數據時代必需的分析工具。
3. 資料分析的第一步由探索式資料分析進化爲資料視覺化及視覺化分析。而視覺化分析應具備的優點請參考註。
4. 傳統統計分析大多以小量資料（Small Data）作爲起點，但工程統計早已使用大量資料（Big Data）及演算法（Algorithmic Approach），而今日資訊及商用領域因網路的普及，才開始面對大數據的統計問題。參考下表了解，「統計學界的傳統統計」與非傳統統計中「工程界的統計分析」及「商業界的大數據分析」的三者差異性。
5. 建議以**遞迴式演算法（Recursive Algorithms）為核心，整合傳統統計方法及工程統計方法，構成大數據分析的基礎**。

註：視覺化分析應具備的優點：
1. 可以快速觀察大量資料的分布狀態，如：十張報表內容，整合成一張圖。
2. 將資料視覺化
   (1) 利用視覺化引導分析師的想法。
   (2) 利用不同圖案標計、方法來顯示多維度關係，如時間與數量。
3. 可以即時修正、回饋資訊。
4. 快速掌握資料，更快分析判斷，更容易觀察數據的相關性、可以預測或監控潛在問題，縮短決策時間。

表　統計界、工程界與商業界的統計分析的三者差異性

	統計界	工程界（資訊／通訊）	商業界
分析名稱	傳統統計	工程統計	大數據分析
分析者	統計學家	資訊工程師／通訊工程師	資料科學家
資料量	少量	大量	大量
急迫性	不一定	有	不一定
狀態	靜態	動態	動態
精準度	精準	較精準	目前粗糙，仍有進步空間
分析方法	數理統計及決策理論	部分自行開發，部分利用傳統統計	利用工程統計軟體及傳統統計

2-13 資料探勘 (1)：資料探勘的介紹

資料探勘又稱爲數據挖掘、資料探勘、資料採礦。它是知識發現（Knowledge-Discovery in Databases, KDD）的一個步驟。資料探勘與電腦資訊科學有關，是透過統計、線上分析處理、情報檢索、機器學習、經驗法則等方法來實現「**從大量的資料中搜尋有特殊關聯性的資訊**」。見圖 1，理解資料探勘與統計的關係，可發現資料探勘是資訊科技與傳統統計的結合。**資料探勘可幫助我們收集到怎樣的資料：**

1.「從大量資料中找出未知且有價值的潛在資訊」。
2.「從大量資料中找出有用資訊的科學。」見圖 2，分群後可以發現大多數數據的趨勢。

圖 1

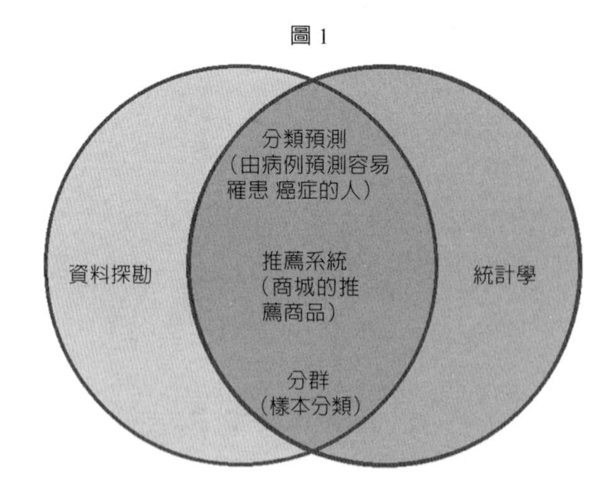

資料探勘的方法有哪些，見下述方法：

1. 監督式學習，如：分類、估計、預測。
2. 非監督式學習。
3. 關聯分組（Affinity Grouping ，作關聯性的分析）與購物籃分析（Market Basket Analysis）或者稱爲關聯規則分析。
4. 聚類（Clustering）與描述（Description）。

雖然我們可以利用資料探勘可以找到有效資訊，但資料探勘有時會發掘出不存在，並且看起來似是而非的模式，令人誤會是有用的東西，但這些根本不相關，最後作出毫無價値的模型，這樣子的情況在統計學文獻裡通常被戲稱爲「資料挖泥」（Data Dredging, Data Fishing, or Data Snooping）。什麼人容易發生這種憾事呢？投資分析家似乎最容易犯這種錯誤。在《顧客的遊艇在哪裡？》的書中寫著：「有相當數量的人，

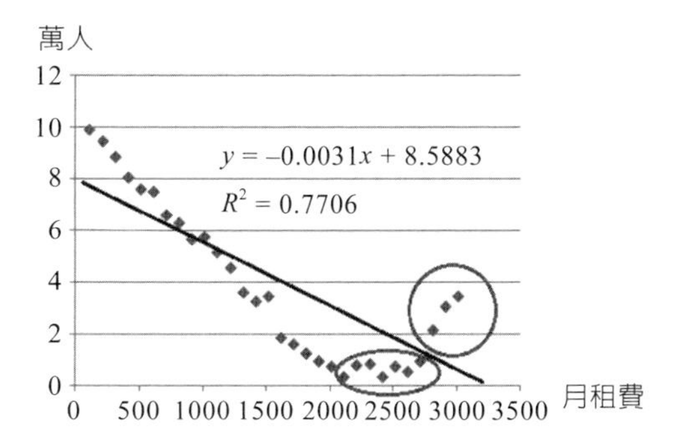

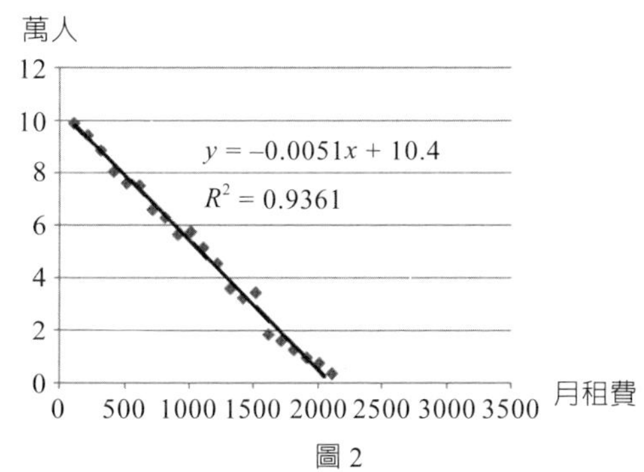

圖 2

忙著在上千次的賭輪盤的資料中，尋找可能的重複模式。而十分不幸的是，他們通常會找到。」以及股票分析師試圖找出股市的趨勢模型，很不幸的股票容易受短期事件的影響，進而使得趨勢模型無效，要修正或是重新設計。

資料探勘是從一堆資訊中找到模型、或是資訊。而模型的正確性，我們需要驗證此資料探勘是否有意義，利用「提供客觀條件，觀察模型的結果」。資料探勘驗證的結果可能是完全滿足，或者完全不滿足，以及兩者之間的情況。同時透過與提出模型無關的人來實作，往往更具有客觀性，資料探勘者可以因此得到對自己所挖掘的資料探勘模型，做價值評估。

但是資料探勘與隱私問題往往都息息相關，例如：保險業者可透過醫療記錄，篩選出有糖尿病或者嚴重心臟病的人，而意圖削減保險支出。但這種做法會有侵犯隱私權及犯法的問題。對政府和商業的資料探勘，可能涉及國家安全或商業機密之類的問題。怎樣的資料探勘算可接受的合理資料探勘，如：查出一群類似的病患對某藥物和其副作用的關係。這可能在 1000 人中也不會出現一例，但藥物學可以用此方法減少對藥物有不良反應的病人數量，甚至可能挽救生命；但這仍存在資料可能被濫用的問題。

資料探勘用特別的方法來發現資訊，但必須受到規範，應當在適當的情況下使用。如果資料來自特定方法，那麼就會出現一些涉及保密、法律和倫理的問題。

2-14 資料探勘 (2)：數據中的異常值

有時希望可從數據分析出一組方程式協助預估，如：迴歸的方法。以線性迴歸爲例，數據往往不盡理想，不一定能緊密分布在迴歸線附近。有多種作法調整，其中一種方法是找出範圍，盡可能涵蓋大部分數據，見圖 1。傳統統計方法是去除異常值（Outlier），或稱極端值、離群值，爲什麼要去除異常值？因爲它會讓迴歸線偏向另一側，圖 2。去除異常值後，可看到數據分布較均勻在迴歸線附近，圖 3。

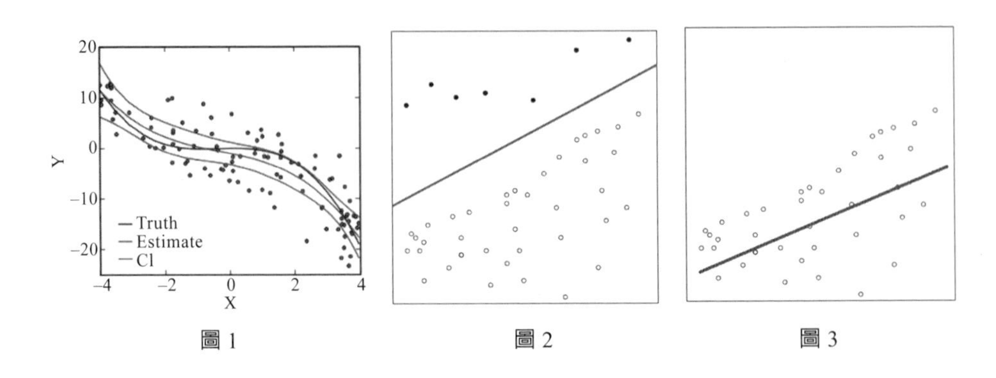

圖 1　　圖 2　　圖 3

爲什麼會產生異常值？在數據分析早期，因爲尙未出現有效記錄的工具，都是人工記錄，手寫時期可能會有小數點多標、少標、點歪的問題，到打字時期可能有打字員看錯數字或漏打、多打的情況，所以早期統計遇到異常值時，都假設是人爲錯誤，而將該筆異常值資料去除。到了近代，資料數據都是直接轉換建檔，出現打錯的問題機率已經變小，然而異常值仍然會出現。統計學家開始在思考，爲什麼還會出現異常值？統計學家提出異常值不一定是打錯，或是任何形式產生的錯誤。事實上異常值主要有兩種形式的呈現：

第一種，資料以常態分布在迴歸線附近。

第二種，資料分成兩種以上的群體。

第一種情況的舉例說明，見圖 4。觀察「半年度各時段一來客數圖」，可看到文具店每個時間客人數量的分布都呈現接近常態分布，以 9：00～10：00 爲例，可看到集中在中間，而愈往上或愈往下是愈來愈稀少。再進一步分析把 9：00～10：00 的來客數一次數單獨拉出來討論，可發現接近常態分布，見圖 5。所以也因此確定，異常值扣除掉非自然因素後，並不是眞的發生異常，而是它可以有微小的機率會出現，進而導致數據看起來分散。這一種情況的異常值因爲出現機率太低，所以傳統統計都會將異常值去除，以方便分析。

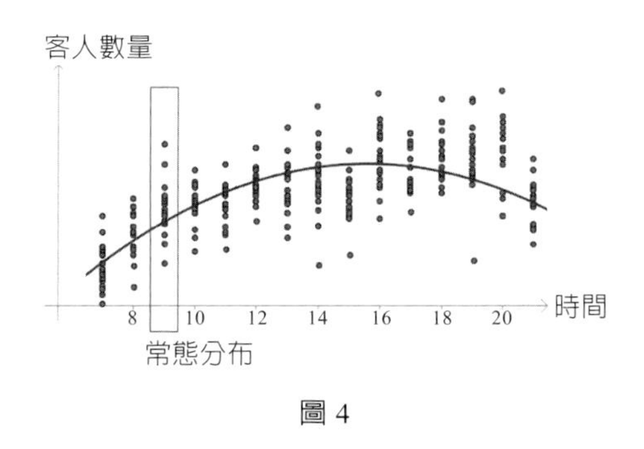

圖 4

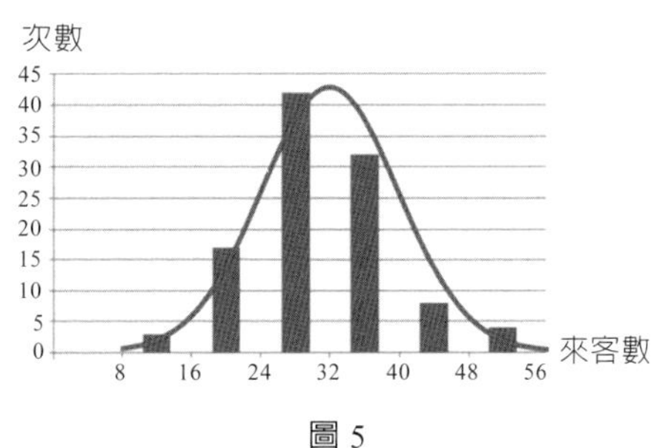

圖 5

第二種情形的舉例說明，見圖 6，可明顯看到資料分為兩個群體，故各自單獨討論，不可將某一群資料視為異常值，第二種情形的內容將在下一節介紹。基於上述說明，對於數據分析與利用就更進一步，先觀察數據，確定是哪一種情況，加以處理，見流程圖，圖 7。已經知道分析第一步是觀察數據，看數據是具有異常值或可以被分群，而這兩種情況在統計及工程的看法是不一樣的。

第一種情況：異常值

統計學家的看法：數據如果是常態分布型式，將異常值去除再討論。

工程師的看法：思考為什麼會出現，是否具有意義？

第二種情況：明顯可被分群討論

統計學家的看法：數據如果可以被分兩群以上，則分群討論，並已經是一門課程，稱做分群分析（Cluster Analysis）。

工程師的看法：數據如果可以被分兩群以上，則分群討論，並已經是一門課程，稱做資料探勘（Data Mining），其中它需要分析的方法，包含分群分析、K-mean、Machine Learning 等。由以上說明，知道第一種情況去除異常值後便可以更有效的判斷數據。

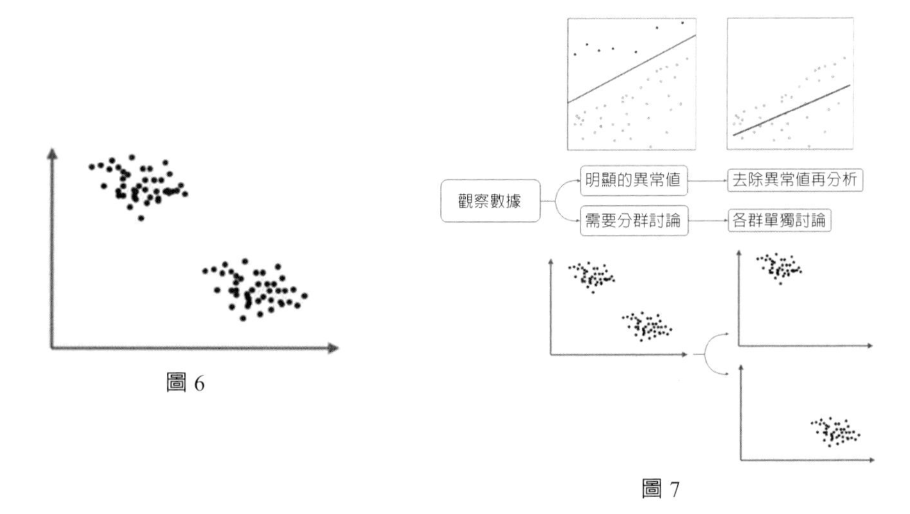

圖 6

圖 7

2-15 資料探勘 (3)：分群討論

在上一節已經知道資料分析需要先觀察數據，確定是哪一種情況，再加以處理，上一節已經介紹異常值的部分，這一節將介紹分群的概念。分群出來的數據意義爲何？有時候，工程應用對於非主要群體（如：第二群體）的數據，認爲才是重要的。一般人一定會覺得奇怪，怎麼可能非主要群體反而重要呢？因爲在某些情況第二群體具有重要價值，如：找黃金、犯人、信用卡盜刷、商業行爲。這些要如何觀察？

1. 找黃金

參考圖 1 可知，土壤中的黃金都是極少部分，因爲大部分都是土，只有極少部分才是礦藏，無怪乎資料探勘（Data Mining）這門課，用「採礦」（Mine）這個單字，眞的是在資料中挖掘黃金，挖掘礦物。

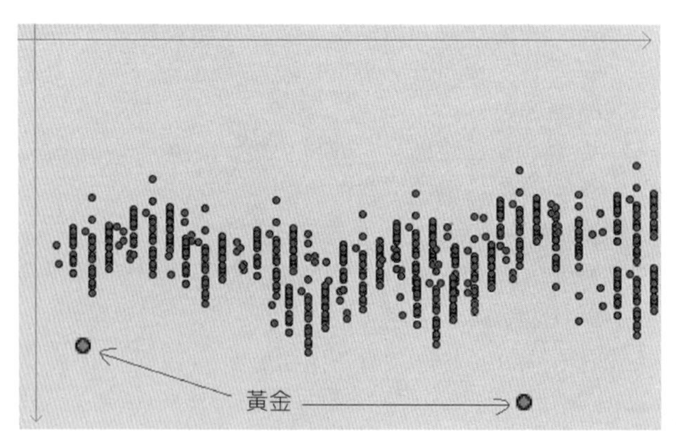

圖 1

2. 犯人的步伐

移動過程轉換成路徑及速度資料，可發現犯罪者的資料異於一般人，所以可利用此概念去觀察有誰是異於常人，可以加以預防。或者是說如果這陣子常有珠寶行被行竊，那麼只要珠寶行多預防步伐或是行爲異於常人的那群人，就可以減少問題的產生機會。所以你如果心情不好到處亂晃有可能被別人當成是犯人。

3. 信用卡盜刷

一般人的消費習慣大多是固定的，對於信用卡消費也可能是固定範圍的金額及固定頻率的消費，如：每週吃兩到三次的餐廳，金額在 800～1200 元，如果出現一天信用卡太多次且每筆都上萬元。此時可視作信用卡可能被盜刷，故銀行可以通知用戶，提醒出現異常消費，請確認是否發生問題。

商業行為如何利用第二群體數據，如：電信業的潛在客戶

由圖 2 可知在月租費 0～2000 元的人數分布，看來趨勢相當一致，月租愈貴人就

愈少，而 2000～2700 元差不多都很少人，但是到了 2700～3000 元卻上漲很多用戶，所以可以將月租費分成三群。其中有兩群會影響判斷數據的分布，但可以分群討論，見圖 3。可發現第一群月租費 0～2000 元的人數密集在一條方程式上，而第二群月租費 2000～2700 元都很少，而第三群月租費 2700～3000 元這群人都是高消費得潛在客戶，所以可以向第三群人推銷其他方案，可能比較容易成功。而第二群人太少可採取不處理，或是提供促銷將其轉變爲第三群的人。

由以上說明，知道第二種情況，分群後便可以更有效的判斷數據，避免另一群的數據影響大多數數據，並單獨討論每一群應該如何處理。

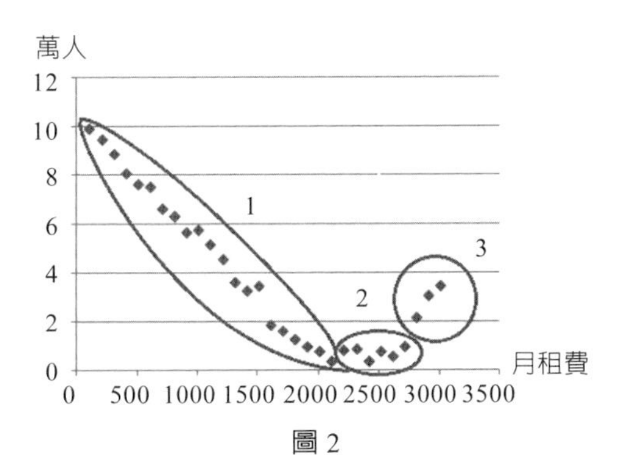

圖 2

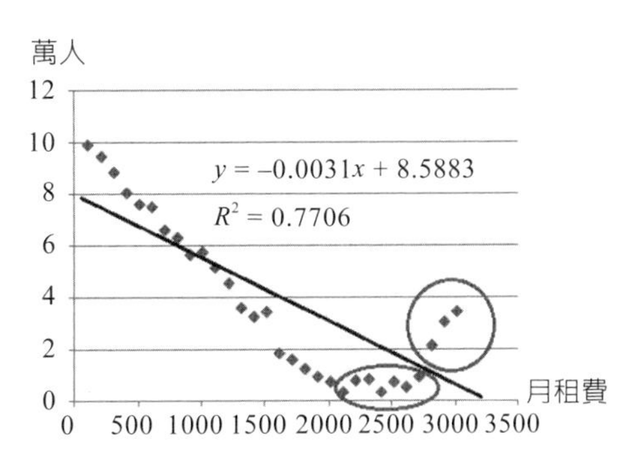

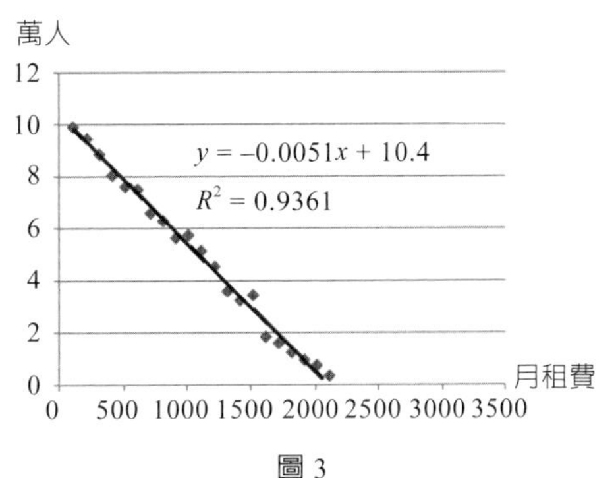

圖 3

2-16 資料探勘的應用

在資料探勘中提到數據之間總是有著許多關聯性，其中我們最常利用的是關聯式規則（Association Rules, AR），又稱關聯規則。從大量資料中挖掘出有價值的相關關係。

關聯法則解決的最常見問題如：「如果一個消費者購買了產品 A ，那麼他有多大機會購買產品 B？」，以及「如果一個消費者購買了產品 C 和 D ，那麼他還將購買什麼產品？」爲了達成關聯法則的目的，必須減少大量雜亂無章的資料，變成容易觀察理解的資料，最後關聯法則可找到組合與結果的關聯性。

關聯法則一個經典的實例是購物籃分析（Market Basket Analysis）。超市對顧客的購買記錄資料庫進行關聯規則挖掘，可以發現顧客的購買習慣，例如，購買產品 X 的同時也購買產品 Y ，於是，超市就可以調整貨架的布局，比如將 X 產品和 Y 產品放在一起，增進銷量。

應用實例 1：買尿布的男人，通常也會買啤酒

由買賣中發現有趣的關聯性。買尿布的男人，通常也會買啤酒。而這是怎麼發現的？零售商沃爾瑪（Wal-mart），從每日大量的商品交易資料中進行消費者購買商品間的關聯分析，意外發現男人會同時購買啤酒與尿布。後來透過市場調查才得知，原來太太叮嚀丈夫下班幫忙買尿布，結果有 40% 的先生買了尿布後，又隨手買啤酒，因此得到啤酒與尿布的距離關聯性。

爲了好好利用這樣的關聯性，沃爾瑪（Wal-Mart）做了一件事，結果導致兩兩銷售量皆成長三成。他們做了什麼事？就是將啤酒和尿布擺在一起。爲什麼擺在一起會銷售量成長？因爲擺在一起對先生們非常方便，拿了就走，不用再猶豫是否要多買啤酒，更清楚的說，在之前可能有部分的先生在走過去拿酒的途中又改變主意不買了，擺放在一起後，把思考時間縮短帶來更多的衝動性購物，所以銷售量成長了，見圖 1。

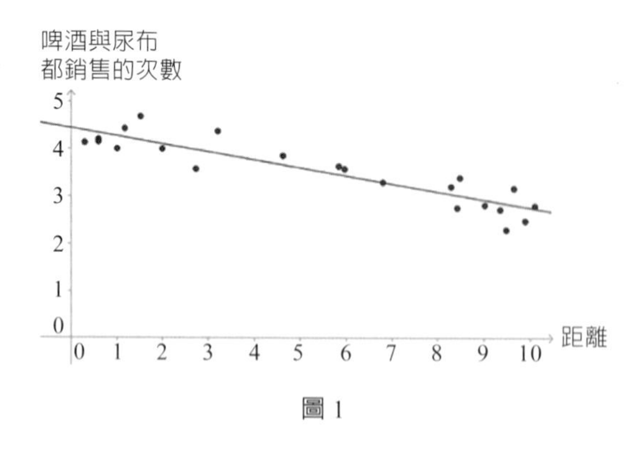

圖 1

但有人一定會問，這樣似乎存在因果關係，由尿布帶動的啤酒銷售量成長，爲什麼是兩者都成長？這樣的結果是非常有道理的，已知「買尿布的男人，通常也會買啤

酒」，但「買啤酒的男人，也會買尿布」這件事不一定成立，所以看起來兩者不一定會一起成長，但爲什麼會一起成長，因爲買啤酒的先生經過幾次的幫忙買尿布模式過後，以後買啤酒就會順便買尿布。

應用實例 2：奶粉、尿布等嬰兒相關產品與保險套關係

同樣的商業行爲，奶粉、尿布等嬰兒相關產品與保險套擺放再一起，買奶粉的人往往會買保險套，因爲不想再意外製造小生命，爲了給與家人更好生活，給予子女更多時間的關愛，所以買奶粉的時候，會順便買保險套，所以這是奶粉帶動了保險套的銷售量。

而未結婚或是未打算生小孩的情侶看到保險套在奶粉、尿布等嬰兒相關產品旁邊，因爲不想意外製造小生命，所以更會買保險套以備不時之需，所以還是奶粉帶動了保險套的銷售量。

這個案例可以看到奶粉、尿布等嬰兒相關產品與保險套的關聯性。

應用實例 3：7-11 的組合商品

台灣的便利商店 7-11 的 39 元或 49 元的食物配飲料消費組合，類似加一元多一件的促銷方案，但仍可以發現有部分的組合商品常常沒賣掉，這邊的問題可能是當地的消費習慣不喜歡這樣的組合商品。如果可以利用關聯法則，找出各飲料容易帶動的食物，或是食物容易帶動的飲料，以此來組合或許可以得到更好的銷售額，但別忘了將組合商品放在附近。以作者的經驗就遇到幾家 7-11 是將組合商品相隔很遠，以至於因找不到而放棄，見圖 2。

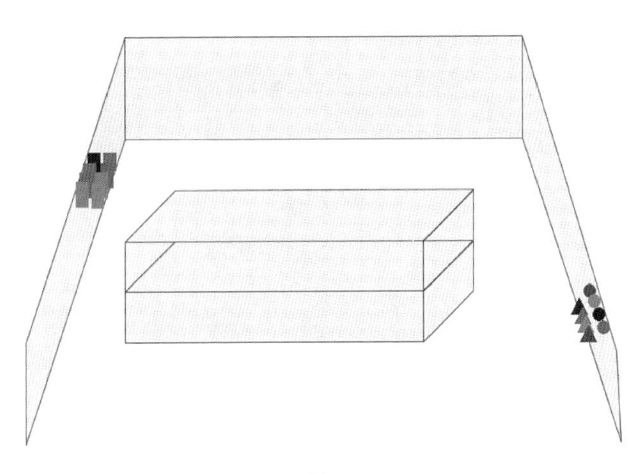

圖 2

同時還可進一步觀察買組合商品的人還買了怎樣的東西，可以再把那類商品放到附近。這個就是「如果一個消費者購買了產品 C 和 D，那麼他還將購買什麼產品？」的應用。

2-17 時間序列

時間序列（Time Series）是一種統計方法。時間序列是用時間排序的一組隨機變量，如：國內生產毛額（GDP）、消費者物價指數（CPI）、股市圖、失業率、房價變化等都是以時間爲橫軸的時間序列。時間序列是計量經濟學所研究的三大數據形態之一，在總體經濟學、國際經濟學、金融學、金融工程學等學科中都有廣泛應用。見圖 1、2、3。

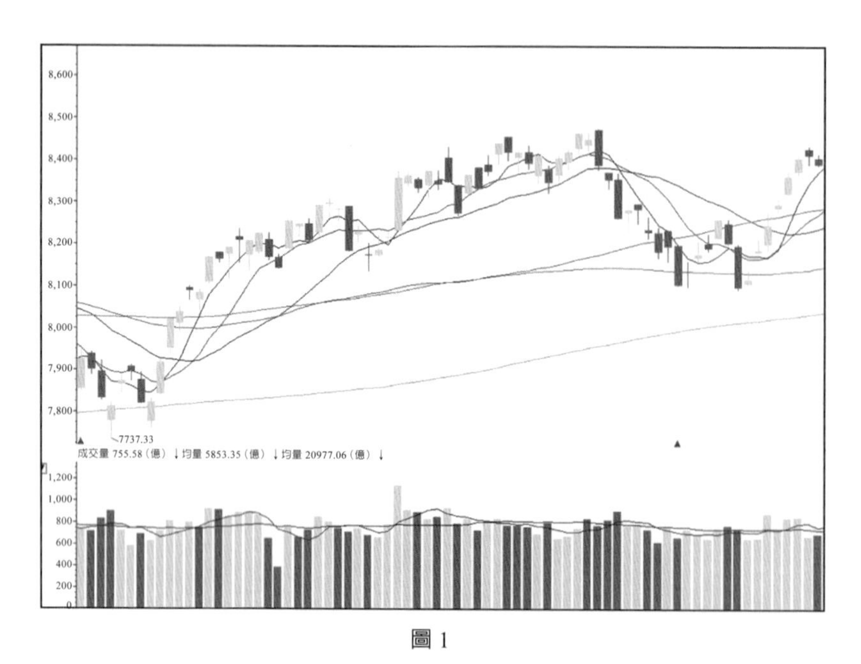

圖 1

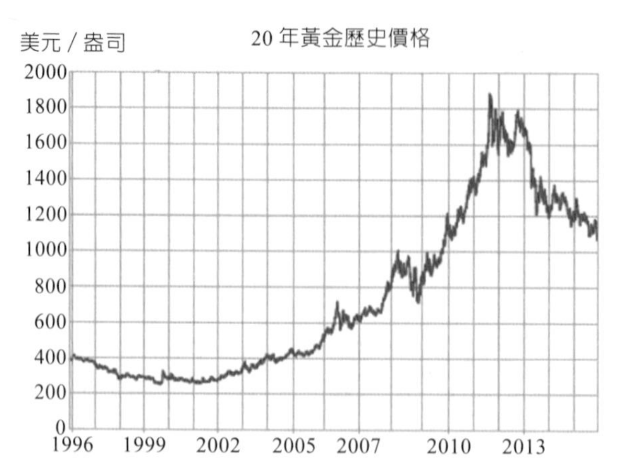

圖 2

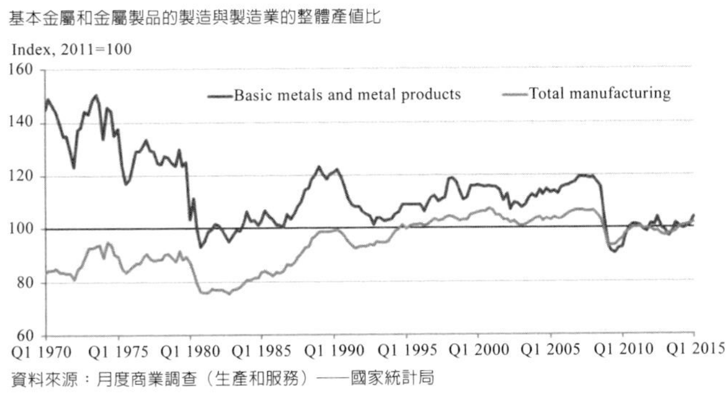

圖 3

時間序列的時間間隔可以是分、秒、時、日、週、月、季、年、甚至更大的時間單位。依需要情況選擇需要的時間間隔。時間序列的曲線分為：

1. 平穩型時間序列（Stationary Time Series），其內容是指該時間數列，它的統計特性將不隨時間而改變。
2. 非穩定時間序列（Non Stationary Time Series），其內容是指該時間序列的上下波動幅度在各個時間都不一定相同，會隨時間變化（Time-varying Volatility），也就是的變異數無法穩定，可能上一個年度是 3，到下一個年度又變 5，無法找出一個穩定的長期趨勢，或說是找不到一個常數或是一個線性函數。

最典型的案例可以用黃金來說明，以台灣為例，大家喜歡在龍年結婚，而結婚台灣習俗會配戴金飾，所以在那一年的黃金買氣較其他年來的高，也導致了那一年的黃金波動加劇，也就是變異數也會變大，此情形也稱做季節效應（Seasonal Effects）。也正因為不穩定性使得有效分析時間序列變得十分困難。

而我們要如何處理時間序列的問題？可以利用移動平均（Moving Average, MA）分析時間序列的。最常見的是利用股價、回報或交易量等變數計算出移動平均。移動平均可撫平短期波動，反映出長期趨勢或周期。

也可以用自迴歸模型（Autoregressive Model, AM）來處理時間序列，用一個變數 x 來做預期，也就是利用 x_1 到 x_{t-1} 的數據預測 x_t 的情形。自迴歸模型是從迴歸分析中的線性迴歸發展而來，只是不用 x 預測 y，而是用 x 預測 x，所以叫做自迴歸，其方程式為 $x_t = c + \sum_{i=1}^{p} \varphi_i x_{t-i} + \varepsilon_t$。自迴歸模型被廣泛運用在經濟學、信息學、自然現象的預測上。

由此我們就可以知道非穩定時間序列是難以預測，且不穩，所以如果股票分析師說已找出股市的目前趨勢模型，我們必須要考慮此模型是否真的過去一段時間準確，如果準確還能再準確多久。因為我們要知道股票是時間序列的一種，變化多端，要投入股票市場前要先做好風險評估。

機器學習是基於統計與機率，統計學的目的是基於小數據量的隨機樣本，試圖模擬母體。如：台灣約 2300 萬人，是否可隨機選出 1000 人，就能理解全台灣所有人的生活型態、就業狀態及政治傾向。而機器學習的目的，則是讓電腦從母體資料裡，學到如何處理新的資料及解決問題。如：從過往購物紀錄，對顧客做出建議購物商品？統計與機率被歸類在科學，而機器學習被歸類在工程，只因處理的面向不同，但原理是大同小異的。

資訊人才不應該逃避數學，完整的說，至少不應該逃避數學、統計與機率的內容，才有機會在 AI 路上走的更遠。許多資訊人認為語法、演算法、硬體、處理器的串連比較重要。要知道演算法可以有很多種，但統計與機率才可以優化、精簡程式碼；重點是理解統計後才能創造出新的演算法，才能讓處理的效率變好。

演算法與黑盒子模式實際上就是統計與資訊的結合，若要學習 AI 不可避免會遇到統計，本章介紹對於不同人的差別：

1. 一般人只要知道大略內容，輸入與輸出大致內容，使用者會操作軟體即可，無所謂懂不懂黑盒子原理，如同開車的人。
2. 基礎的設計師是會操作軟體，知道輸入與輸出，但不懂黑盒子且沒有能力設計及修正黑盒子，如同修車的人。
3. 一流設計師（資訊工程師、資料科學家）是會操作軟體，知道輸入與輸出，但理解且有能力設計及修正黑盒子，如同製作汽車，設計汽車的人。

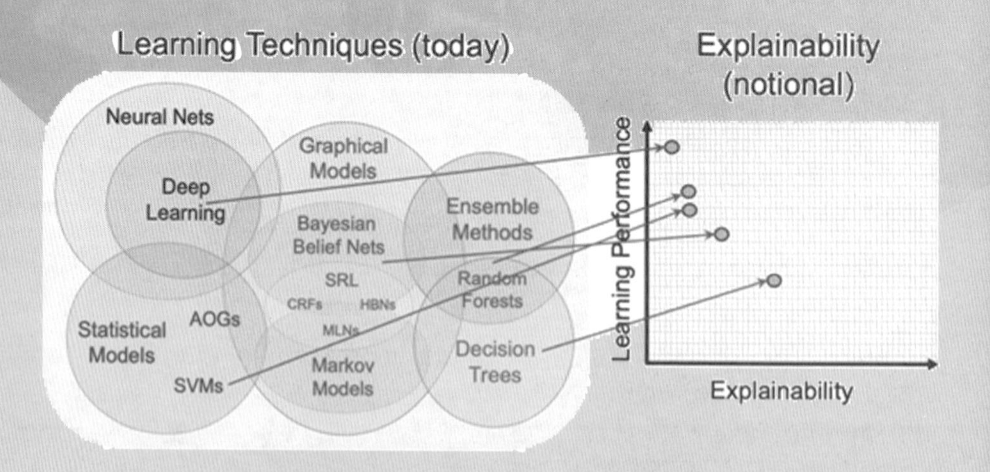

本章主要介紹演算法的概要流程、輸入輸出、數學原理，而不深究其程式碼。

第三章 認識部分黑盒子演算法的統計原理

3-1 監督學習、無監督學習、半監督學習、強化式學習
3-2 貝氏演算法 (1)：概要
3-3 貝氏演算法 (2)：案例
3-4 貝式演算法 (3)：統計原理
3-5 K-maen 演算法 (1)：概要
3-6 K-maen 演算法 (2)：案例 1
3-7 K-maen 演算法 (3)：案例 2
3-8 K-maen 演算法 (4)：統計原理
3-9 K-mean 演算法 (5)：最佳化的 K 值
3-10 K- 近鄰演算法
3-11 先驗演算法 (1)：概要
3-12 先驗演算法 (2)：案例
3-13 SVM 演算法 (1)：概要與案例
3-14 SVM 演算法 (2)：推廣
3-15 SVM 演算法 (3)：統計原理
3-16 線性迴歸演算法 (1)：概要
3-17 線性迴歸演算法 (2)：迴歸線的統計原理
3-18 線性迴歸演算法 (3)：相關係數的統計原理
3-19 邏輯迴歸演算法：概要與案例
3-20 決策樹演算法 (1)：概要與樹狀圖
3-21 決策樹演算法 (2)：案例與剪枝 (1)
3-22 決策樹演算法 (3)：案例與剪枝 (2)
3-23 隨機森林演算法：概要與案例
3-24 淺談深度學習：人工神經網路
3-25 可解釋人工智慧
3-26 本章結論

3-1 監督學習、無監督學習、半監督學習、強化式學習

2019 年機器學習的觀念開始慢慢普及，進入各行各業，以及日常生活中。大家希望 AI 可以解決所有問題，但目前的 AI 只能一對一，針對特定形式的問題，提供有效的推論，而且還需要符合使用前提。如：對話機器人只會對話或協助搜索，分析 AI 只會分析。認識機器學習各類型案例：

• 舉例說明

1. 監督學習：從正確中學習，或是被篩選過的資料中學習

讓電腦觀察各看 10000 張貓和狗的圖片，給新圖片請 AI 判斷是貓還是狗。

2. 無監督學習：從大數據中學習

讓電腦觀察看 10000 張圖片，讓 AI 自行分類，給新圖片請 AI 判斷是哪一類。

3. 半監督學習：介於監督學習與無監督學習

讓電腦觀察各看 10000 張貓和狗的圖片，再讓電腦觀察看 10000 張圖片，讓 AI 自行分類，給新圖片請 AI 判斷是哪一類。

4. 強化式學習：嘗試錯誤中學習

讓電腦觀察看 10000 張圖片，讓 AI 自行分類，而後再由人類定義圖片是貓還是狗、或是其他動物，給新圖片請 AI 判斷是哪一類，如果分類錯誤，再回報給 AI 使其自動修正。

• 各類型的定義

1. 監督學習（Supervised Learning）

從人類**給定的特定資料進行機器學習**，並推論出一個輸入和輸出的關係。當輸入新的資料，可以根據推論的關係預測結果。輸入的資料已由人類進行資料的前處理，故稱爲監督學習。常見的監督學習演算法，如：回歸分析和統計分類。

2. 無監督學習（Unsupervised Learning）

無監督學習的機器學習與監督學習的差異在於人類未進行資料的前處理，故稱爲無監督學習。無監督學習直接從**現有資料**，推論出關係，當新的資料到來時，可以根據關係預測結果，無監督學習的目的也是找出輸入和輸出的關係。常見的無監督學習演算法如：生成對抗網路（Generative Adversarial Network, GAN）、群集。

3. 半監督學習（Semi-Supervised Learning）

半監督學習介於監督學習與無監督學習之間。

4. 強化式學習（Reinforcement Learning）

強化式學習的機器學習爲了有效達成目標，隨著時間、環境，加入新的資料等，逐步調整推論，並評估每一個行動之後，此推論是有效或是無效，再隨之修正。如：時間序列。

• 數據量、干擾因素量對應的類型

從數據量、干擾因素量這兩個維度做為討論，數據愈多愈有利機器學習，干擾愈少愈有利機器學習，不同種類的機器學習適合怎樣的問題，參考下圖（干擾因素的意思是受到主觀影響、或是會影響的內容討論得不夠完善，如地震預測）。由圖可知可分為四個區塊，利用此兩維度可以分為四類做為討論：

1. 數據多、干擾少，AI 極度容易機器學習：
   此情況適合**非監督學習**，數據多、干擾少，如：原料與商品關係、車牌辨識、人臉辨識、棋類遊戲 AI、輔助教學 AI 等。
2. 數據多、干擾多，AI 容易機器學習：
   此情況適合**半監督學習**，數據多、干擾多，如：來客數預測、信用卡盜刷、無人駕駛、對話機器人。
3. 數據少、干擾少，AI 不容易機器學習：
   此情況適合**監督學習**，數據少、干擾少，如：輔助醫療 AI、最佳排程預測、設備故障預測。
4. 數據少、干擾多，AI 極度不容易機器學習：
   此情況適合**強化式學習**，數據少、干擾多，因為不知道還要考量多少因素，以及不知道其相關性，建議不斷修正推論，如：地震預測、颱風路徑（隨時間收集到更多數據及分析愈多種類，颱風預測愈來愈準確）、股市預測。

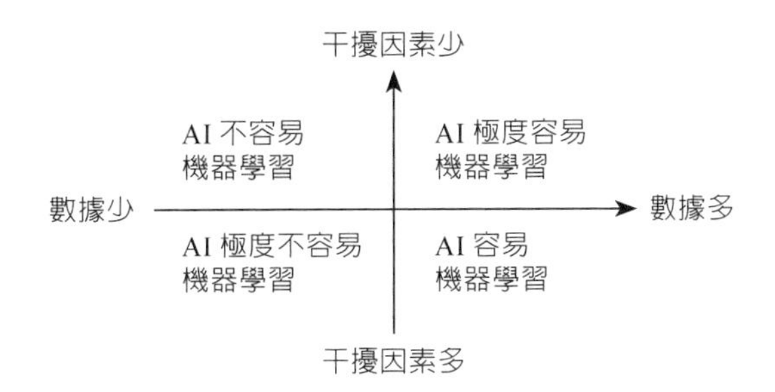

結論

由本節可以清楚了解各情況適用哪一個類型的機器學習，而機器學習首要之重就是數據量，有了足夠的數據量才能做有效的推論，或是需要確定關連性極強（干擾因素少）才能做有效推論，至於數據量不足時則是建議想辦法收集更多數據，或是使用正確的統計方法、或是要逐步修正，才能使 AI 的推論更為準確。

3-2 貝氏演算法 (1)：概要

貝氏演算法（Naive Bayes Classifier）是根據數學的貝氏定理（Bayes' Theorem）的分類演算法，並可用於探勘和預測模型，但此演算法沒有考量可能不同情況的互相影響，也就是相依性，因此比其他演算法較少利用。但在探索資料和預測資料行之間的關聯性很有用，使用貝氏演算法可以簡略認識資料，再以其他精確演算法來建立其他模型。

範例

做某一項商品促銷，行銷部門郵寄廣告來尋找目標潛在客戶。更因爲減少成本，只將廣告寄給可能回應的客戶。其名單可利用資料庫中人口統計資料和舊郵件的回應等資料決定。最後可以了解統計資料（例如：年齡或地點）如何協助預測促銷。最後觀察出潛在客戶與具有類似特性的客戶、曾買過商品客戶的差異性。

比如說：測試化妝水的喜好程度，可以從公司資料庫中，挑選 A 地區的客戶寄送廣告，再挑選某一年齡層（40～60 歲）的客戶寄送資料，或是挑選某職業寄送資料，由此就可以觀察出此化妝水對於全體客戶的吸引力大致上爲何。假設 0～20 歲喜歡的機率爲 0.1，20～40 歲喜歡的機率爲 0.3，40～60 歲喜歡的機率爲 0.2，60 歲以上喜歡的機率爲 0.05，因此部分人會說喜歡該化妝水的人機率約爲 0.1 + 0.3 + 0.2 + 0.05 = 0.65，部分人會說喜歡該化妝水的人機率約爲 (0.1 + 0.3 + 0.2 + 0.05)/4 = 0.1625，但這二種想法都是有問題的。要如何使其更精準，我們必須考量各個機率的人數，見表。

年齡	喜歡的機率	人數占全體比率	在全體中喜歡的機率
0～20 歲	0.1	0.25	0.025
20～40 歲	0.3	0.3	0.09
40～60 歲	0.2	0.3	0.06
60 歲以上	0.05	0.15	0.0075
		總和	0.1825

故此化妝水對於全體客戶的吸引力應爲 0.1825，也就是 18.25%。

而對於程式將上述年齡情況假設爲 1、2、3、4，其對應喜歡的機率可存入陣列爲 p[1]、p[2]、p[3]、p[4]，人數占全體比率可存入陣列爲 m[1]、m[2]、m[3]、m[4]，而全體客戶的吸引力（喜歡的機率）爲 p[1]×m[1] + p[2]×m[2] + p[3]×m[3] + p[4]×m[4]。推廣就是全體客戶的吸引力（喜歡的機率）= p[1]×m[1] + p[2]×m[2] + ⋯ + p[n]×m[n] = $\sum_{i=1}^{n} p[i] \times m[i]$。

結論

我們可以更了解數學如何去影響演算法，以及知道數學如何協助分析，以及利用貝氏演算法獲得想要的結果，要輸入怎樣的參數，及程式該如何設計。但貝氏演算法使用的侷限性太大，如果不能將所有情況全列，則容易出現誤差，以及如果設計的條件互相有重疊的情況，也會有誤差。因此有著多種改良的方法，在此不多做介紹。

補充說明

討論其表格的合理性，有些人會對「在全體中喜歡的機率＝喜歡的機率 × 人數占全體比率」感到疑惑？以 0～20 歲喜歡的機率 0.1，人數占全體比率 0.25 來討論。假設全體人數有 100 萬人，故 0～20 歲有 100 萬 ×0.25 = 25 萬人，而 25 萬人喜歡的機率 0.1，也就是 0～20 歲喜歡的人有 2.5 萬，故 0～20 歲在全體中喜歡的機率爲 2.5 萬除以 100 萬 = 0.025。

這樣的寫法，仍不夠清晰，見下述：

0～20 歲在全體中喜歡的機率

= 0～20 歲喜歡的人數 ÷ 全體人數

=（0～20 歲喜歡的機率 ×0～20 歲的人數）÷ 全體人數

= 0～20 歲喜歡的機率 ×0～20 歲的人數 ÷ 全體人數

= 0～20 歲喜歡的機率 ×（0～20 歲的人數 ÷ 全體人數）

= 0～20 歲喜歡的機率 × 人數占全體比率

3-3 貝氏演算法 (2)：案例

例題 1：假設某地區生病的母體實際機率為 20%，某醫院將有病診斷正確有病是 95%，將沒病診斷正確沒病的機率為 90%，請問被診斷沒病的人之中真的有病的機率為何？

以樹狀圖，見圖 1 理解後再計算：

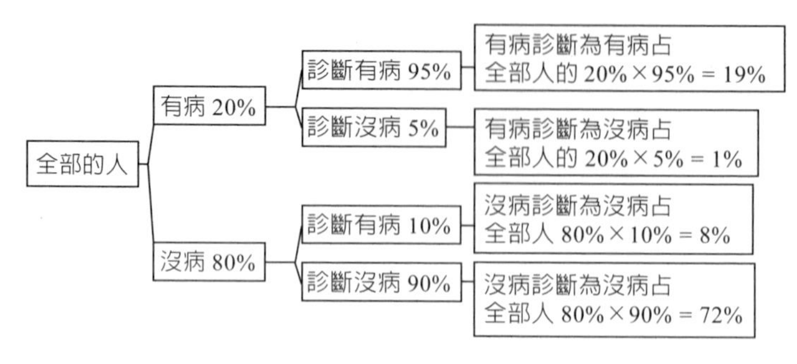

圖 1

被診斷沒病的人之中真的有病的機率為 $\frac{1\%}{1\%+72\%}=\frac{1}{73}=1.37\%$。

以利用貝氏定理計算，貝式定理原理將在 3-4 說明：

$$P(有病 \mid 診斷沒病)=\frac{P(診斷沒病 \mid 有病)\,P(有病)}{P(診斷沒病 \mid 有病)P(有病)+P(診斷沒病 \mid 沒病)\,P(沒病)}$$

$$=\frac{5\%\times 20\%}{5\%\times 20\%+90\%\times 80\%}=\frac{0.01}{0.01+0.72}=\frac{1}{73}=1.37\%$$

可以發現貝氏定理比較快速，但利用樹狀圖更清晰。並可以發現由事前的機率，去計算出事後的機率，已發現潛在問題。若是要以程式來計算，則是利用下述數學式來計算。

$$P(有病 \mid 診斷沒病)=\frac{P(診斷沒病 \mid 有病)\,P(有病)}{P(診斷沒病 \mid 有病)P(有病)+P(診斷沒病 \mid 沒病)\,P(沒病)}$$

例題 2：假設某工廠實際燈泡損壞率為 5%，燈泡有壞檢查燈泡有壞的正確率有 97%，而燈泡沒壞卻檢查有壞的機率有 2%，請問檢查沒壞之中到遇到真的燈泡損壞的機率為何？

以樹狀圖，見圖 2 理解後再計算：

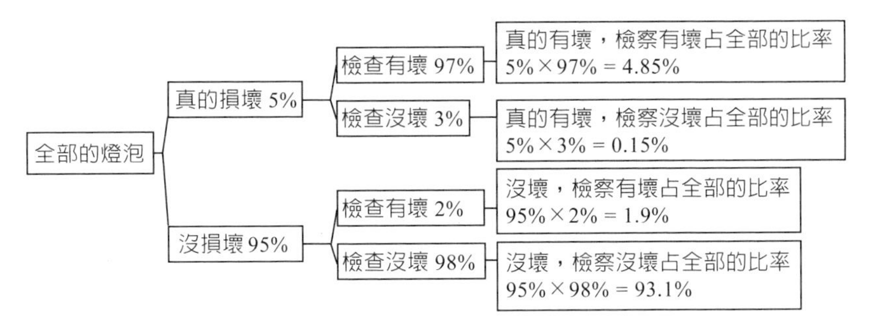

圖 2

被檢查沒壞的燈泡之中壞掉的機率爲 $\dfrac{0.15\%}{0.15\%+93.1\%}=\dfrac{15}{93.25}=0.16\%$。

以利用貝氏定理計算，貝式定理原理將在 3-4 說明：

$$P(\text{有壞}\mid\text{檢查沒壞})=\frac{P(\text{檢查沒壞}\mid\text{有壞})\,P(\text{有壞})}{P(\text{檢查沒壞}\mid\text{有壞})\,P(\text{有壞})+P(\text{檢查沒壞}\mid\text{沒壞})\,P(\text{沒壞})}$$

$$=\frac{5\%\times 3\%}{5\%\times 3\%+95\%\times 98\%}=\frac{0.0015}{0.0015+0.9310}=\frac{15}{9325}=0.16\%$$

可以發現貝氏定理比較快速，但利用樹狀圖更清晰。並可以發現由事前的機率，去計算出事後的機率，已發現潛在問題。若是要以程式來計算，則是利用下述數學式來計算。

$$P(\text{有壞}\mid\text{檢查沒壞})=\frac{P(\text{檢查沒壞}\mid\text{有壞})\,P(\text{有壞})}{P(\text{檢查沒壞}\mid\text{有壞})\,P(\text{有壞})+P(\text{檢查沒壞}\mid\text{沒壞})\,P(\text{沒壞})}$$

結論：上述例題的數學式爲 $P(A\mid E)=\dfrac{P(E\mid A)P(A)}{P(E\mid A)P(A)+P(E\mid\neg A)P(\neg A)}$，或記做 $P(A\mid E)=\dfrac{P(E\mid A)P(A)}{P(E\mid A)P(A)+P(E\mid A^c)P(A^c)}$，當理解數學式意義後，便可以把類似問題交給程式進行運算，以計算出誤診率、檢查沒壞卻壞的機率，而此方法也是判定是垃圾信件的方法。

3-4 貝式演算法 (3)：統計原理

貝氏定理由托馬斯 · 貝葉斯（Thomas Bayes）提出，此定理大家並不會陌生，早在高中數學就有接觸過。**貝氏定理**就是希望由現有的資料，去推論出該情況發生的機率，由已知事前機率的資料為基礎，推論事後機率。參考圖 1 理解貝氏定理。

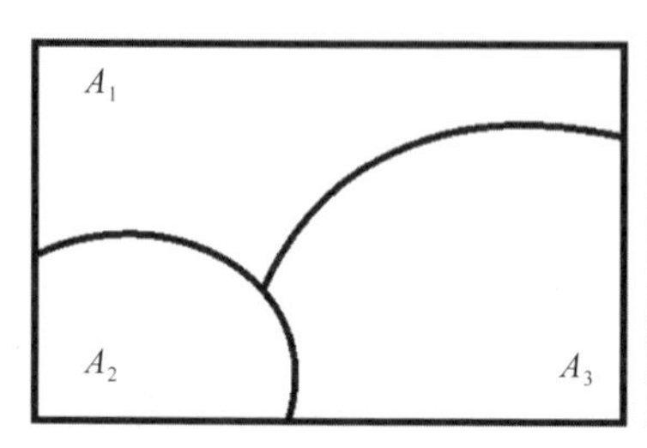

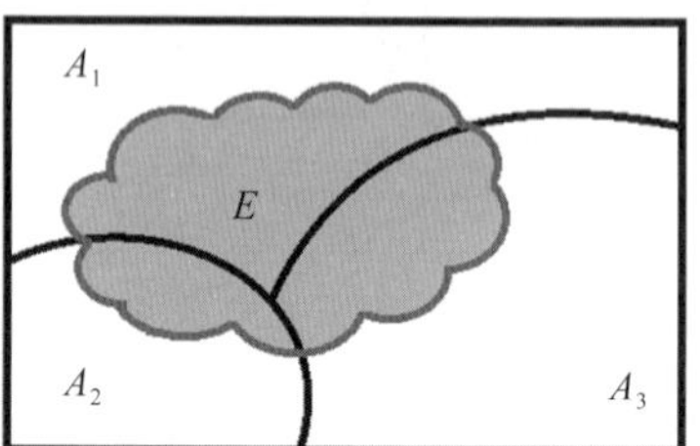

圖 1

由圖可知全部事件可分成 A_1、A_2、A_3，而事件 E 在 A_1、A_2、A_3 各有一部分。所以可知 A_1、A_2、A_3 彼此互不影響，是兩兩互斥，並且可看到樣本空間 S 被分割成 A_1、A_2、A_3，可記作 $A_1 \cup A_2 \cup A_3 = S$。而事件 E 在 A_1、A_2、A_3 各有一部分，所以 $E = (E \cap A_1) \cup (E \cap A_2) \cup (E \cap A_3)$。並已知 A_1、A_2、A_3 兩兩互斥。所以 E 在全體的機率為 $P(E) = P(E \cap A_1) + P(E \cap A_2) + P(E \cap A_3)$。

推廣到被切成任意數量 A_1、A_2、A_3、……、A_n 的情形，得到

$$P(E) = P(E \mid A_1)P(A_1) + P(E \mid A_2)P(A_2) + P(E \mid A_3)P(A_3) + \cdots\cdots + P(E \mid A_n)P(A_n)$$

也記作：$P(E) = \sum_{k=1}^{n} P(E \mid A_k)P(A_k) \cdots\cdots (*)$，**此數學式也是 3-2 節利用的數學定理部分**。

貝氏定理是什麼？已知條件機率 $P(A \mid B) = \dfrac{P(A \cap B)}{P(B)}$（註 1、註 2），所以 $P(A_1 \mid E) = \dfrac{P(A_1 \cap E)}{P(E)} \cdots\cdots (**)$，以及 $P(A \cap B) = P(B \cap A) = P(B \mid A)P(A)$，得到 $P(A_1 \cap E) = P(E \cap A_1) = P(E \mid A_1)P(A_1) \cdots\cdots (***)$，將 (*) 與 (***) 代入式子 (**)，得到

$P(A_1 \mid E) = \dfrac{P(E \mid A_1)P(A_1)}{\sum_{k=1}^{n} P(E \mid A_k)P(A_k)}$，推廣到全部的情形：$P(A_i \mid E) = \dfrac{P(E \mid A_i)P(A_i)}{\sum_{k=1}^{n} P(E \mid A_k)P(A_k)}$，$i = 1, 2, 3, ..., n$。此數學式就是貝氏定理。

若情況只有 A 與 $\neg A$ 兩種，（$\neg A$ 是 A 的補集），則可記做

$P(A \mid E) = \dfrac{P(E \mid A)P(A)}{P(E \mid A)P(A) + P(E \mid \neg A)P(\neg A)}$，**此數學式是 3-3 節利用的數學定理部分**。

註 1：條件機率

例如：骰子在擲出偶數的條件下，並且要大於等於 3 的機率爲多少？

偶數有 2、4、6，再大於等於 3 有 4、6，機率是 $\frac{2}{3}$，見圖 2。

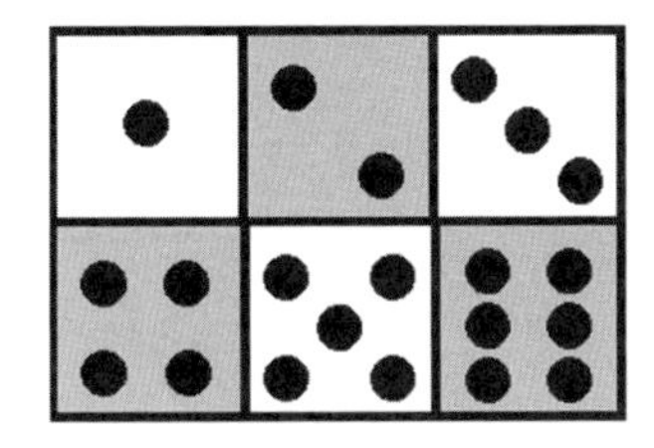
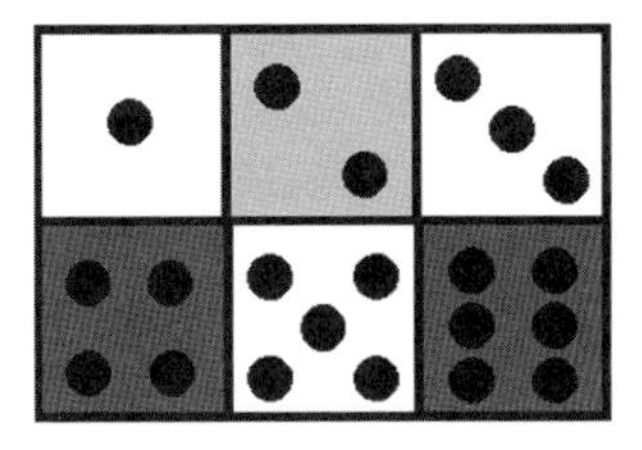

圖 2

A 在 B 條件下的發生機率，A 是在從 B 條件中找出需要的情況，所以數量較少，故分子部分是同時有 A 與 B 的情況，分母部分是 B 的情況，並爲了將條件機率明確表達出來，被記作：$P(A \mid B)$。條件機率 $P(A \mid B)$ 是 A 與 B 的交集情況機率除以 B 情況機率。

數學式：$P(A \mid B)=\frac{n(A\cap B)}{n(B)}=\frac{\frac{n(A\cap B)}{n(S)}}{\frac{n(B)}{n(S)}}=\frac{P(A\cap B)}{P(B)}$。

註 2：已知 $P(A \mid B)=\frac{P(A\cap B)}{P(B)} \Rightarrow P(A \mid B)P(B)=P(A\cap B)$、

$$P(B \mid A)=\frac{P(A\cap B)}{P(A)} \Rightarrow P(B \mid A)P(A)=P(A\cap B)，$$

故 $P(A \mid B)P(B)=P(B \mid A)P(A) \Rightarrow P(A \mid B)=\frac{P(B \mid A)P(A)}{P(B)}$

此時的 $P(A \mid B)$ 稱爲後驗機率、$P(B \mid A)$ 爲似然、$P(A)$ 爲先驗機率、$P(B)$ 爲要預測的值。

註 3：貝氏全名爲托馬斯 · 貝葉斯，是 18 世紀英國數學家。貝氏在數學的貢獻主要以機率論的研究爲主，他提出的貝氏定理對於現代機率論和數理統計的發展有重要的影響。

3-5 K-maen 演算法 (1)：概要

K-means 演算法（又稱 K-means Clustering），K-means 是非監督式學習。換言之不會預先整理數據，而是完全交給程式進行分類，而 K-means 演算法的意義就是將數據分類，將多個數據點分爲 K 個群集，K 爲使用者給定的參數，參考圖 1、2。K-means 可以替我們做好分類，如身高與體重。

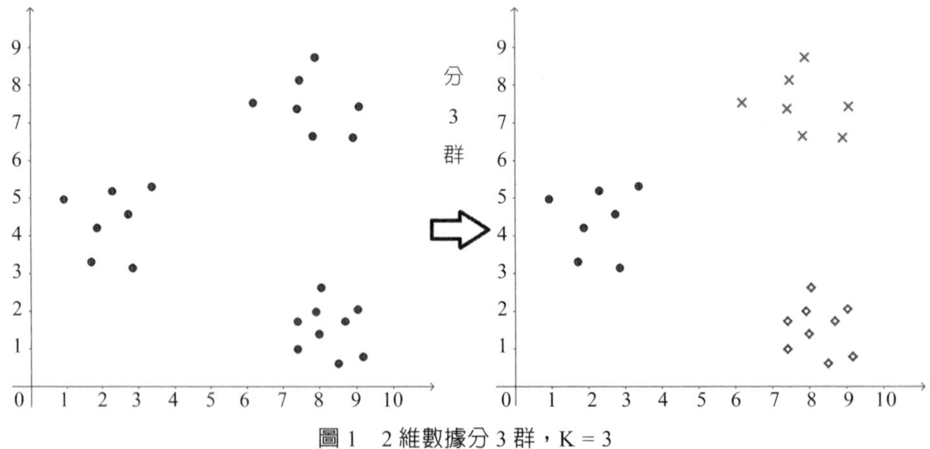

圖 1　2 維數據分 3 群，K = 3

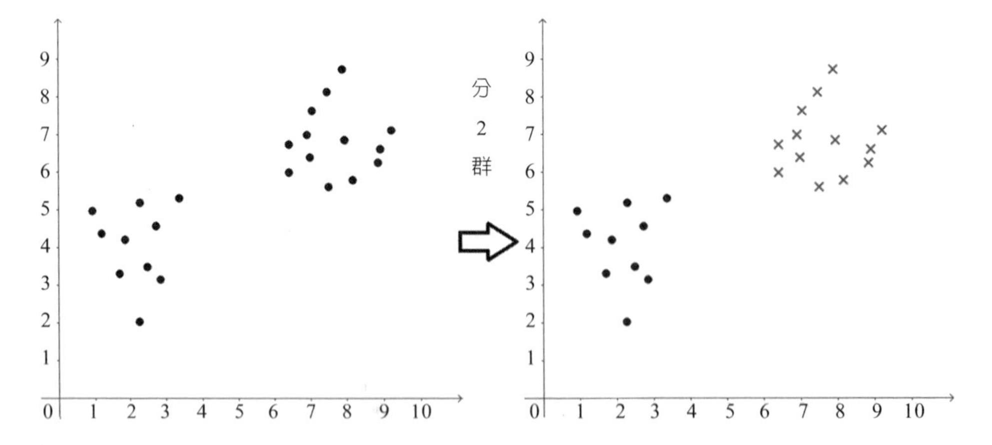

圖 2　2 維數據分 2 群，K = 2

K-mean 演算法在 2、3 維度還能藉由圖案觀察出應該分為幾個群體，來決定 K 值，但到了更高維度的數據時，不幸的是需要討論的問題都超過三維度，無法藉由圖案決定 K 值。但若是 K 值錯誤將會分群不夠好，見圖 3，應該使用 K = 5，卻用 K = 3。

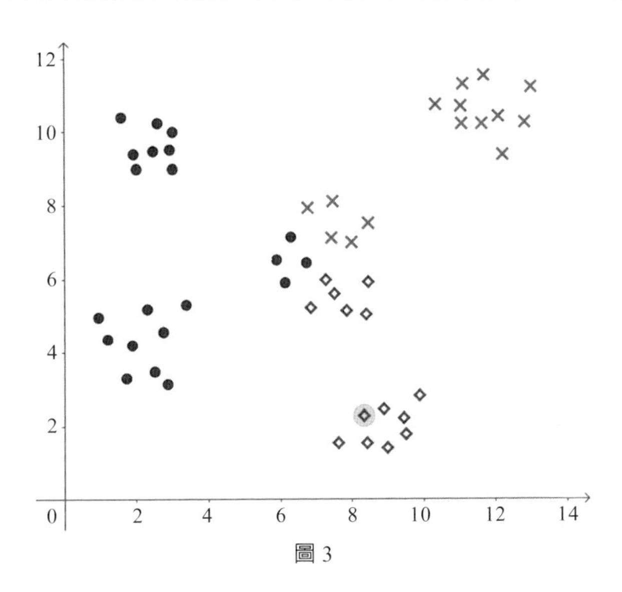

圖 3

因此需要利用統計方法來計算適當的 K 值，以利將數據分群。如：Wald Method。而此原理，更是早在 1963 就已經出現，其原理可以參考 3-8 節。

補充說明 1：

分類相當重要，它會影響之後的決策，如：討論會員的種類來進行建議購物，因此 K 值正確性就變得更加重要，亞馬遜集團（Amazon.com）在 2019 年的 6 月僅美國就已經超過 1.05 億的會員，其中數據的維度遠大於 3 維，連帶著 K 值必然會相當大，經統計運算 K 值至少 1000，之後才能做其他的相關應用。

補充說明 2：

再次延伸亞馬遜集團的 K 值問題，假設 K 值 = 1000，也就意味著人與人的不同，應可以用 1000 個種類來區分。

3-6 K-maen 演算法 (2)：案例 1

圖解二維數據如何分二群。

K-means 步驟

1. 設定分群參數 K 值。
2. 隨機給 K 個群集中心位置。
3. 每筆數據與各個群集中心計算距離，為了方便通常會使用距離平方和。
4. 將每筆數據進行分類，由程式判斷每筆數據與哪個群體中心距離最近。
5. 每個群體中心都會被分類過來的資料，用這些資料範圍更新群體中心，也就是計算出新群體的中心點，如：$(\bar{x}, \bar{y})$。
6. 一直重複步驟 3 到 5，直到所有群體中心不再有太大的變動，換言之就是每筆數據與各個群集中心計算距離後的總和，與上一次的差值小到一定程度，此差值為程式結束的條件。

圖解二維數據如何分兩群，見圖 1；

步驟 a：先任意給定隨機兩點，群集中心 K_1 與 K_2；

步驟 b：計算出各點與 K_1 與 K_2 的距離，各點被分類到距離短的群集中心，此時初步被分為兩群「×」、「・」，見圖 2；

步驟 c：這兩個群集各自尋找數據新中心點，見圖 3；

重複步驟 b：再次分類，見圖 4；

重複步驟 c：再次尋找中心，見圖 5；

重複步驟 b：再次分類，見圖 6；

重複步驟 c：再次尋找中心，見圖 7。

經過多次重複之後，「×」與 $K_1^{[n]}$ 的距離會趨近定值，「・」與 $K_2^{[n]}$ 的距離也會趨近定值，故可設定當連續兩次的距離差值小於一定數值時，如 0.001，做為結束分群條件，最終可以分群結束，見圖 8。

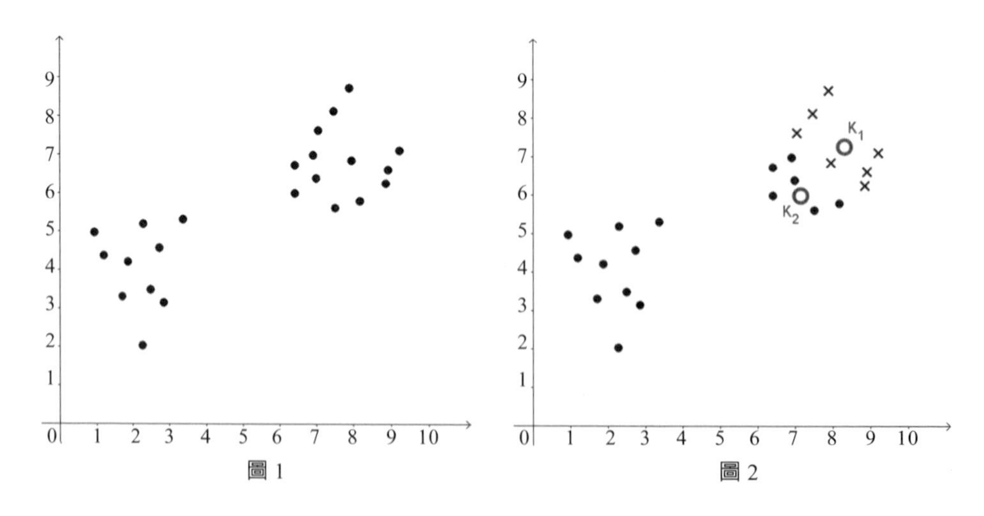

圖 1　　圖 2

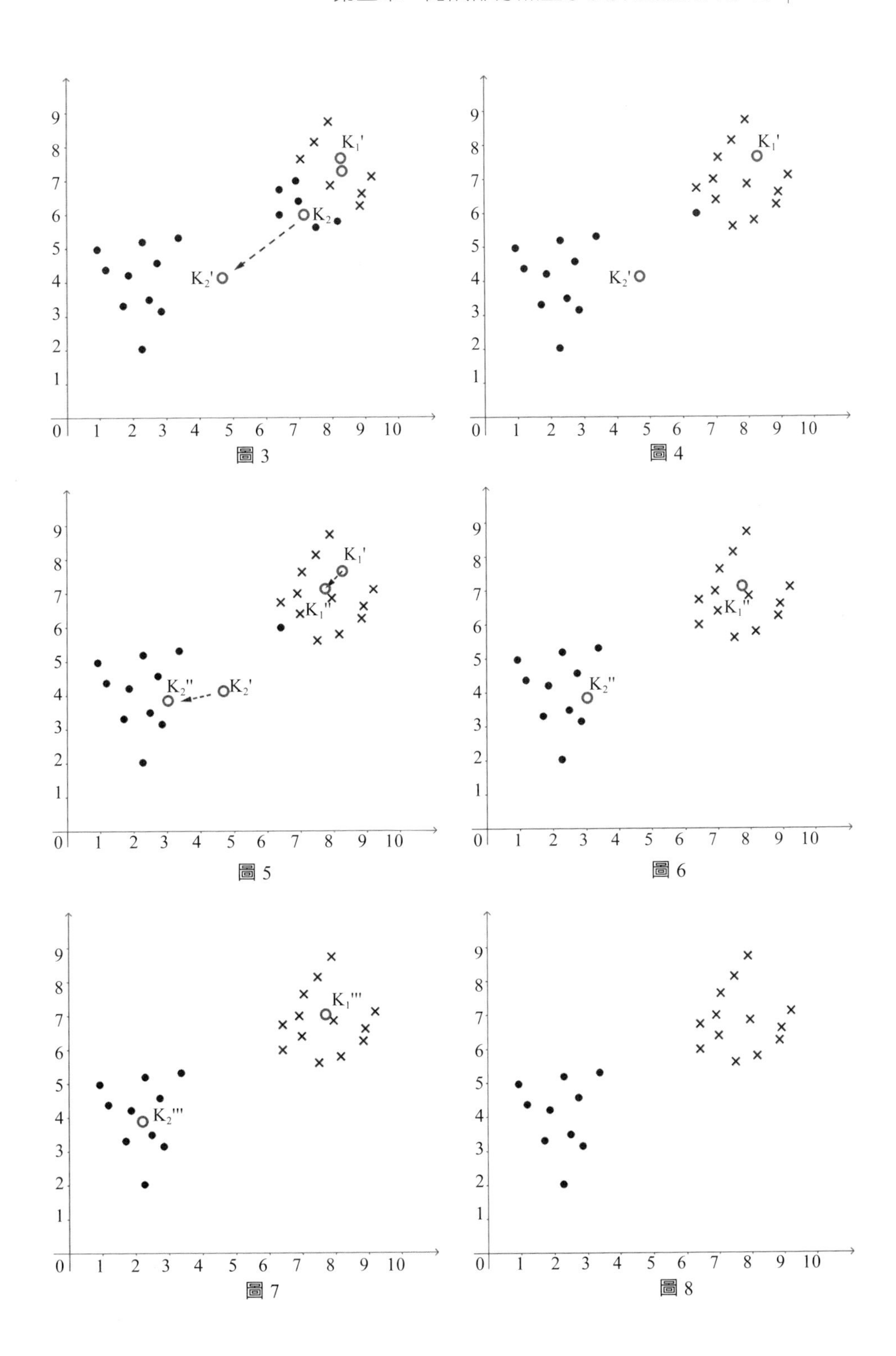

圖 3

圖 4

圖 5

圖 6

圖 7

圖 8

3-7 K-maen 演算法 (3)：案例 2

圖解二維數據如何分三群，見圖 1，方法等同分兩群的方式。

步驟 a：先任意給定隨機三點，作爲群集中心 K_1 與 K_2 與 K_3，見圖 2；

步驟 b：計算出各點與 K_1 與 K_2 與 K_3 的距離，各點被分類到距離短的群集中心，此時初步被分爲三群「・」、「×」、「◇」，見圖 3；

步驟 c：這兩個群集各自尋找數據新中心點。

重複步驟 b：再次分類；

重複步驟 c：再次尋找中心。

多次的重複，可觀察到群集中心 K_1 與 K_2 與 K_3 的移動，見圖 4、5。

並可以觀察到，「・」與 $K_1^{[n]}$ 的距離和也會趨近定值，「×」與 $K_2^{[n]}$ 的距離和會趨近定值，「◇」與 $K_3^{[n]}$ 的距離和也會趨近定值，故可設定當連續兩次的距離差值小於一定數值時，如 0.001，做爲結束分群條件，最終可以分群結束，見圖 6。

結論

由此圖例可以了解 K-means 演算法如何分群的概念，以上是介紹 2 維度的分類，若是更高維度也是同理。

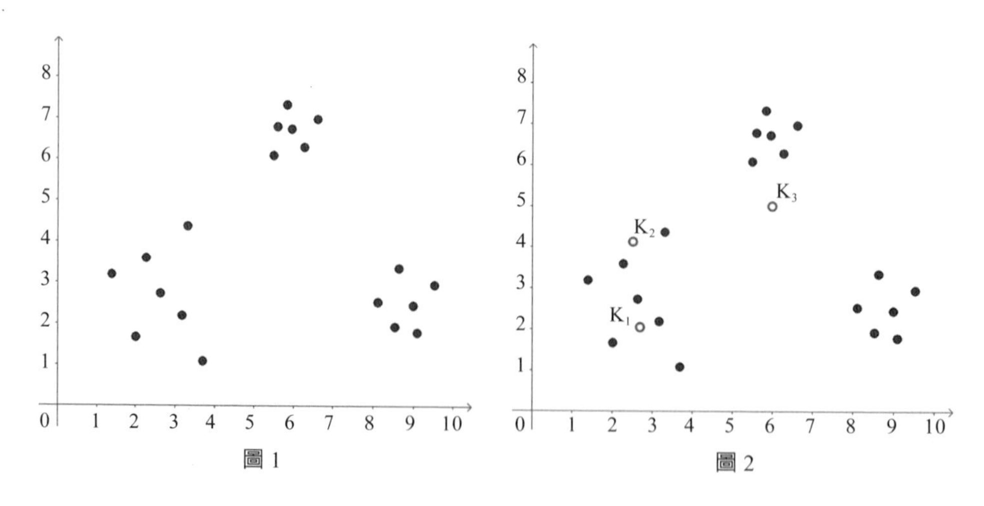

圖 1　　圖 2

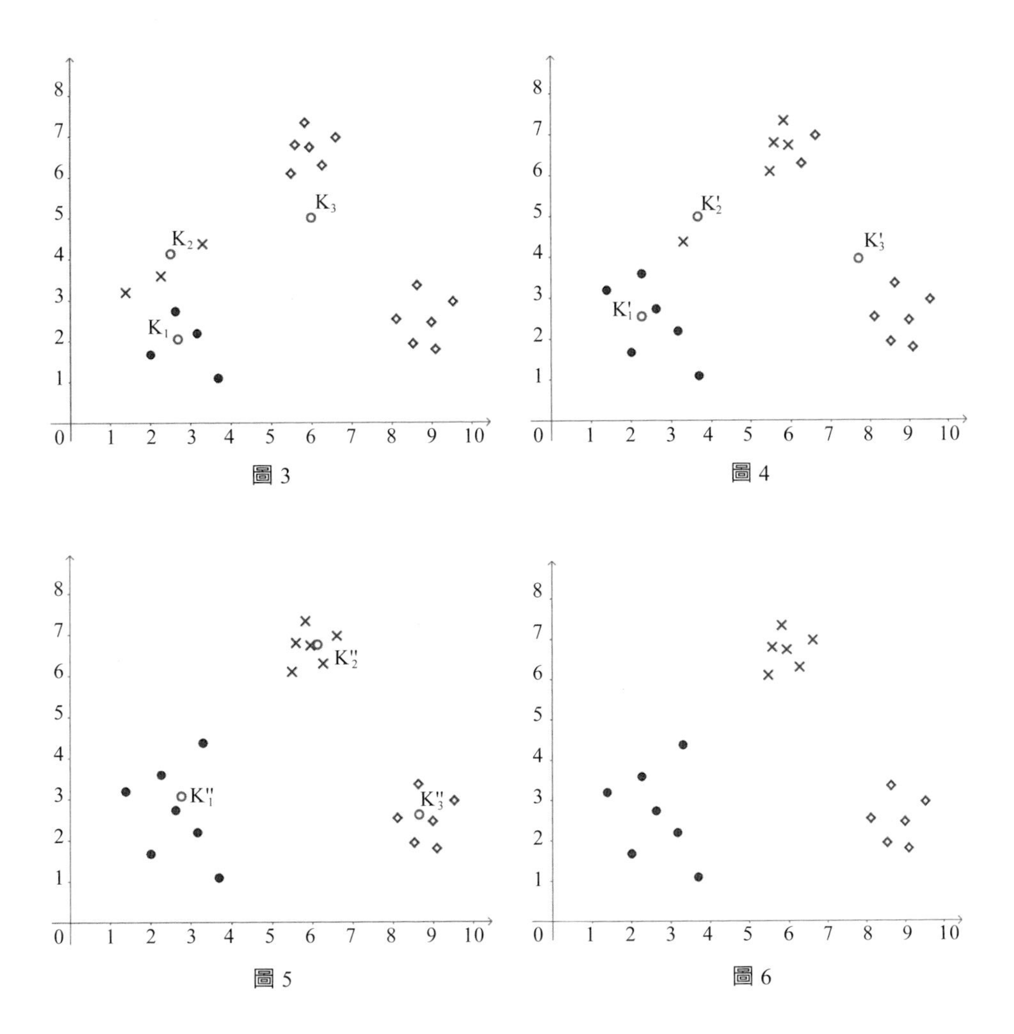

圖 3

圖 4

圖 5

圖 6

3-8 K-maen 演算法 (4)：統計原理

K-maen 演算法的核心，分群方法就是判斷每個點應該歸屬哪一個中心，然後不斷移動中心，不斷重新將每個點歸屬某一個中心，見圖 1、2、3。最終發現新中心點幾乎不再移動，得以結束分群。

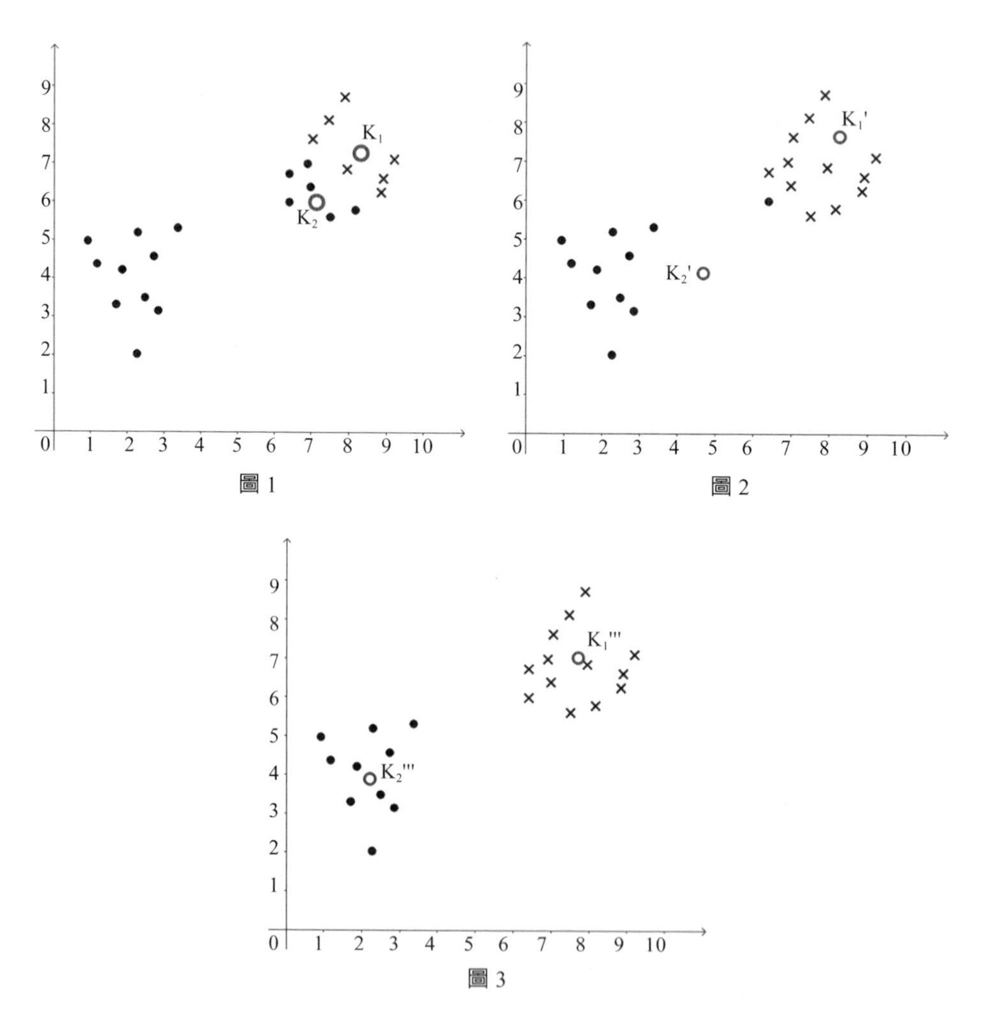

圖 1　圖 2　圖 3

數學原理 1：判斷每個點應該歸屬哪一個中心

二維數據分三群，今有十點，第一點 $P_1(3, 4)$ 判斷與 $K_1(6, 8)$ 與 $K_2(1, 1)$ 與 $K_3(9, 2)$ 何者爲最短距離，便將 P_1 分類到該群，同時因爲要討論距離和的緣故，若有負數，將會互相抵銷數值，以及不想處理根號，故改利用距離平方和，見下述：

$\overline{P_1K_1}^2 = (3-6)^2 + (4-8)^2 = 25$

$\overline{P_1K_2}^2 = (3-1)^2 + (4-1)^2 = 13$

$\overline{P_1K_3}^2 = (3-9)^2 + (4-2)^2 = 40$

故 P_1 與 K_2 距離最短，P_1 歸類於 K_2 的群集，其他點以此類推。

若 P_2、P_4、P_5、P_9 歸類於 K_1 的群集；P_1、P_3、P_{10} 歸類於 K_2 的群集；P_6、P_7、P_8 歸類於 K_3 的群集；K_1 群集的 P_2、P_4、P_5、P_9 的 $\bar{x}$、$\bar{y}$，（註 1），做爲新 K_1 的中心點，其座標值爲 $(\bar{x}, \bar{y})$，其他以此類推，並可再將每個點重新分群。

重新分群前，以此例來說會得到三個距離平方和值，如：K_1 的群集有 P_2、P_4、P_5、P_9，其距離平方和值爲 $\overline{P_2K_1}^2 + \overline{P_4K_1}^2 + \overline{P_5K_1}^2 + \overline{P_9K_1}^2$，令其總和爲 sum_{k1}；而 K_2 的群集有 P_1、P_3、P_{10}，其距離平方和值爲 $\overline{P_1K_2}^2 + \overline{P_3K_2}^2 + \overline{P_{10}K_2}^2$，令其總和爲 sum_{k2}；而 K_3 的群集有 P_6、P_7、P_8，其距離平方和值爲，令其總和爲 sum_{k3}；若將這些距離平方和再次加總，可得到一個數值 $\text{sum} = sum_{k1} + sum_{k2} + sum_{k3}$。此數值是爲了結束程式的條件式，當上一階段與本次階段的差值小於設定值，假設 0.001 時，就結束分群，並得到分成三群的的結果。

註 1：利用 x 座標平均值、y 座標平均值，這也是 K-mean 的名稱由來。

K-mean 演算法的概述爲：

已知數據有 $(x_1, x_2, ..., x_n)$，每筆數據都是 d 維度，

如：$x_1 = (a_{11}, a_{12}, a_{13}, ..., a_{1d})$、$x_2 = (a_{21}, a_{22}, a_{23}, ..., a_{2d})$，

K-mean 將 n 筆數據分到 k 個集合中（$k \le n$），如：$S_1 = \{x_1, x_7, x_{12}\}$，

而 S_1 的中心點爲 $\mu_1 = (\frac{a_{1,1}+a_{7,1}+a_{12,1}}{3}, \frac{a_{1,2}+a_{7,2}+a_{12,2}}{3}, ..., \frac{a_{1,d}+a_{7,d}+a_{12,d}}{3})$，

並使得組內平方和小於給定數值。其數學式記作：$\arg\min_{S} \sum_{i=1}^{k} \sum_{x \in S_i} \| x - \mu_i \|^2$。

結論

由此可以了解 K-mean 演算法的數學原理，以上是介紹 2 維度分三群的方法，若是更高維度也是同理，值得注意的是生活上的應用都是高維度的問題，難以用視覺方法觀察出 K 值。

3-9 K-mean 演算法 (5)：最佳化的 K 值

由前述已經可以理解 K-mean 演算法的概要與流程及運算，但是由使用者給定 K 值，容易令人擔心是否有誤。已知 K-mean 會計算每一點到各自對應的群集中心的距離平方和，而當 K 值愈大其距離平方和的總合會愈小，見圖 1、2、3、4。

- K = 2 時 sum = $sumK_1 + sumK_2 = 116.38$
- K = 4 時 sum = $sumK_1 + sumK_2 + sumK_3 + sumK_4 = 59.21$
- K = 8 時 sum = $sumK_1 + sumK_2 + ... + sumK_8 = 21.45$
- K = 10 時 sum = $sumK_1 + sumK_2 + ... + sumK_{10} = 17.72$

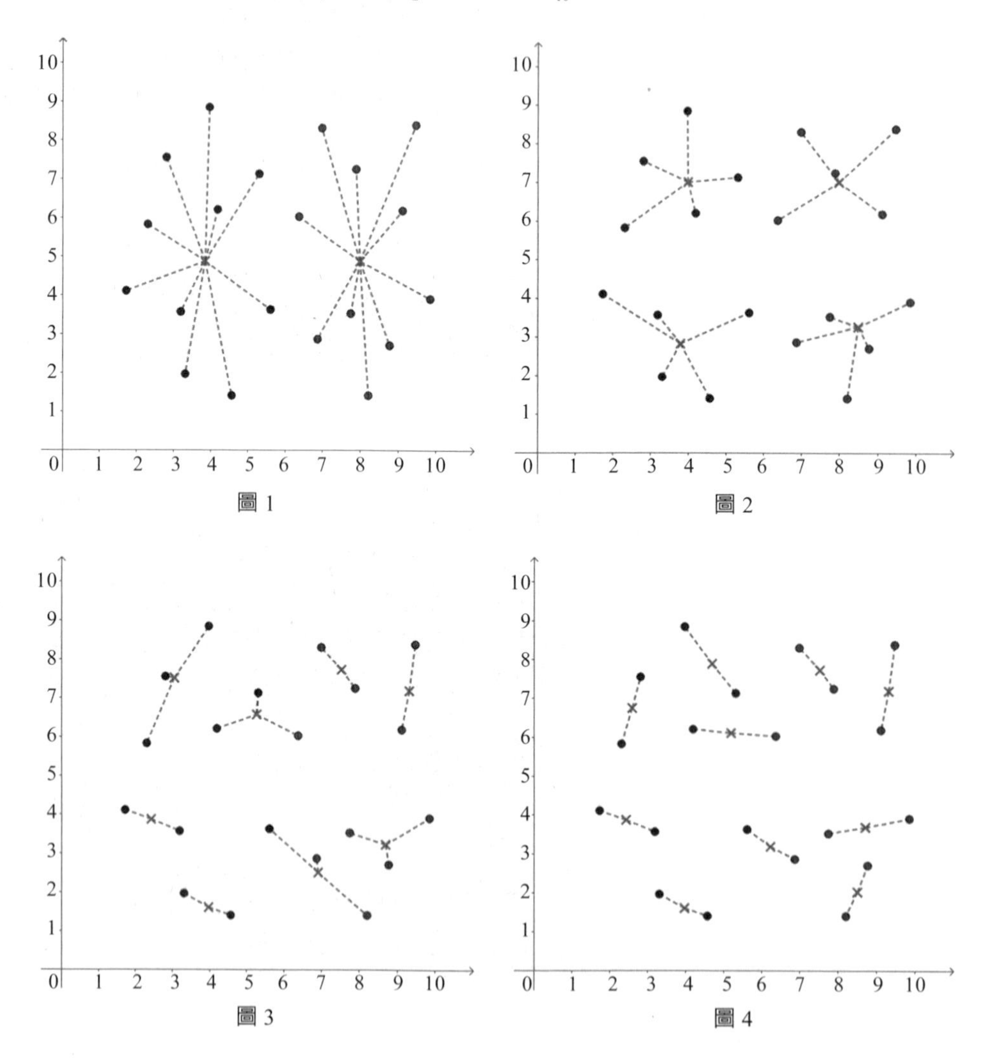

圖 1

圖 2

圖 3

圖 4

其原理相當簡單，長線的平方與 2 條短線的平方和，其數字差必然是 2 條短線的平方和比較小，如：$a^2<(\frac{a}{3})^2+(\frac{a}{3})^2+(\frac{a}{3})^2=\frac{3a^2}{9}=\frac{a^2}{3}$。

由上述可知 K 值愈大，距離平方和的總和會愈小，但總距離平方和數值下降的速度會愈來愈慢，見圖 5，故我們不可以取太大的 K 值，因爲這樣就失去分類的意義。所以我們要尋找一個相對有用的 K 值，使其有分類的效果，及較節省效能方式，下述方法稱爲手肘法（Elbow Method）。

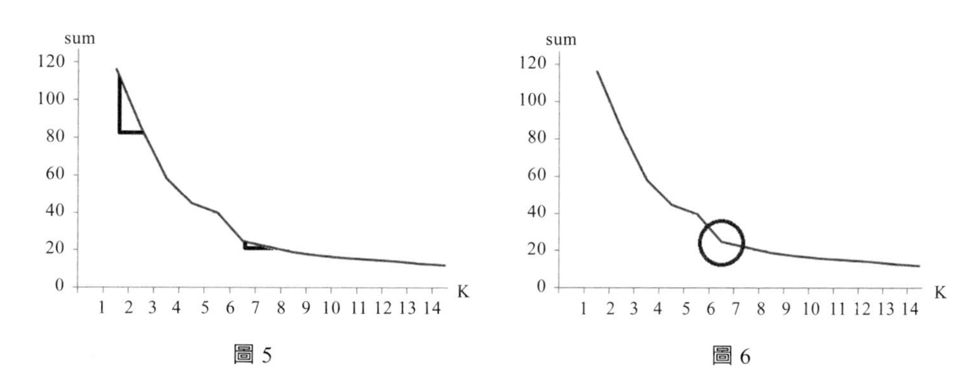

圖 5　　圖 6

觀察圖 6 可以發現 K 與 sum 的曲線，在 K = 7 時具有轉折點（手肘彎曲），當經過轉折點之後，即便 K 值繼續增加其距離平方和繼續下降，但是 sum 下降的速度變慢，也就意謂著夠大的 K 值，其附近的 sum 都很接近，以圖來看是 K = 7、8、9、10、……的 sum 都相當接近，既然接近建議採用 K = 7，以達到最佳效能。

若是出現 2 次以上的轉折點，見圖 7，建議選取第一次的轉折點，作爲適當的 K 值；或是沒有轉折點，則可以利用其他方式，進而選出適當的 K 值，如設定連續兩項 sum 差值 < 5 時，以圖 8 來說 K = 7 時 sum = 42，K = 8 時 sum = 35，而 K = 9 時 sum = 31，第一次出現連續兩項 sum 差值 <5 是在 K = 8，故建議使用 K = 8。當找出適當的 K 值，才能使得 K-mean 演算法更具有說服力、及有好的效能。

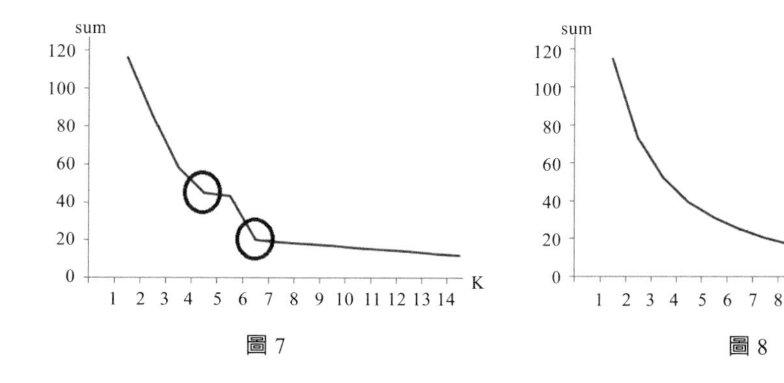

圖 7　　圖 8

相關連結：

https://www.stat.cmu.edu/～cshalizi/350/2008/lectures/08/lecture-08.pdf

https://www.biaodianfu.com/K-means-choose-K.html

統計學家 Wald Abraham（1902～1950）也提出 Wald Method 來找出最佳化的 K 值，此方法不是用隨機的起始點，而是用慢慢合併的方式，見以下流程，並參考圖 9、10、11、12、13：

1. 從群集中的每個點開始（平方和＝0）。
2. 合併兩個群集，選擇產生最小的距離平方總和。並且可從數據序號較小開始，如果已被合併，則跳過，見圖 13。
3. 保持合併，直到達到 K 群集。

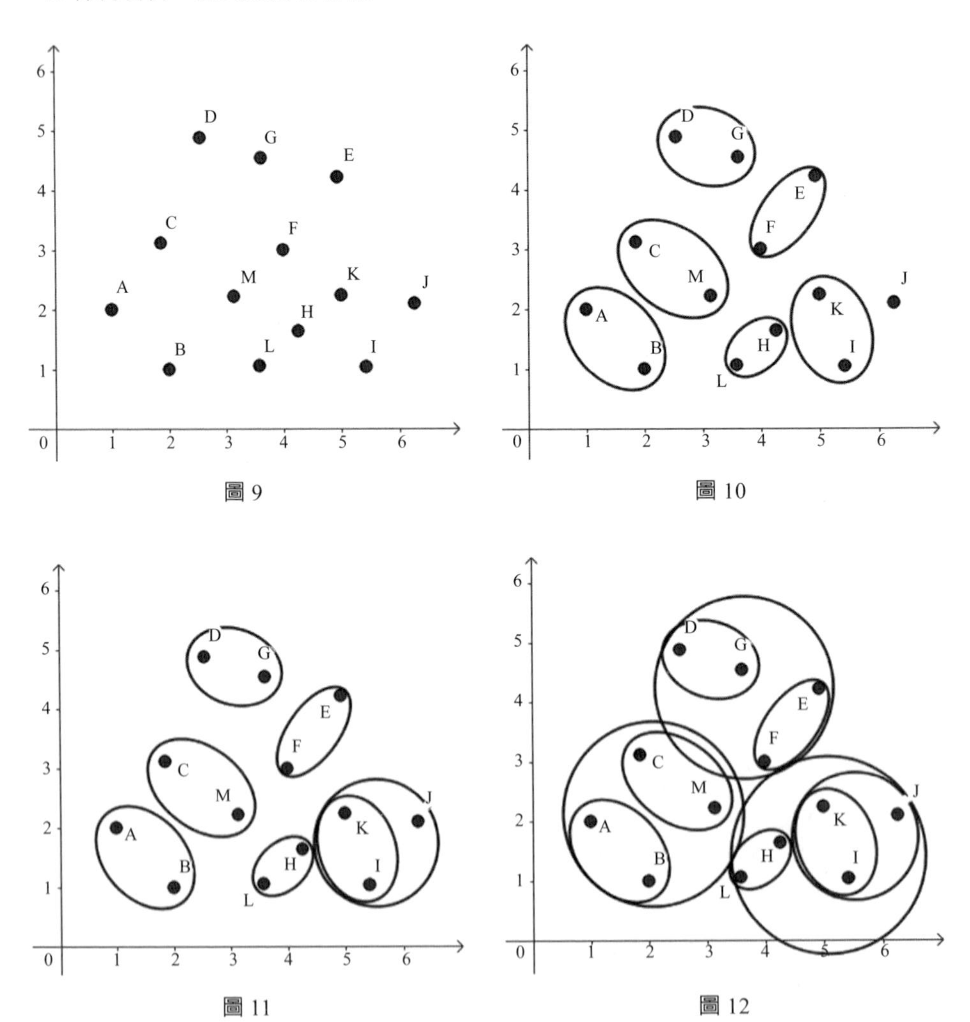

圖 9

圖 10

圖 11

圖 12

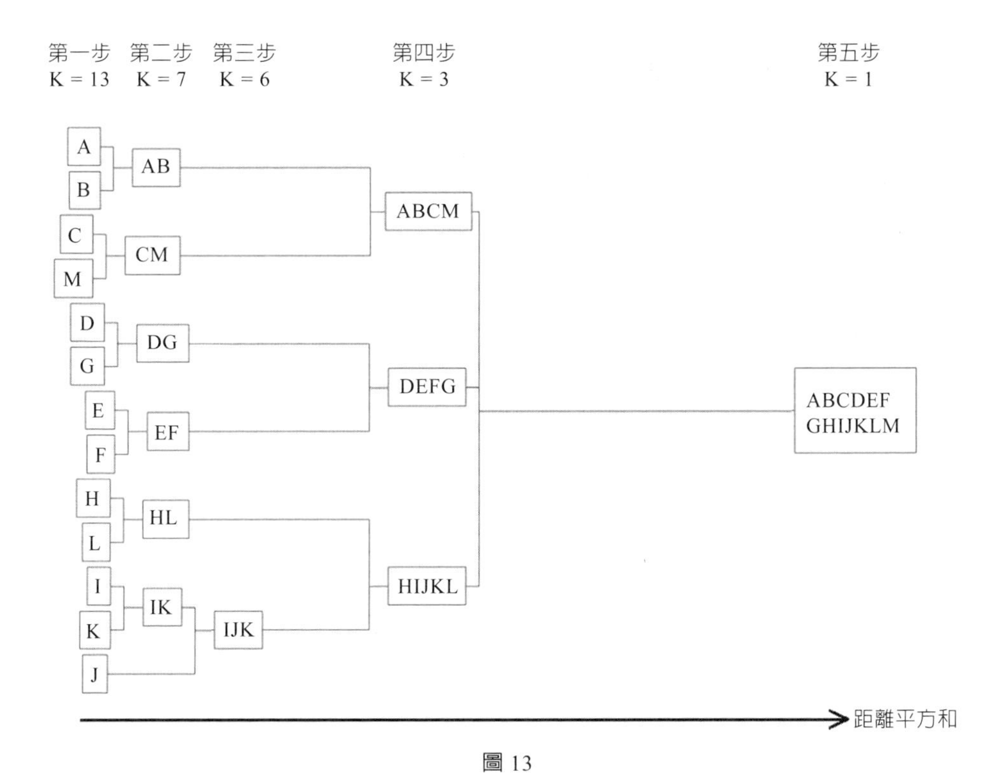

圖 13

合併兩個群集時距離平方和將會增加，比如 A 和 B 的群集合併，m_A 是 A 群集的中心，m_B 是 B 群集的中心，$m_{A\cup B}$ 是 A 與 B 合併群集的中心，其距離平方和的運算及化簡可參考下述：

$$\Delta(A,B)=\sum_{i\in A\cup B}\|x_i-m_{A\cup B}\|^2-\sum_{i\in A}\|x_i-m_A\|^2-\sum_{i\in A}\|x_i-m_B\|^2=\frac{n_A n_B}{n_A+n_B}\|m_A-m_B\|^2$$

如果群集相距很遠，應選擇合併較靠近的，以降低距離平方和。同時如果距離平方和增加很多，代表框選到另外一個大群集的內容，所以減少 K 值到距離平方和大幅跳躍，然後使用出現大幅跳躍的 K 值，以圖 13 案例是 K = 3。

同時可以看到 Elbow Method 與 Wald Method 的差別是 K 值的方向性，Elbow Method 是由小到大，Wald Method 由大到小，而其效能的差異則取決於數據的情況。

3-10 K- 近鄰演算法

K- 近鄰演算法（K-nearest Neighbors Algorithm, KNN ，或稱最近鄰居法）。此演算法是監督學習法，爲了將新數據分類，利用附近的數據點，哪種數據多，就說新數據是該種分類，可以認知爲西瓜靠大邊的概念，歸類到人多的那一方。而附近的數據點量取決於給定的 K 值，而不同 K 值會導致不一樣的結果。見案例數據被分爲兩類，一爲「‧」、另一爲「×」，而新數據爲「▲」，觀察不同 K 值的結果，見圖 1 可知 K = 5 時，「‧」有 3 點、「×」有 2 點，故把「▲」歸類於「‧」；見圖 2 可知 K = 20 時，「‧」有 7 點、「×」有 13 點，故把「▲」歸類於「×」。

分類的方法，將原有的數據分類並標上記號「‧」與「×」，見圖 3、4，再輸入新數據「▲」，見圖 5，此時每筆數據都與新數據存在一個距離，選定一個 K 值，令 K = 10，可以發現距離最近的 10 個的種類情況，見圖 6。「‧」有 3 點、「×」有 7 點，故把「▲」歸類於「×」。

原理

原始數據 $P_1(x_1, y_1)$、$P_2(x_2, y_2)$、……、$P_n(x_n, y_n)$，每筆數據有各自對應的類別。新數據 $A(x_a, y_a)$，計算距離 $\overline{P_1A}$、$\overline{P_2A}$、……、$\overline{P_nA}$。給定 K 值，假設爲 10，找出距離 $A(x_a, y_a)$ 最近的 10 個點，就是從 $\overline{P_1A}$、$\overline{P_2A}$、……、$\overline{P_nA}$ 之中，由小排到大的前十個點，假設是 P_1、P_3、P_7、P_{10}、P_{11}、P_{12}、P_{15}、P_{20}、P_{25}、P_{28}，再從這 10 點觀察各類別何者數量最多，就說新數據 $A(x_a, y_a)$ 是何種類別。

結論

由本節就可以理解 K- 近鄰演算法的概要與原理，同時推廣到高維度的數據也是同樣的方法，但是此演算法相當費時，有多少數據就要計算距離幾次，且排序也更費時間。

補充說明 1

K-mean 與 KNN 的差別：K-mean 是無監督學習，給數據自行分 K 類，更可以利用 Wald Method 計算出適當的 K 值。而 KNN 是監督學習，已經分好類的數據，討論新數據應該歸於何類，而 K 值可以利用類似 3-9 節的方法，觀察不同 K 值各類別的比率變化，最後選出最佳的情況，如：今有一筆數據被分爲 A 、B 、C 、D 四個類別，K 從 3 到 20，C 類別出現最多次，故就稱最適合將新數據歸類於 C 類別。或是利用超參數優化（Hyperparameter Optimization）的方式獲得適當的 K 值，參考連結：https://en.wikipedia.org/wiki/Hyperparameter_optimization 。

補充說明 2

KNN 的原理是取最靠近的 K 個點，其中容易被人質疑，用附近的點決定這點的類別，是否容易導致錯誤，因此可以對不同距離的點設定權重，以降低錯誤的情況。如：距離倒數、高斯函式。

以距離倒數爲例，假設 K = 5，新數據點的周圍有「・」有 2 點，距離爲 1 與 1.5、而「×」有 3 點距離是 2、3、4。原本會將新數據點歸類爲「×」，但經加權後的權重，「・」爲 $1\times\frac{1}{1}+1\times\frac{1}{1.5}\approx 1.67$，而「×」爲 $1\times\frac{1}{2}+1\times\frac{1}{3}+1\times\frac{1}{4}\approx 1.08$，反而會將新數據點歸類爲「・」。

當 KNN 隨著數據量接近無限大，錯誤率就愈小。在 1967 年 Thomas M. Cover 與 Peter E. Hart 證明 KNN 的錯誤率不超過貝氏錯誤率的兩倍。參考連結：https://en.wikipedia.org/wiki/K-nearest_neighbors_algorithm。

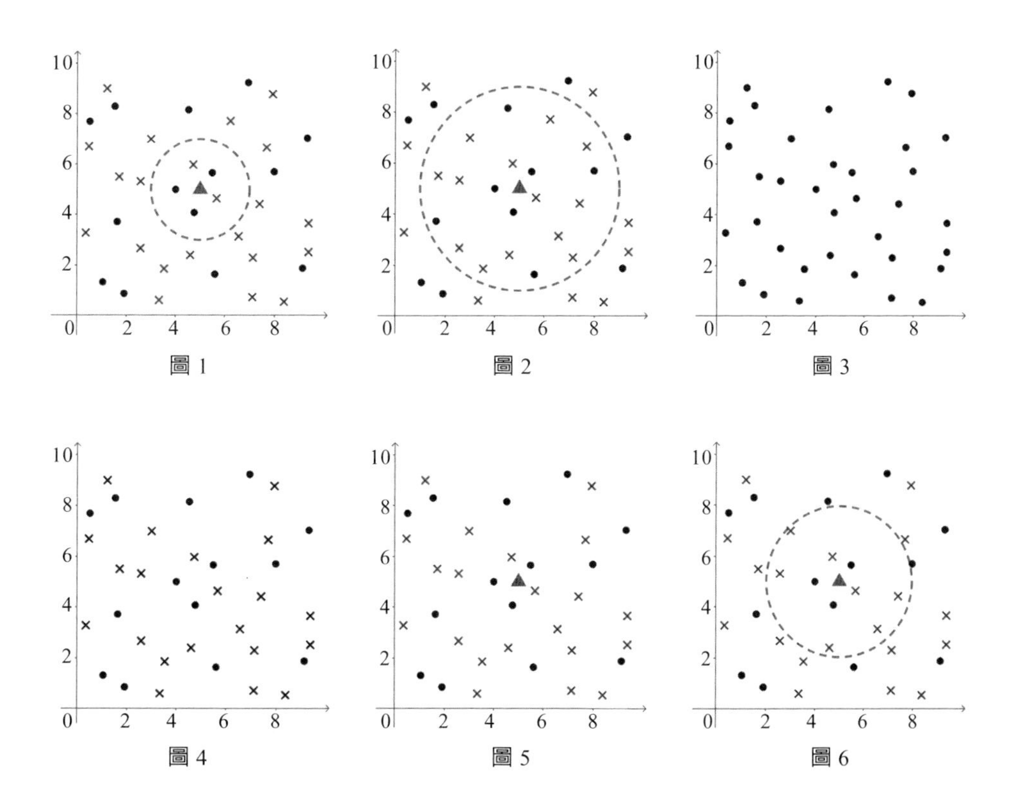

圖 1　圖 2　圖 3

圖 4　圖 5　圖 6

3-11 先驗演算法 (1)：概要

先驗演算法（Apriori Algorithm）是關聯規則學習的經典演算法之一。先驗演算法是爲了做出建議購物（利用過往顧客購買商品），或做出用戶也有興趣的可能網頁（觀看此網頁也有興趣的網頁）。

先驗演算法對於給定的數據集合，如：交易明細，會在集合中找出相同大小的子集，並且數據進行檢驗，找出關係。並且由小數量的集合往大數量的集合，每次只擴充一個元素，該步驟被稱爲「候選集產生」，當不再產生符合條件的擴充物件時，演算法終止。

先驗演算法具有一定的參數性，但由於低效與其他問題，於是導致其他演算法的產生。如：候選集產生出大量子集，而且會由少量元素的集合完成，才逐次增加一個元素的集合，也就是第一梯次是 1 個元素的集合、第二梯次是 2 個元素的集合，直到做到最大元素量的集合。

案例 1：

目前商店有一定數量銷售明細，假設該店只有四樣商品，A. 肉圓、B. 甜不辣、C. 麵線、D. 臭豆腐，而累積一段時間的客人明細有 10000 張，其購買情況爲 (A)、(A, B)、(B, C, D)、(B, C)、(A, D)、(A, C)、(C, D)、(A, B, C, D)、……、(D)，可利用先驗演算法做出各情況的計次、頻率，見表 1、表 2。

在此就可以加設一個參數（Support Threshold）作爲篩選，判斷何者是熱銷商品，如：計次超過 4000，或是頻率大於 40%。在此案例可以發現 C. 麵線、D. 臭豆腐比較熱銷。但是仍然不可直接將最高的兩者作關連性，因爲未必有關連性。

同樣加設一個參數作爲篩選，判斷何者是適合熱銷兩項組合商品，如：計次超過 3000，或是頻率大於 30%。在此案例可發現是 C. 麵線與 D. 臭豆腐。

另一個方法：已知從第一梯次可知 C. 麵線、D. 臭豆腐比較熱銷，討論各自適合與

表 1　第一梯次，做出一個元素的計次、頻率的表

集合	計次	頻率
(A)	3925	39.25%
(B)	4895	48.95%
(C)	5784	57.84%
(D)	6077	60.77%

表 2　第二梯次，做出二個元素的計次、頻率的表

集合	計次	頻率
(A, B)	1825	18.25%
(A, C)	1947	19.47%
(A, D)	2071	20.71%
(B, C)	2792	27.92%
(B, D)	2818	28.18%
(C, D)	3269	32.69%

誰做組合。

討論 C. 麵線適合與何者作組合？

C. 麵線與 A. 肉圓的組合銷售是 19.47%。

C. 麵線與 B. 甜不辣的組合銷售是 27.92%。

C. 麵線與 D. 臭豆腐的組合銷售是 32.69%。

討論 D. 臭豆腐適合與何者作組合？

D. 臭豆腐與 A. 肉圓的組合銷售是 20.71%。

D. 臭豆腐與 B. 甜不辣的組合銷售是 28.18%。

D. 臭豆腐與 C. 麵線的組合銷售是 32.69%。

因此可以知道兩者各自與誰做組合，但兩個方法的結果不一定會相同，見表 3、表 4。同樣加設一個參數作為篩選，判斷何者是三項熱銷組合商品，如：計次超過 1500，或是頻率大於 15%。在此案例可發現是 B. 甜不辣、C. 麵線與 D. 臭豆腐。

表 3　第三梯次，做出三個元素的計次、頻率的表

集合	計次	頻率
(A, B, C)	895	8.95%
(A, B, D)	1156	11.56%
(A, C, D)	1208	12.08%
(B, C, D)	1645	16.45%

表 4　第四梯次，做出四個元素的計次、頻率的表，在此案例也是最大元素量的集合。

集合	計次	頻率
(A, B, C, D)	580	5.8%

結論：

由此案例可知全列不是一個優秀的方法，因此可以進一步修正演算法，見 3-12 節。以及也可以進一步利用條件機率：$P(A|B)=\dfrac{P(A\cap B)}{P(B)}$，以此案例來說：

「買麵線的條件下，又買肉圓的機率」=「同時買麵線與肉圓的機率」÷「買麵線的機率」= 19.47%÷57.84% = 33.66%；

「買麵線的條件下，又買甜不辣的機率」=「同時買麵線與甜不辣的機率」÷「買麵線的機率」= 27.92%÷57.84% = 48.27%；

「買麵線的條件下，又買臭豆腐的機率」=「同時買麵線與臭豆腐的機率」÷「買麵線的機率」= 32.69%÷57.84% = 56.51%。

以此案例而言，就可以對買麵線的客人，建議他買臭豆腐，有較大的成功率。

3-12 先驗演算法 (2)：案例

延續上一節。

案例 2（案例 1 的修正）：

目前商店有一定數量銷售明細，假設該店只有四樣商品，A. 肉圓、B. 甜不辣、C. 麵線、D. 臭豆腐，而累積一段時間的客人明細有 10000 張，其購買情況爲 (A)、(A, B)、(B, C, D)、(B, C)、(A, D)、(A, C)、(C, D)、(A, B, C, D)、……、(D)，可利用先驗演算法做出各情況的計次、頻率。

第一梯次：做出一個元素的計次、頻率的表

集合	計次	頻率
(A)	3925	39.25%
(B)	4895	48.95%
(C)	5784	57.84%
(D)	6077	60.77%

設一個參數（Support Threshold）作爲篩選，判斷何者是熱銷商品，如：計次超過 4000，或是頻率大於 40%。在此案例可以發現 C. 麵線、D. 臭豆腐比較熱銷。

以及發現 A. 肉圓小於 40% ，故之後梯次不再討論有關於它（A）的內容，以提升效率。

第二梯次：做出一個元素的計次、頻率的表，被刪除的內容（A）就不討論。

集合	計次	頻率
(B, C)	2792	27.92%
(B, D)	2818	28.18%
(C, D)	3269	32.69%

同樣加設一個參數作爲篩選，判斷何者是適合熱銷兩項組合商品，如：計次超過 3000，或是頻率大於 30%。在此案例可發現是 C. 麵線與 D. 臭豆腐。

以及發現 B. 甜不辣與 C. 麵線的組合小於 30%、B. 甜不辣與 D. 臭豆腐的組合小於 30%，故之後梯次不再討論有關於它們 (B, C)、(B, D) 的內容，以提升效率。

第三梯次：做出三個元素的計次、頻率的表，被刪除的內容 (A)、(B, C)、(B, D) 就不討論。

此時修正後已經沒有內容可以討論。

結論：

由案例 2 可知，增加一個參數作爲篩選，之後梯次不再討論被去除的元素，就能可以提升效率。而由以上案例就可以初步認識先驗演算法的內容，及其應用面就是關聯性分析，其原理可以參考 1-25 節。當然最重要的是僅以交集機率來討論是不夠的，重要的是利用條件機率。

3-13 SVM 演算法 (1)：概要與案例

在機器學習中 SVM 演算法，全名爲支援向量機（Support Vector Machine, SVM），目的是將資料分爲兩類，屬於監督式學習的演算法。方法爲給定一筆數據讓 SVM 機器學習，見圖 1，該筆數據被人工標記爲 A 類（o）或是 B 類（x），見圖 2，SVM 演算法將建立一個模型（數學式，又稱超平面）將兩個類別分開，見圖 3 的實線，此時 SVM 學會針對該類數據的分類法，並且該模型會讓兩類別有最寬的距離，見圖 4 的虛線，而不是圖 5，而後新的數據進來，將可以預測是屬於哪一個類別，見圖 6，可知新數據應該歸類於 A 類，或是已知新的數據爲何種類型再修正 SVM 模型，見圖 7。

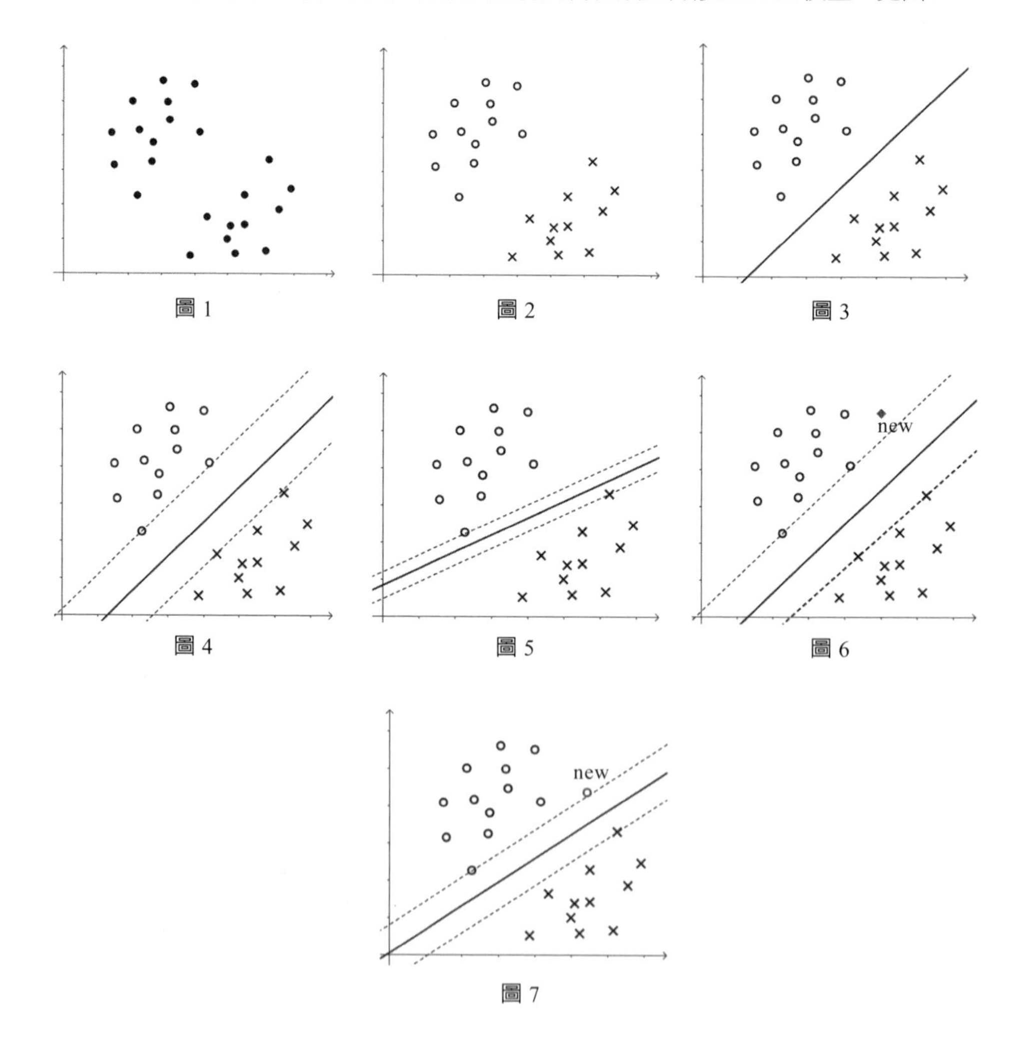

圖 1 圖 2 圖 3

圖 4 圖 5 圖 6

圖 7

SVM 演算法的生活案例：

信用卡 (1)：觀察借貸上限與實際借貸的關係，將還款有問題的資料與超平面標記出來，以利判斷哪些客戶是還款有問題的高風險群，見圖 8 的「×」。

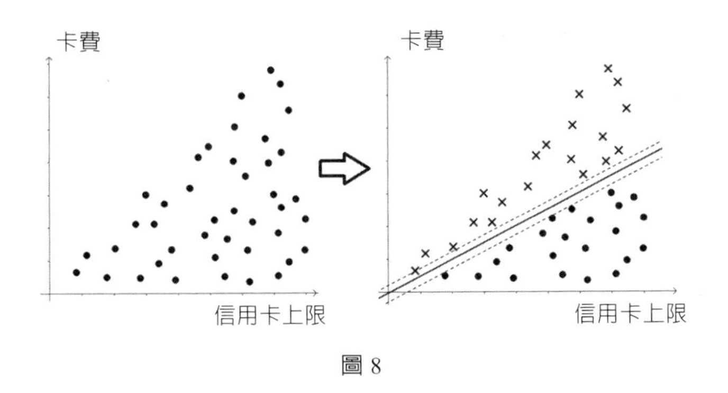

圖 8

信用卡 (2)：觀察長期使用信用卡狀況（假設爲一年）與本次使用的關係，將發生盜刷問題的資料與超平面標記出來，以利判斷哪些消費情況是有盜刷問題的高風險群，見圖 9 的「×」。

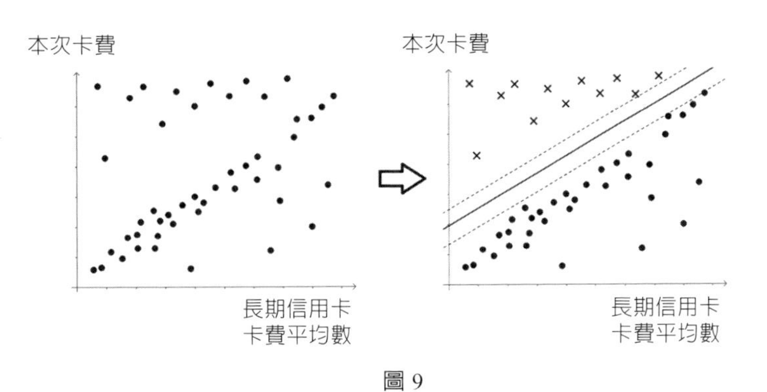

圖 9

3-14 SVM 演算法 (2)：推廣

3-13 節案例是指明顯平面上可線性分類的內容，如果遇到初步可人工判定是曲線，將會利用核函數（Kernel Function）轉換到另一個平面上，再進行分類，見圖 1。而交錯、環狀的情況，見圖 2、3，則會利用核函數轉換到空間座標上，再進行分類，見圖 4，可看到此時的分類模型是一個平面，這也是爲什麼稱分類的線爲超平面的由來。同理高維度的數據，如：(a_1, a_2, a_3, a_4, a_5)，也可利用核函數進行轉換再進行分類，以利新數據的分類。

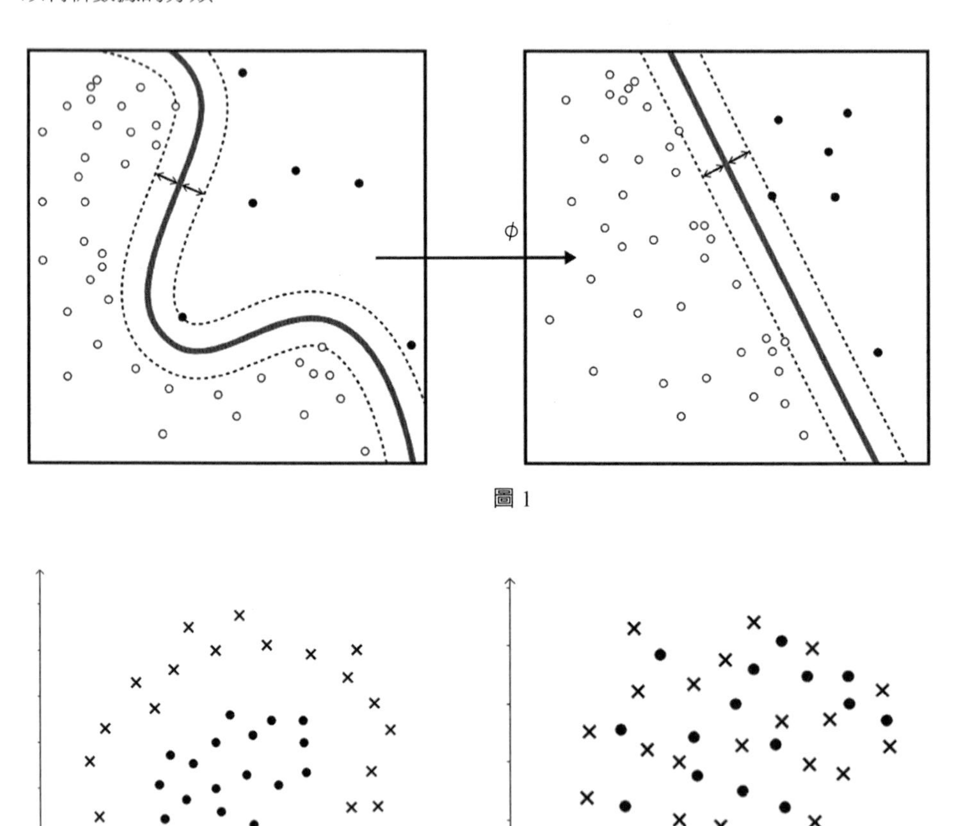

圖 1

圖 2

圖 3

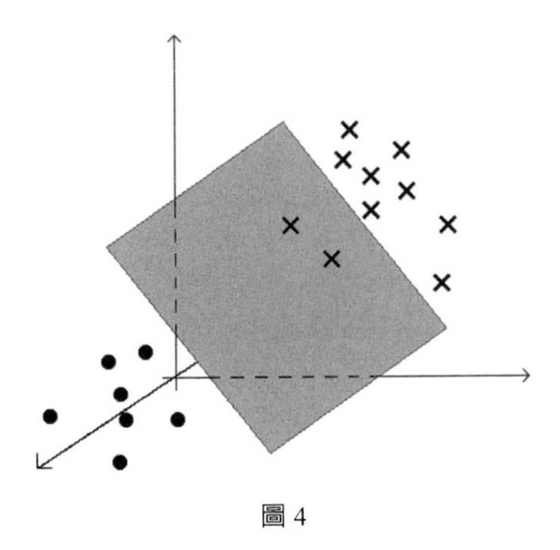

圖 4

3-15 SVM 演算法 (3)：統計原理

由 3-13、3-14 節可知 SVM 演算法會做出最大間隔的超平面，也就是分隔線，以利將數據分類，見圖 1，或參考 3-13 節。以及將難以分類的數據進行核函數轉換，再計算超平面，圖案請參考 3-14 節。

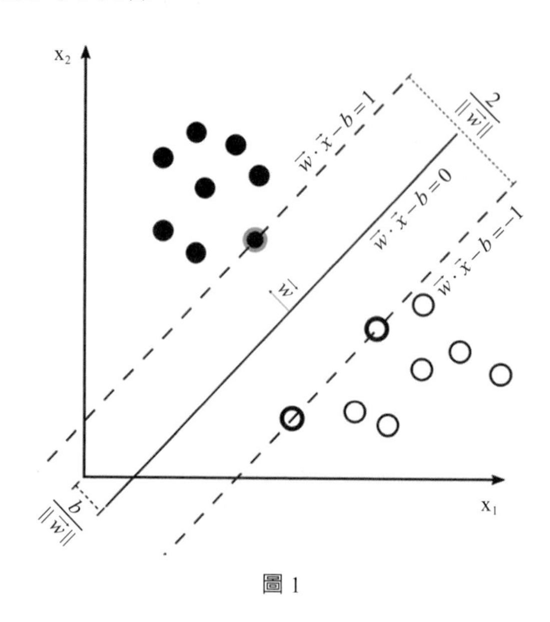

圖 1

如何做出最大間隔的超平面（分隔線）？以線性的 SVM 來說，可將數據設爲以下型態，$(\vec{x_1}, y_1), (\vec{x_2}, y_2), \cdots\cdots, (\vec{x_n}, y_n)$，$\vec{x_1}, \vec{x_2}, \cdots\cdots, \vec{x_n}$ 爲各筆數據的向量，其維度相同，如：$\vec{x_1} = (3, 4)$。而 $y_1, y_2, \cdots\cdots, y_n$ 爲其對應的類別，通常以 1 與 –1 做爲區別。不同類別的數據，將會被超平面的方程式分開在兩側，而超平面的方程式可以記作：$\vec{x}\cdot\vec{w}-b=0$，見圖 1，其中 $\vec{w}$ 是超平面的法向量，b 是對應的常數。

爲了做出最大間隔，令平行的超平面的方程式爲 $\vec{x}\cdot\vec{w}-b=1$ 與 $\vec{x}\cdot\vec{w}-b=-1$，見圖 1，經由數學計算這兩個超平面的距離是 $\frac{2}{\|\vec{w}\|}$，因此若要最大的間隔，則需要最小的長度 $\|\vec{w}\|$。同時爲了讓每個數據點都在間隔區外，故要滿足下列兩式：

若 $y_i=1$，則 $\vec{x}\cdot\vec{w}-b\geq 1$；以及若 $y_i=-1$，則 $\vec{x}\cdot\vec{w}-b\leq -1$。上述可整合爲 $y_i(\vec{x}\cdot\vec{w}-b)\geq 1$，$i=1, 2, \cdots\cdots, n$。

從直覺上最大間隔的超平面，取決於最靠近的那些 $\vec{x_i}$ 決定，而這些 $\vec{x_i}$ 被稱作支援向量。利用支援向量、方程式 $y_i(\vec{x}\cdot\vec{w}-b)\geq 1$，$i=1, 2, \cdots\cdots, n$，讓電腦求出 $\vec{w}$ 與 b，並滿足 $\|\vec{w}\|$ 最小化，即可得到超平面。

SVM 演算法的數學原理是線性規劃，判斷該點落於何區塊，見圖 1。實際原理僅只是點的座標值代入方程式，判斷在方程式的左方或是右方。然而因「向量內積的運算式」類似「點的座標值代入方程式」，如：(1, 3) 代入方程式 $4x-3y-5$，$4\times1-3\times3-5=-10$，其解為小於 0 故在方程式左側，而 SVM 的運算則是 $(1, 3)\cdot(4, -3)-5=1\times4-3\times3-5=-10$，換言之 SVM 的超平面 $\vec{x}\cdot\vec{w}-b=0$ 就是 $ax+by+c=0$。

此演算法是利用向量的運算，因而被冠上與向量有關，但實際上我們可以用國中的數學原理來理解此演算法，也更直觀，見圖 2，因為不是每個人都能理解內積的意義。換句話說如果把 SVM 的方法解讀為找出一條方程式：$y=Ax+B$，用電腦去尋找 A、B 的數值來分開兩個種類，而高維度就繼續推廣，這樣會使人更快明白此演算法的目標與意義。

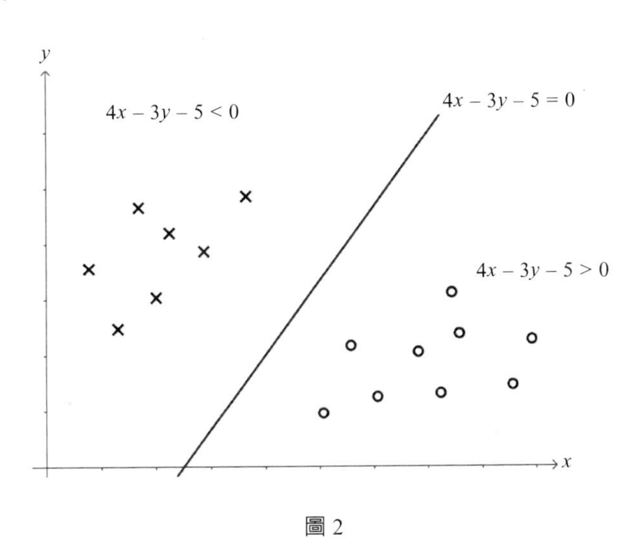

圖 2

常見的核函數：

1. 齊次多項式：$k(\vec{x_i},\vec{x_j})=k(\vec{x_i}\cdot\vec{x_j})^d$。
2. 非齊次多項式：$k(\vec{x_i},\vec{x_j})=k(\vec{x_i}\cdot\vec{x_j}+1)^d$。
3. 高斯徑向基函式：$k(\vec{x_i},\vec{x_j})=\exp(-\gamma\|\vec{x_i}-\vec{x_j}\|^2)$，其中 $\gamma>0$，$\gamma=\dfrac{1}{2\sigma^2}$。

這些核函數在此不再深究其原理。

3-16 線性迴歸演算法 (1)：概要

訂立價格或預測股市、房市走向時，需要更邏輯的推測。會觀察多筆資料的數據，以點來表示，見圖 1。可發現點似乎分布在一條線周圍，這些線可利用數學計算，用來預測點趨勢，這條線就稱爲迴歸線，見圖 2。同時可看到點分散在迴歸線的周圍，可以計算分散程度，稱爲相關係數，相關係數數值絕對值在 0 到 1 之間。小於 0.7 代表太分散，迴歸線無法利用，見圖3。大於0.7代表較緊密，迴歸線可以利用，見圖4。

爲什麼要叫迴歸線，而不叫預測線？這個名詞不是從最後的意義來命名。在 1877 年英國生物學家查爾斯．達爾文（Charles Robert Darwin）的表弟，法蘭西斯．高爾頓（Francis Galton）是一名遺傳學家。他研究親子間的身高關係，發現父母的身高會遺傳給子女，但子女的身高卻有「迴歸到人身高的平均值）」的現象。最後做出統計的數學方程式，用來預測身高，而此線就稱爲「迴歸線」，又稱「最適直線」。

迴歸線在現代統計、計量經濟上是非常重要的推論工具，此統計工具稱爲迴歸分析。在廣義線性模型（Generalized Linear Model, GLM））, 迴歸線不只是有直線，也有指數型、對數型、多項式型、乘冪型、移動平均型，而這些在微軟的文書軟體 Excel 中，將數據做成散布圖後，加上趨勢線（Excel 的翻譯稱爲趨勢線）（註），可選不同類型的趨勢線，見圖 5。當我們得到趨勢線後有助於分析情形。

註：趨勢線就是統計學的迴歸線。

迴歸線數學式：$y-\bar{y}=m(x-\bar{x})$，$m=\dfrac{\sum_{k=1}^{n}(x_k-\bar{x})(y_k-\bar{y})}{\sum_{k=1}^{n}(x_k-\bar{x})^2}$。

相關係數方程式：$r=\dfrac{\sum_{k=1}^{n}(x_k-\bar{x})(y_k-\bar{y})}{\sqrt{\sum_{k=1}^{n}(x_k-\bar{x})^2}\sqrt{\sum_{k=1}^{n}(y_k-\bar{y})^2}}$。

結論

利用數據及電腦求出 $\bar{x}$、$\bar{y}$、m，就能做出迴歸線與迴歸線的方程式，以利預測與使用，但仍需要注意相關係數 r，才能知道此迴歸線是否值得信賴及利用。線性迴歸演算法的原理就是高中數學中的統計內容。同時未來還會遇到更多變量的情況，同樣的仍然還是利用統計學的內容，如：複迴歸分析、ANOVA、廣義線性模型。本次介紹的是 2 維度的內容，故可以推論出一條 $y = ax + b$ 的直線方程式，若維度增加，則可以推論出 $y = a_0 + a_1x_1 + a_2x_2 + \cdots\cdots + a_px_p$ 的直線方程式，相關內容可以參考4-12～4-14節複迴歸分析。

補充說明：

至此我們可以了解到 AI 的演算法概念是基於統計、機率與數學。以線性迴歸演算法爲例，我們能以直線的迴歸統計原理爲起點，當理解直線回歸線的原理後，便可概念上推廣到其他種類的迴歸線也是正確，但不用實際再做一次推廣，只要相信統計學家的概念即可，如：指數迴歸線、對數迴歸線，及其對應的相關係數。

上述想法仍與直接相信統計學家有所差異，一個是，盲目相信統計學家的統計原理，知道輸入與輸出，直接使用數學式。一個是，理解此類問題的統計原理，並接受其他類別的推廣也不會錯，知道輸入與輸出，再使用數學式。層次上有所差異，至少寫演算法時不會心有餘悸的寫程式碼，或是出錯時不知何處發生問題。故寫程式的人，仍需要了解該種類演算法的基礎原理。

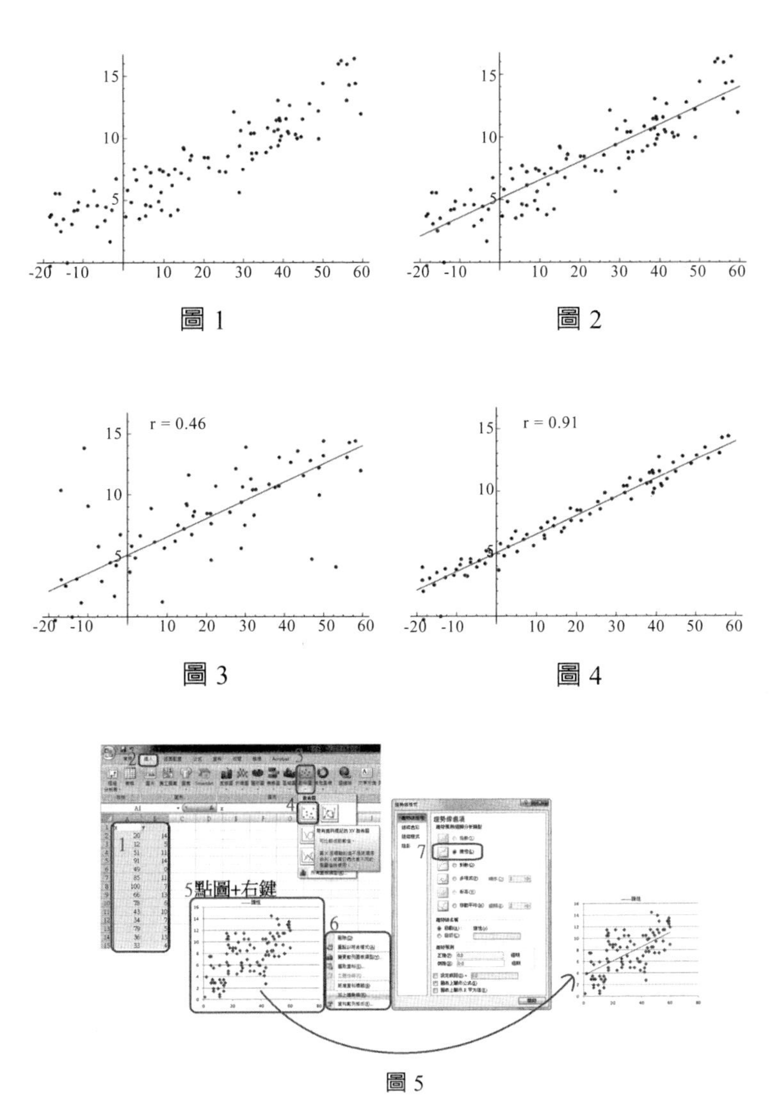

圖 1　　圖 2

圖 3　　圖 4

圖 5

3-17 線性迴歸演算法 (2)：迴歸線的統計原理

我們希望可以從一堆數據中分析出一條迴歸線，見圖 1，但統計學家是如何計算出迴歸線的直線方程式：$y = ax + b$，見圖 2。

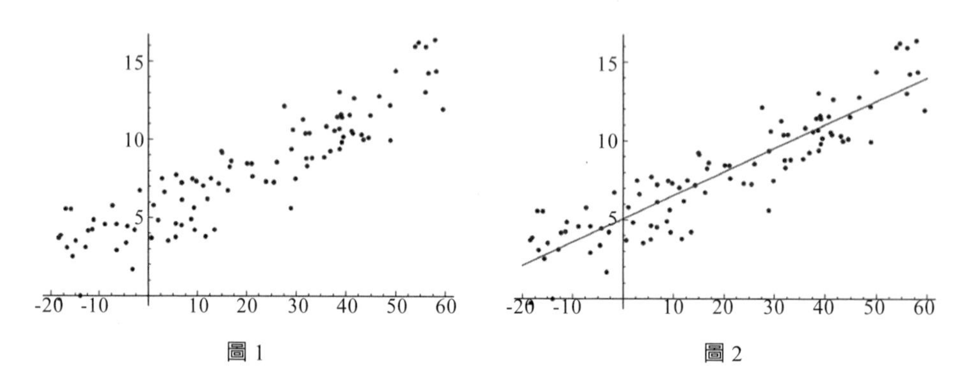

圖 1　　圖 2

但 $y = ax + b$ 這種寫法是有瑕疵的。因爲數據在線的附近，應該有一個未知的誤差 ε_k，讓數據隨機分布在直線的附近，所以可以假設的每一筆數據滿足 $y_k = \alpha x_k + \beta + \varepsilon_k$，$k = 1, 2, 3, \cdots\cdots, n$ 的方程式，但誤差 ε_k 是無法觀察的，所以無法計算，那我們唯一能做的是讓預估出來的線 $\hat{y}_k = \hat{\alpha}x_k + \hat{\beta}$，對於全部數據的誤差可以降到最小，可利用最小平方法計算出 $\sum_{k=1}^{n}(y_k - \hat{y}_k)^2$ 的最小值，並得到係數 $\hat{\alpha}$、$\hat{\beta}$，而當數據量愈多時 $\hat{\alpha}$ 會接近 α，$\hat{\beta}$ 會接近 β。

例題：(1, 3)、(2, 5)、(3, 4)、(4, 6)，求出迴歸線。我們要使每一點到預估線 $\hat{y}_k = \hat{\alpha}x_k + \hat{\beta}$ 的距離最短，見圖 3，所以利用最小平方法來計算：

$$\sum_{k=1}^{n}(y_k - \hat{y}_k)^2 = (y_1 - \hat{y}_1)^2 + (y_2 - \hat{y}_2)^2 + (y_3 - \hat{y}_3)^2 + (y_4 - \hat{y}_4)^2$$

$$= [3 - (\hat{\alpha} + \hat{\beta})]^2 + [5 - (2\hat{\alpha} + \hat{\beta})]^2 + [4 - (3\hat{\alpha} + \hat{\beta})]^2 + [6 - (4\hat{\alpha} + \hat{\beta})]^2$$

$$= 30\hat{\alpha}^2 + 20\hat{\alpha}\hat{\beta} + 4\hat{\beta}^2 - 98\hat{\alpha} - 36\hat{\beta} + 86$$

$$= (5\hat{\alpha} + 2\hat{\beta} - 9)^2 + 5\hat{\alpha}^2 - 8\hat{\alpha} + 5$$

$$= (5\hat{\alpha} + 2\hat{\beta} - 9)^2 + 5(\hat{\alpha} - \frac{4}{5})^2 + \frac{9}{5}$$

可以發現當 $\hat{\alpha} = \frac{4}{5}$，且 $\hat{\beta} = \frac{5}{2}$，有最小誤差值 $\frac{9}{5}$。所以可得到圖 4。

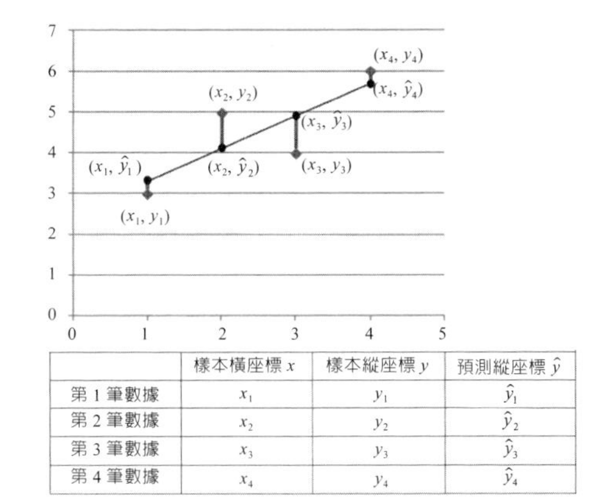

	樣本橫座標 x	樣本縱座標 y	預測縱座標 $\hat{y}$
第 1 筆數據	x_1	y_1	$\hat{y}_1$
第 2 筆數據	x_2	y_2	$\hat{y}_2$
第 3 筆數據	x_3	y_3	$\hat{y}_3$
第 4 筆數據	x_4	y_4	$\hat{y}_4$

圖 3

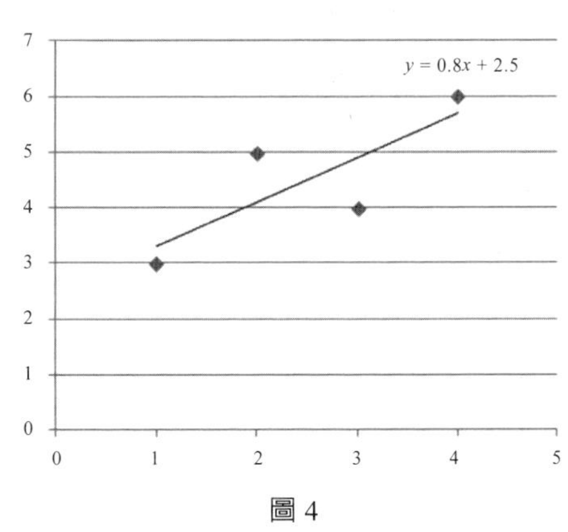

圖 4

如此一來就可以得到預估線，也就是迴歸線。但此種方法在計算上相當不容易，統計學家已經計算出更方便的方法，公式如下。

迴歸線數學式：$y - \bar{y} = m(x - \bar{x})$，$m = \dfrac{\sum_{k=1}^{n}(x_k - \bar{x})(y_k - \bar{y})}{\sum_{k=1}^{n}(x_k - \bar{x})^2}$。如此一來我們就能方便計算出迴歸線。

補充說明 1：

爲什麼用最小平方法？用絕對值也可以，用四次方也可以，只要可以避免誤差彼此抵銷的情形就可以，所以我們用平方可以方便計算。

補充說明 2：

$\hat{\alpha}$ 是由樣本估算的數字，而我們都是由樣本 $\hat{\alpha}$ 去逼近母體 α。

補充說明 3：

$\hat{\alpha}$、$\hat{\beta}$ 爲何消失？將 $y - \bar{y} = m(x - \bar{x})$ 展開，便能得到 $y = mx + (\bar{y} - m\bar{x})$，所以 $\hat{\alpha} = m$，而 $\hat{\beta} = \bar{y} - m\bar{x} = \bar{y} - \hat{\alpha}\,\bar{x}$。

3-18 線性迴歸演算法 (3)：相關係數的統計原理

相關係數代表的是迴歸線的可信度，已知**只要有數據就可以計算出迴歸線**，也就是預估出來的曲線，但我們應該如何相信預估出來的迴歸線具有參考價值？在前面的小節提到迴歸線的可信度，取決於相關係數。但什麼是相關係數？

數據的分散程度，以相關係數來表示，統計學家已經計算出相關係數數學式：

$$r=\frac{\sum_{k=1}^{n}(x_k-\bar{x})(y_k-\bar{y})}{\sqrt{\sum_{k=1}^{n}(x_k-\bar{x})^2}\sqrt{\sum_{k=1}^{n}(y_k-\bar{y})^2}}$$

，相關係數的數值絕對值在 0 到 1 之間，愈接近 1 就愈緊密，愈接近 0 就愈鬆散。而這種在 0 到 1 之間來表示程度的感覺，有點像百分比，如：相關係數 0.95，可以視作 95% 的緊密度，代表數據與預估的直線很緊密。而一般來說我們對於相關係數的利用，高中課本以 0.7 爲分界。小於 0.7 代表太分散，預測的線無法利用；大於 0.7 代表相關性比較高，預測的線比較可以利用，見圖 1、2、3。但其實對於有些時候需要更大的數字才能算緊密，如：醫療。並且相關係數不只是只有表示正相關的數據緊密度，剛剛有提到相關係數數值絕對值在 0 到 1 之間，絕對值表示有可能把負的相關細數變成正數，而負數的相關係數圖案長怎樣呢？見圖 4。

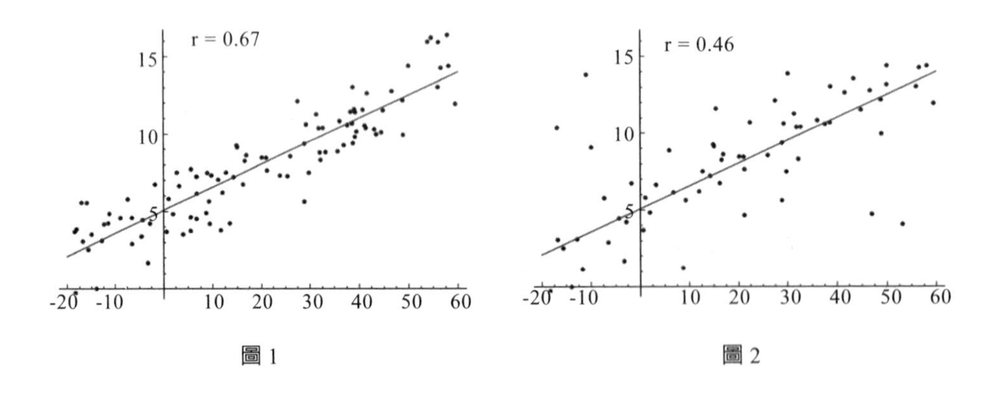

圖 1　　圖 2

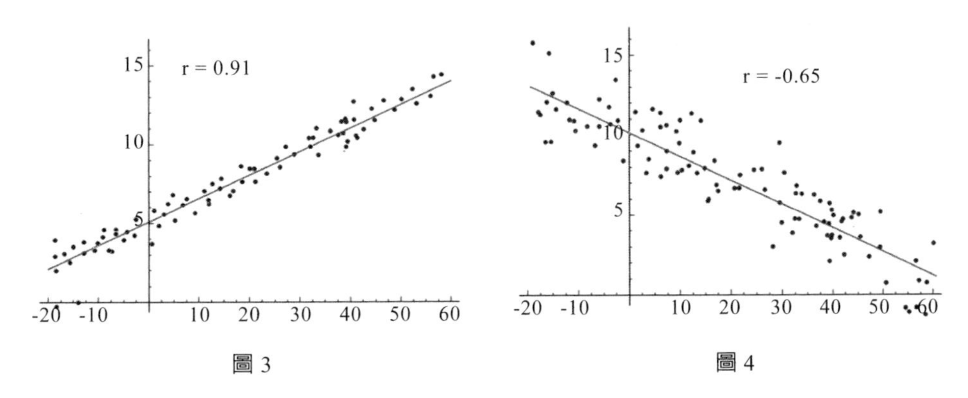

圖 3　　　　圖 4

可以發現負相關的散布圖有著負數的相關係數。而相關係數的相關性的程度可以參考圖 5。

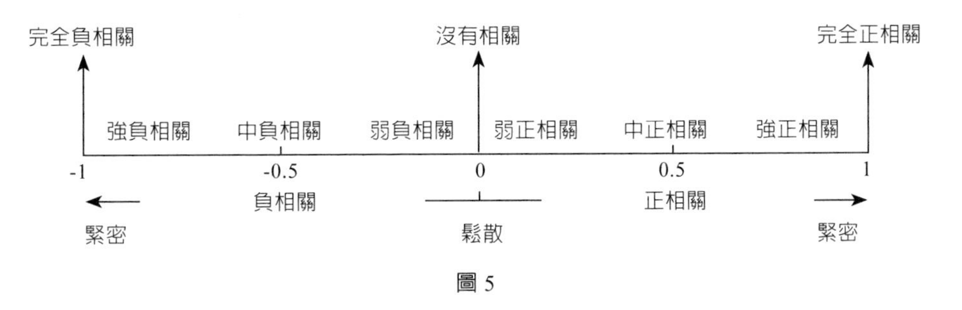

圖 5

相關係數與標準差、平均一樣，容易受極端值影響，所以在計算上必須先將極端值去除，才能降低誤差。在更需要謹慎的統計迴歸分析應用，要嚴格到 $r^2 > 0.9$ 才可以接受迴歸線是可使用的。

結論

數據分析需要明白迴歸線的意義就是預估曲線，並了解相關係數的絕對值要夠接近 1，迴歸線才可被利用。

3-19 邏輯迴歸演算法：概要與案例

邏輯迴歸，也稱對數機率迴歸（Logistic Regression）（註 1、註 2、註 3），屬於多重變量分析範疇，應用於社會學、生物統計學、臨床、數量心理學、計量經濟學、市場營銷等統計分析的常用方法。

邏輯迴歸演算法由線性迴歸變化而來 以案例來說明，研究銷售與不同宣傳有關的問題，收集了多筆的數據，如下所示，並參考下表。

X_1 為利用廣告傳單，1 表示有收到，0 表示沒有；

X_2 為利用網路宣傳，1 表示有收到，0 表示沒有；

X_3 為利用電視廣告，1 表示有收到，0 表示沒有；

N 表示數量，而 P = 0 時，表示有買、P = 1 時，表示沒買。

P = 0				P = 1			
X_1	X_2	X_3	N	X_1	X_2	X_3	N
1	1	1	4	1	1	1	31
1	1	0	8	1	1	0	25
1	0	1	7	1	0	1	23
0	1	1	9	0	1	1	18
1	0	0	12	1	0	0	9
0	1	0	10	0	1	0	5
0	0	1	9	0	0	1	7
0	0	0	20	0	0	0	3

邏輯迴歸演算法的目的是要找出 X_1、X_2、X_3 三種不同手法影響的購買機率。如：顧客如果有接到廣告傳單、電視廣告，沒看到網路宣傳，則經運算後可知購買機率為多少，此演算法目的為找出邏輯迴歸的數學式，以利代入數值，觀察輸出數值，做出有效的決策。

邏輯迴歸演算法的數學原理

利用邏輯迴歸演算法來預測，不同宣傳手法影響購買的機率，如果利用線性迴歸的數學式 $\hat{y} = \hat{a}_0 + \hat{a}_1 x_1 + \hat{a}_2 x_2 + \hat{a}_3 x_3$，$\hat{y}$ 不一定在 0 到 1 之間，換言之無法看到機率數值是在 0 到 1 之間，故利用對數機率函數 $y = \frac{1}{1+e^{-x}}$，讓自變數不管是多少都可以讓值域落在 0 到 1 之間，見圖 1。將線性迴歸的數學式代入對數機率函數，得到 $P = \frac{1}{1+e^{-\hat{y}}} = \frac{1}{1+e^{-(\hat{a}_0 + \hat{a}_1 x_1 + \hat{a}_2 x_2 + \hat{a}_3 x_3)}}$。

爲了預估機率就必須求出 $\hat{y}=\hat{a}_0+\hat{a}_1x_1+\hat{a}_2x_2+\hat{a}_3x_3$ 的各項係數，$\hat{a}_0$、$\hat{a}_1$、$\hat{a}_2$、$\hat{a}_3$，在此會利用到最大概似函數估計法、白努利分布的機率函數來對邏輯迴歸做各項係數的估計，此處會出現一連串的數學運算，因此略過（註 2），而只講最後要利用的數學式：$L=\prod_{i=1}^{k}\{[\frac{e^{(\hat{a}_0+\hat{a}_1x_1+\hat{a}_2x_2+\hat{a}_3x_3)}}{1+e^{(\hat{a}_0+\hat{a}_1x_1+\hat{a}_2x_2+\hat{a}_3x_3)}}]^{n_{i0}}[\frac{1}{1+e^{(\hat{a}_0+\hat{a}_1x_1+\hat{a}_2x_2+\hat{a}_3x_3)}}]^{n_{i0}}\}$，利用電腦找出最大的 L，便能得到各項的係數。以利針對這類型的問題來求其機率值。

推廣到高維度也是同理，要求出 $\hat{y}=\hat{a}_0+\hat{a}_1x_1+\hat{a}_2x_2+...+\hat{a}_nx_n$，利用的數學式爲 $L=\prod_{i=1}^{k}\{[\frac{e^{(\hat{a}_0+\hat{a}_1x_1+\hat{a}_2x_2+\hat{a}_3x_3)}}{1+e^{(\hat{a}_0+\hat{a}_1x_1+\hat{a}_2x_2+\hat{a}_3x_3)}}]^{n_{i0}}[\frac{1}{1+e^{(\hat{a}_0+\hat{a}_1x_1+\hat{a}_2x_2+\hat{a}_3x_3)}}]^{n_{i0}}\}$。

以向量可表示爲 $\vec{\beta}=(\hat{a}_1,\hat{a}_2,...,\hat{a}_n)$，數據的向量爲 $\vec{x}_1,\vec{x}_2,\vec{x}_3,...,\vec{x}_n$，目標函數爲。

$\hat{y}=\hat{a}_0+\vec{\beta}\cdot\vec{x}$　$L=\prod_{i=1}^{k}\{[\frac{e^{(\hat{a}_0+\vec{\beta}\cdot\vec{x})}}{1+e^{(\hat{a}_0+\vec{\beta}\cdot\vec{x})}}]^{n_{i0}}[\frac{1}{1+e^{(\hat{a}_0+\vec{\beta}\cdot\vec{x})}}]^{n_{i0}}\}$。

註 1：對數機率分布數學式的圖案，與人口成長數量圖一樣，見圖 2，其方程式爲 $y=\frac{L}{1+ae^{kx}}$，L 是指該地區的成長上限，a、k 與該地區人口成長快慢有關。

參考自：《西方文化中的數學》。

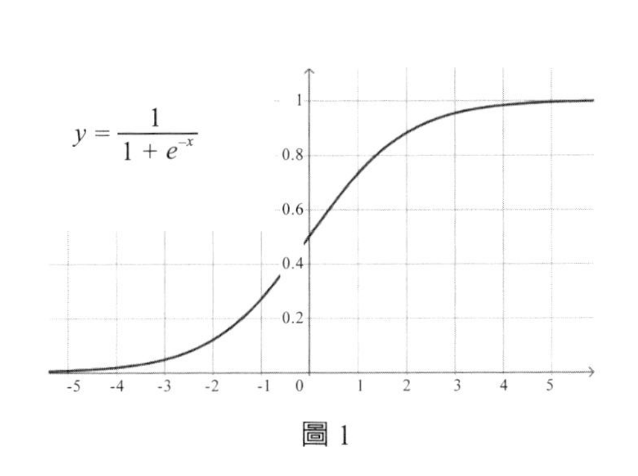

圖 1

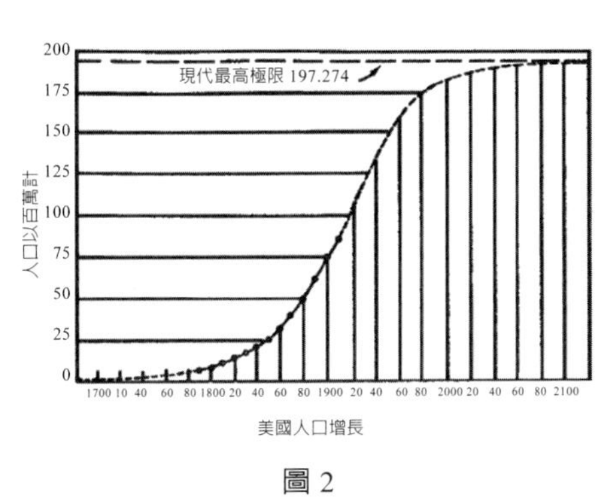

圖 2

註 2：對邏輯迴歸的數學原理推導，有興趣的人可以參考下述兩個網頁的內容。

- https://medium.com/@chih.sheng.huang821/%E6%A9%9F%E5%99%A8-%E7%B5%B1%E8%A8%88%E5%AD%B8%E7%BF%92-%E7%BE%85%E5%90%89%E6%96%AF%E5%9B%9E%E6%AD%B8-logistic-regression-aff7a830fb5d
- https://www.itread01.com/content/1541205306.html

註 3：邏輯迴歸（Logistic Regression）是錯誤翻譯，Logistic 不是 Logical。故有些翻譯爲以音譯來翻譯，稱作羅吉斯迴歸。

3-20 決策樹演算法 (1)：概要與樹狀圖

決策樹演算法（Decision Trees）就是樹狀圖的概念爲基礎，先認識樹狀圖。某班的身高體重，見圖 1，由圖可以很清楚的認識某班的身高體重可以分爲 8 類，此總數由每一層的分類數相乘得來（分類又稱爲特徵，Feature），男女是 2 種、高度是各 2 種、體重是各 2 種，故總共類別爲 2×2×2 = 8（最後的分枝稱爲子葉）。

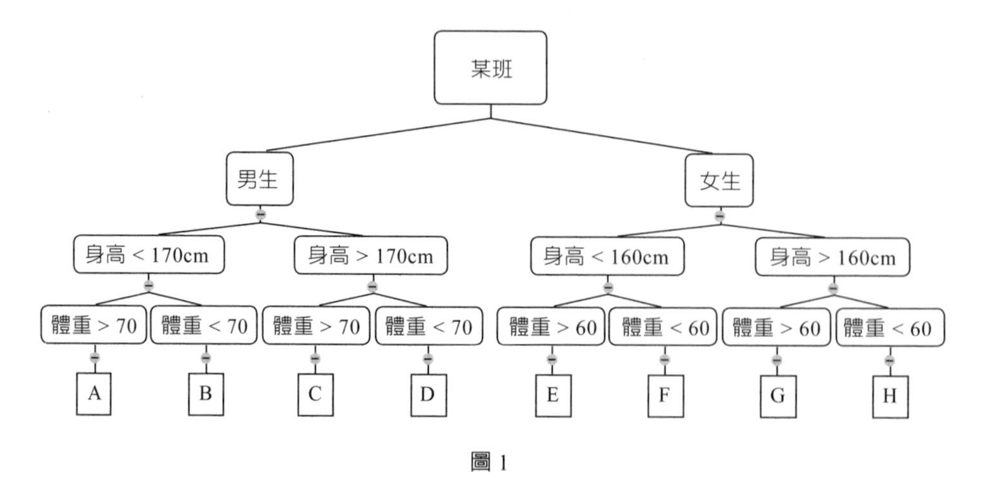

圖 1

當有樹狀圖之後就可以快速分類，給定資料就可以快速查詢到對應類別，如：男生、175cm、65 公斤，利用樹狀圖可以逐層篩選快速找到要的類別，見圖 2，並且可以發現，它只需要判別三次，就可以發現是 D 類，因爲分類是三層。

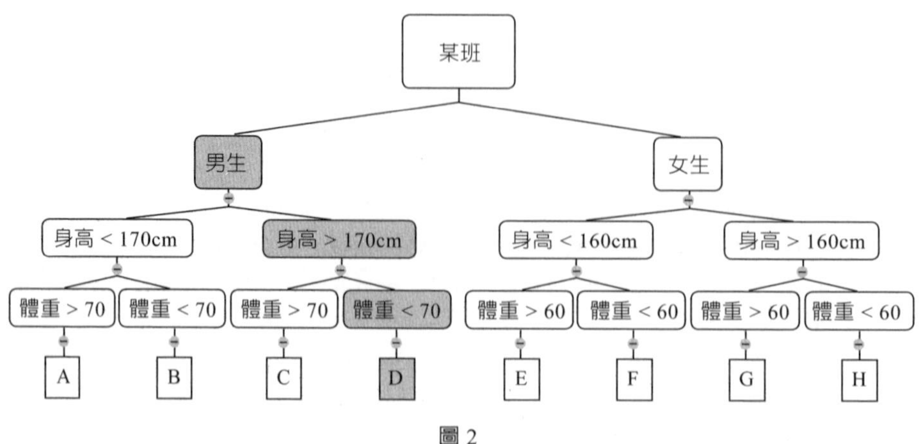

圖 2

而利用樹狀圖有什麼好處，它可以快速判斷而不是逐條判斷，因爲總類數有 8 種，見下表，若是逐條判斷它需要判斷 4 次，A 不對、B 不對、C 不對、D 對。如果遇到資料是女生、175cm、59kg 逐條判斷要判斷到第 8 條才會得到結果，但若是利用樹狀圖判斷 3 次便可知道答案。

男生	身高 < 170cm	體重 > 70	A
男生	身高 < 170cm	體重 < 70	B
男生	身高 > 170cm	體重 > 70	C
男生	身高 > 170cm	體重 < 70	D
女生	身高 < 160cm	體重 > 60	E
女生	身高 < 160cm	體重 < 60	F
女生	身高 > 160cm	體重 > 60	G
女生	身高 > 160cm	體重 < 60	H

因此利用樹狀圖可以比逐條判斷有效及節省時間，以此例來說，利用完整樹狀圖，統計各類別的數量，並計算出各類別的比例。並有校針對各比例去做對應的決策，如運動方針。

結論

決策樹演算法第一步就是利用各層的種類數做出完整的樹，之後再進行分析利用及決策，並且可以由知道數據知道樹狀圖的層數取決於數據的維度，如：（性別、身高、體重），就是分爲三層，而每層的種類數，取決於設計者想要的細膩度，我們可以以二分法來區隔，也可以分隔數相當多。而分的層數、類數愈多，此樹狀圖的樹就愈大顆，也就愈不好利用。

3-21 決策樹演算法 (2)：案例與剪枝 (1)

由 3-20 節可以知道如果樹狀圖太大會不好利用，同時未必有意義。討論烤 Pizza 的溫度與濕度，可以發現有兩個大分支的結果都是難吃，見圖 1，事實上如果結果都是一樣的情況時，可以進行簡化，稱爲剪枝，見圖 2，可以更輕鬆的利用樹狀圖，對於電腦更是可以降低效能負擔。

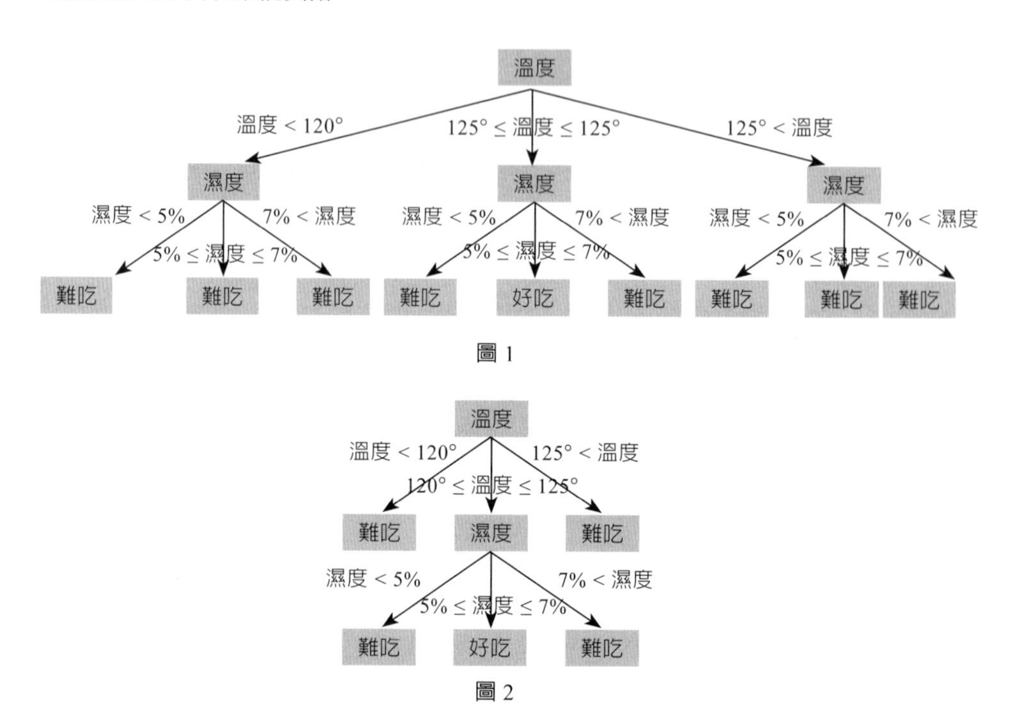

圖 1

圖 2

上述的案例因爲某幾類大分支結論一樣，故直接剪去，但如果遇到機率型態的情況就要另外討論，以打高爾夫球爲例，天氣、溫度不同會導致會員打高爾夫數量的不同，如果每天都排一樣多的人會造成人力浪費，如果排太少又無法讓會員滿意容易流失會員，因此有需要利用過往資料做出適當的人力設計，見下表認識完整數據。

由表可知天氣有 3 種、溫度有 3 種、濕度有 3 種、風量有 2 種，此數的總情況會有 3×3×3×2 = 54 種情況，建立樹狀圖，見圖 3，可發現樹狀圖太大，也稱爲過度擬合（Overfitting），不利於判斷其打高爾夫球情況。因此進行樹狀圖調整，也稱爲進行剪枝，但剪枝要有其意義，觀察各種分類的情況，見圖 4。

日期	天氣	溫度	濕度	風量	3 組人以上打高爾夫
1	晴天	高	低	強風	沒有
2	晴天	高	適中	弱風	有
3	晴天	適中	適中	弱風	有
4	陰天	低	適中	弱風	有
5	陰天	適中	高	強風	沒有
6	雨天	高	高	強風	沒有
7	晴天	高	適中	弱風	有
8	雨天	適中	高	強風	沒有
9	雨天	低	高	弱風	沒有
10	陰天	高	適中	弱風	有

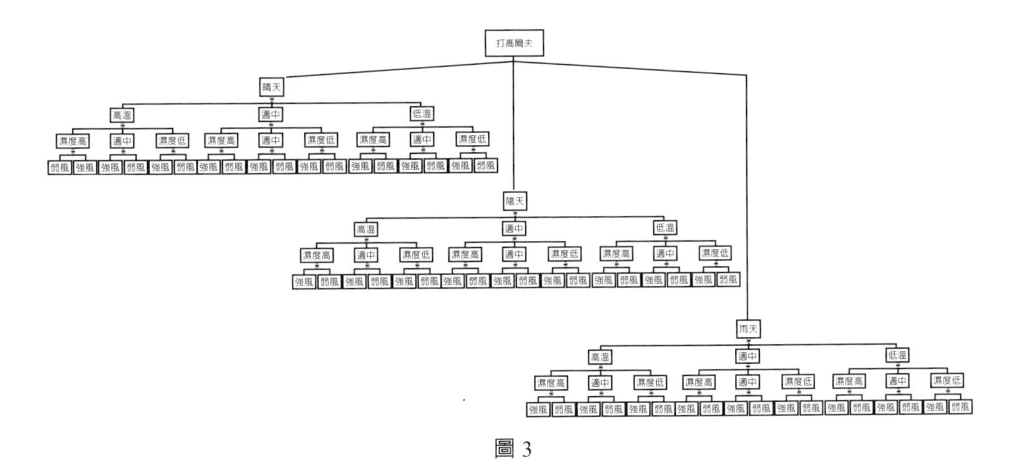

圖 3

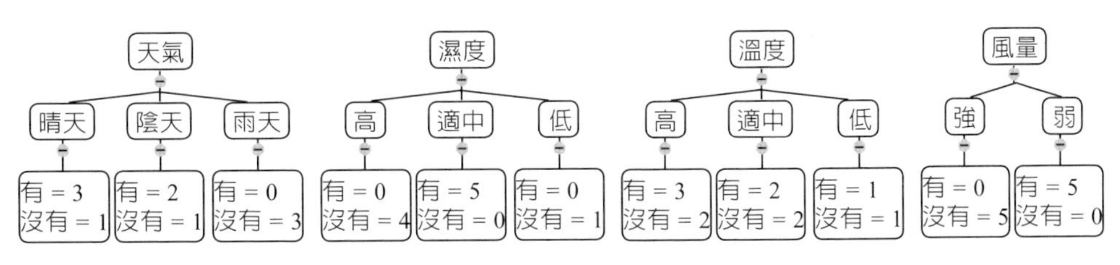

圖 4

3-22 決策樹演算法 (3)：案例與剪枝 (2)

延續上一節，可以發現雨天一定沒有人來、風量強一定沒有人來，濕度不適中一定沒有人來。因此有了新的樹狀圖，可以更有效的進行決策，見圖 1。但仍然可以發現不是很好利用，如果將分層的順序改變會更爲精簡，見圖 2。甚至可以發現晴天與陰天的溫度不影響會員打高爾夫球與否，可以進一步精簡，見圖 3，或是可顯示爲有或沒有，見圖 4。或是以機率顯示，見圖 5，圖 5 爲更多資料的情況。因此就能更有效利用天氣預報來進行人力調度，給予品質與有效的人力成本控制。

結論

決策樹演算法的目標是給 AI 一大筆資料，可以列出有效的樹狀圖，也就是從完整的樹中經過調整（剪枝）後，不要太多層也不要過多分支，做出容易利用的樹狀圖。其中調整（剪枝）需要統計方法判斷重要性，如：吉尼係數、熵值（在此不深究其統計原理），根據目標進行正確的分析來剪枝，並利用機器學習，多次的修正調整後就會愈來愈精準。

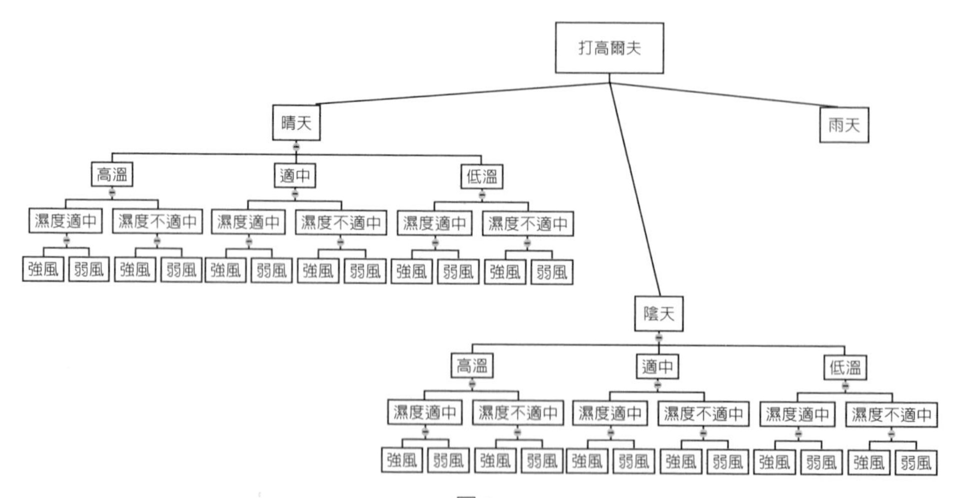

圖 1

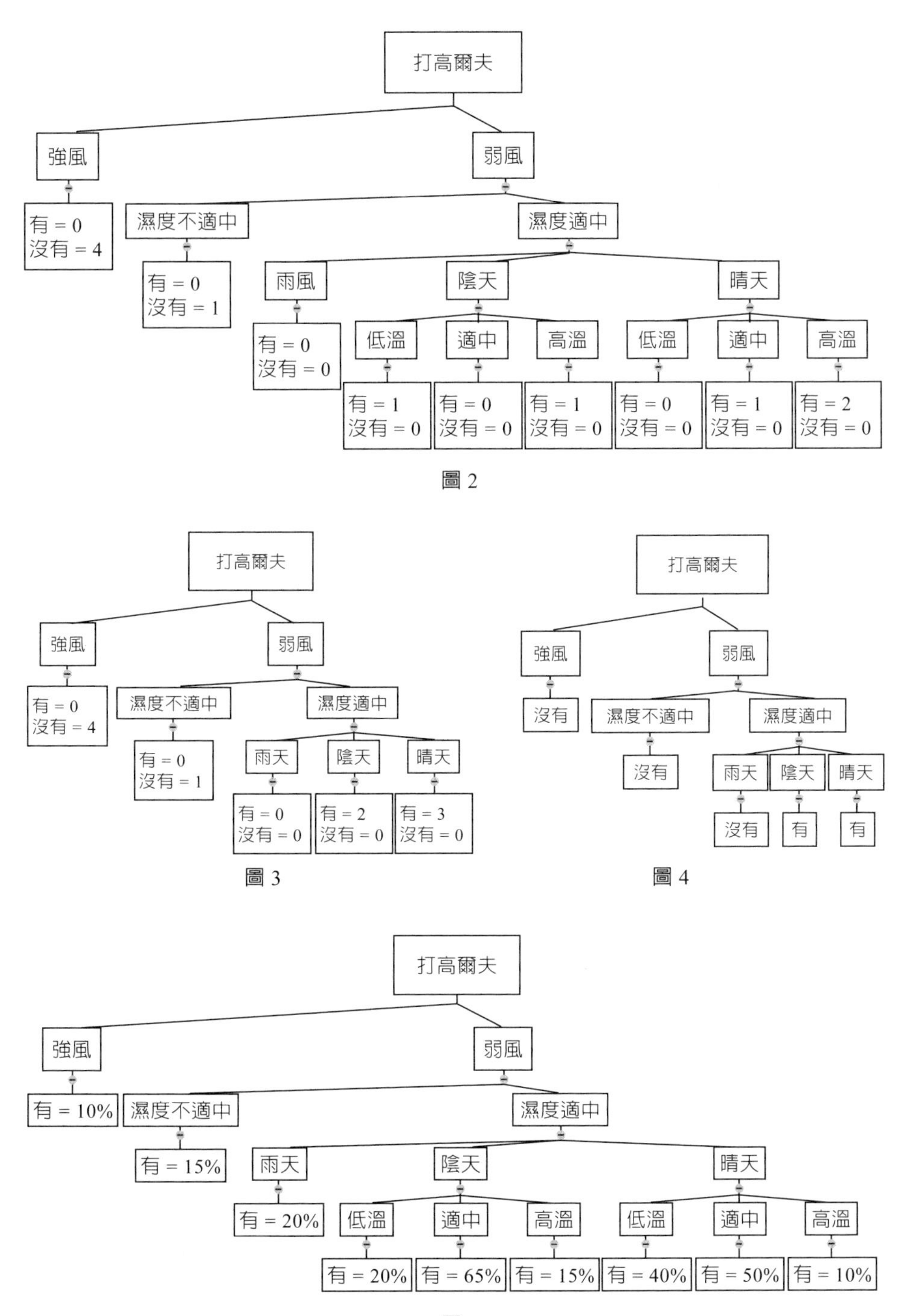
打高爾夫
強風
弱風
有 = 0
沒有 = 4
濕度不適中
濕度適中
有 = 0
沒有 = 1
雨風
陰天
晴天
有 = 0
沒有 = 0
低溫
適中
高溫
低溫
適中
高溫
有 = 1
沒有 = 0
有 = 0
沒有 = 0
有 = 1
沒有 = 0
有 = 0
沒有 = 0
有 = 1
沒有 = 0
有 = 2
沒有 = 0
打高爾夫
強風
弱風
有 = 0
沒有 = 4
濕度不適中
濕度適中
有 = 0
沒有 = 1
雨天
陰天
晴天
有 = 0
沒有 = 0
有 = 2
沒有 = 0
有 = 3
沒有 = 0
打高爾夫
強風
弱風
沒有
濕度不適中
濕度適中
沒有
雨天
陰天
晴天
沒有
有
有
打高爾夫
強風
弱風
有 = 10%
濕度不適中
濕度適中
有 = 15%
雨天
陰天
晴天
有 = 20%
低溫
適中
高溫
低溫
適中
高溫
有 = 20%
有 = 65%
有 = 15%
有 = 40%
有 = 50%
有 = 10%

圖 2

圖 3

圖 4

圖 5

3-23 隨機森林演算法：概要與案例

隨機森林演算法（Random Forests）是一個包含多個決策樹的演算法。決策樹是各種機器學習任務的常用方法，對於資料探勘相當方便，但生長太大的樹未必能有效利用。隨機森林可以視爲決策樹（Decision Tree）的延伸或改進，用隨機的方式建立一個森林，森林裡面有許多獨立的小決策樹，最後再用這些樹的小結論，綜合後再決定結論爲何，以利提高效能。換言之，隨機森林的輸出將會是所有決策樹輸出的平均值，見圖 1。

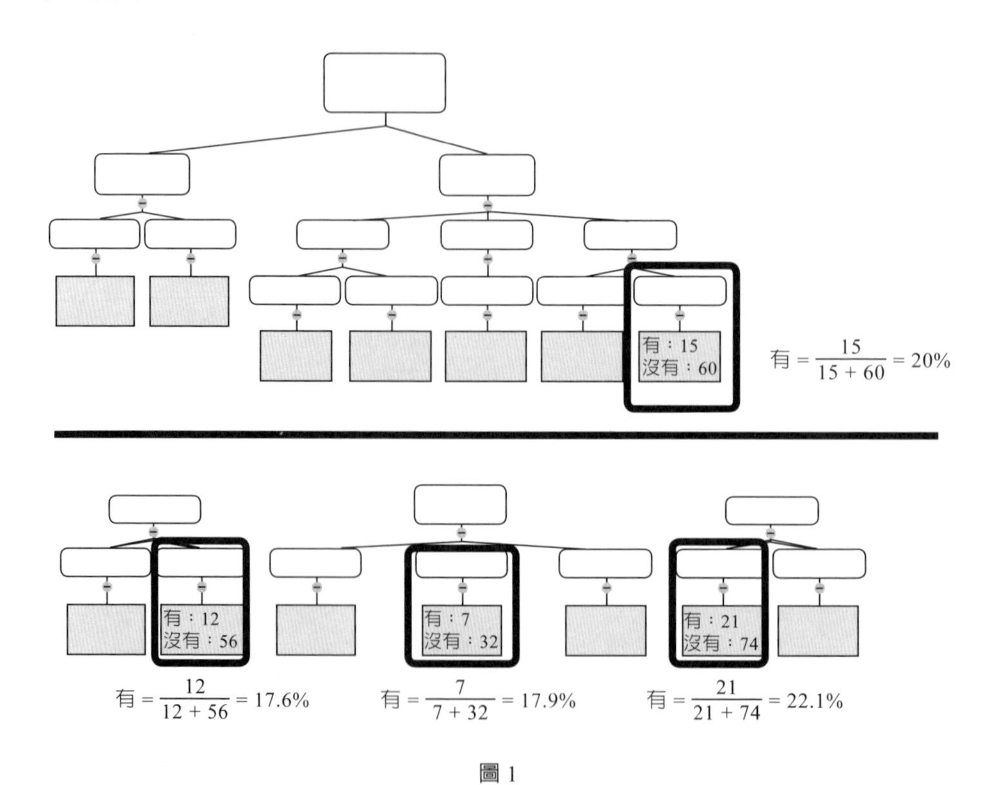

圖 1

由圖 1 可知大樹的機率是 20% ，而三個小樹推論的情況各是 17.6%、17.9%、22.1%，三者的平均爲 (17.6% + 17.9% + 22.1%)÷3 = 19.2%，綜合小樹的結論會逼近大樹的結論。若能有更多小決策樹，則可以更逼近正確的數值。

隨機森林輸入數據時，會讓森林中的每一棵決策樹進行判斷，判斷數據的類別，再觀察每個種類的計次數，最高者就是該數據的類別。完整的說，隨機森林會從原始數據（N 個）做取後放回的動作，每次抽取 k 個樣本生成 k 個分類樹組成隨機森林。

輸入新資料的分類結果按分類樹投票多少形成的分數而定。每棵樹受每次抽取數據影響，分類取決於每一棵樹的數據，單棵樹的分類能力可能很小，但在隨機森林產生大量的決策樹後，一筆新數據通過每一棵樹的分類，其結果是經統計運算後，便可得到最接近的答案。

結論

隨機森林演算法目標是不做一個超巨大決策樹，而是多次抽取部分資料（取後放回）生成多個小型決策樹，而多個小型決策樹的綜合結論，會逼近完整的樹的情況。此概念就是**中央極限定理的概念，4-5 節將會介紹**。

補充說明

外國資訊界專業人士指出隨機森林的原理就是中央極限定理，

見文章 *On the asymptotics of random forests*，

連結 forestshttps://hal.archives-ouvertes.fr/hal-01061506/document

3-24 淺談深度學習：人工神經網路

人工神經網路（Artificial Neural Network, ANN），簡稱神經網路（Neural Network, NN）或類神經網路，因爲連結狀況如同生物神經元的資訊傳導因此而得名。神經網路由大量的人工神經元聯結進行計算，見圖 1，人工神經網路能因應外界資訊的問題上改變內部結構，增加了更多輸入的結點以及增加更多的隱藏層，見圖 2、3，隱藏層可以是一層或是更多層，每一個箭頭都是一個判斷，每一層隱藏層都針對不同環節所使用的統計方法。而當經過大量數據的機器學習後，統計模型會愈來愈精準，並因大量的使用機器學習，故被稱爲**深度學習**（Deep Learning）。

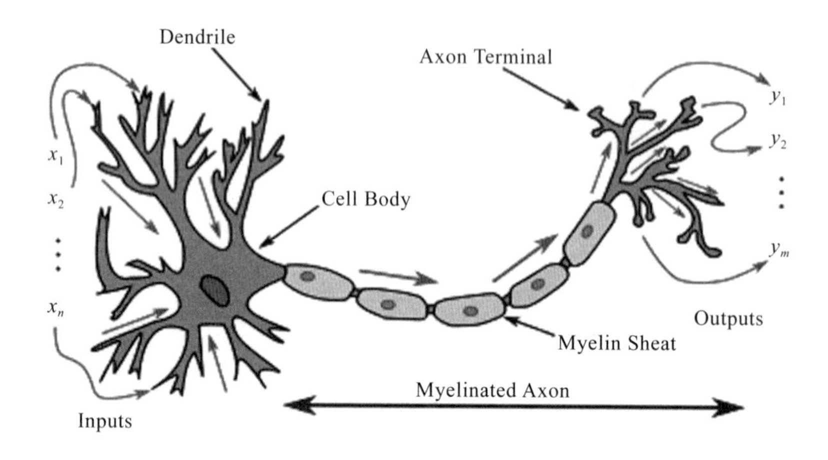

圖 1　取自 WIKI

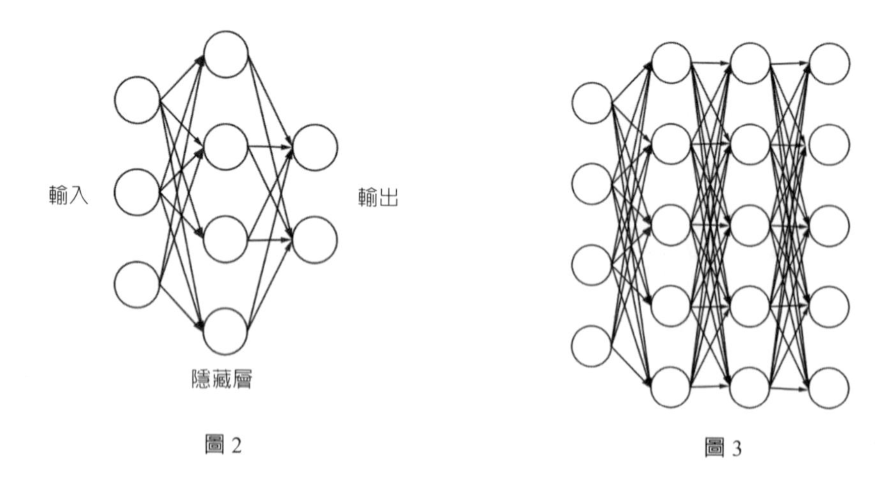

圖 2

圖 3

人工神經網路具備學習功能，適合處理非線性問題的統計性資料工具，它利用統計方法得到接近最佳化的答案，並且可以利用統計分析處理問題。人工神經網路大量應用在人工智慧學的人工感知領域，使其具有辨識能力與判斷能力，此方法比嚴謹邏輯推理的演算法更具有優勢。

我們不用把人工神經網路想得太過於複雜，實際上將每個環節抽絲剝繭後，便能發現基礎概念可以切成可個片段再逐一理解。但有趣的是，我們的確難以察覺 AI 會學習成怎樣的統計模型或函數，以及利用了哪些統計模型？ANN 的隱藏層變化，可以視爲判斷數據的維度變化，以下爲討論流程：輸入數據，進入第 1 層隱藏層判斷是否能在 1 維度處理，如果可以就輸出結果，判斷是否與預期接近。如果不行，進入下一層，第 2 層隱藏層判斷是否能在 2 維度處理，如果可以就輸出結果，判斷是否與預期接近。如果不行，再進入下一層，第 3 層隱藏層判斷是否能在 3 維度處理，如果可以就輸出結果，判斷是否與預期接近。如果不行，再進入下一層，以此類推，直到某一層的結果接近預期。

我們可以用是否得高血壓的問題認識 ANN 的隱藏層概念，先輸入資料給 ANN ，第 1 層會先以體重做判別，若發現難以判斷，第 2 層再加上身高作判別，若發現難以判斷，第 3 層再加上腰圍作判別，若發現難以判斷，第 4 層加上年紀，若發現難以判斷，第 5 層加上性別，若發現難以判斷，第 6 層加上家族是否有相關病史，若發現難以判斷，持續增加維度加以討論，直到結論是判斷出有高血壓，或是一直難以發現就說沒有高血壓、或說現在的條件難以發現有高血壓的疑慮。

整個 ANN 可視爲非線性迴歸的問題，同時會利用到遞迴式、卡門濾波（也就是多元線性迴歸分析（Multiple Regression Analysis）（可參考 2-11 節）。換言之要了解 ANN 前，要理解許多重要的統計工具。

本節將人工神經網路深入淺出的介紹核心概念，而沒有過多的針對演算法、統計模型作介紹，希望這樣可以讓大家可以簡單的認識人工神經網路，而不是直接被太複雜的內容及圖片、數學式影響學習，進而放棄理解。

註：ANN 資料還可參考附錄二，其內容爲作者多年前的研究內容。此文章主要說明 Multilayer Perceptrons（人工神經網路的一種），其數學結構就是非線性的卡門濾波。

3-25 可解釋人工智慧

可解釋人工智慧（Explainable AI, XAI）這個領域討論的是如何讓人類理解且信賴AI的演算法及結論。換言之就是將黑盒子的演算法使人了解，將其變成灰盒子或是透明盒子。尤其是近年來AI深度學習後的演算法，到底是基於何種理由而正確，是個難以回答的問題，而且愈來愈難理解，甚至許多資訊科學家也認爲它就是不可理解的內容，導致人們對於黑盒子的使用就愈來愈擔心。

爲什麼會愈來愈難以理解，人類會給定基本的演算法以及機器學習的規則，但是AI最後會學到的內容未必是人類可預期的。舉例來說人類出門攜帶必備物品，或許媽媽會要求帶好錢跟鑰匙、手機，隨成長的環境不同，但不同地區的人可能會學習到不一樣的經驗，台北的人可能就會學習到要帶傘，南部的可能是帶帽子遮陽，而某部分人的可能是多帶外套，因爲公司冷氣太冷，而這都是個人依據經驗學習到他所需的物品。而相同地區的人可能會發展出類似的行爲。而這可能用的是歸納的方式，我們難以預期它是怎麼學習到該內容。同樣想法延伸到AI上，我們希望AI可以進行預防犯罪，於是把許多犯罪的資料給AI學習，其中包含臉部表情、講話、走路步伐姿勢、服裝、身世背景等，AI可能總結後，經由機器學習後，推論出一套哪些人是高風險的族群，並提示人類哪些人可能會犯罪，而人類可能不曉得到底用何依據來判斷。

爲什麼需要可解釋人工智慧？以下是人類需要知道AI在想什麼的原因：

1. **確認它的判斷合理**（Verification of the System）：在重大的決策中，需要明確理解該決策的合乎情理。因爲有可能是資料的不足導致機器學習錯誤，如：機器學習的數據中犯人都有鬍子，所以預先設定把有鬍子的人都設爲高風險群。
2. **改良它的算法**（Improvement of the System）：若AI是可被解釋的，人類會知道它可能的錯誤，並找出方法改良。如同人臉辨識，若不夠理解其演算法，便不能知道爲什麼將黑人辨識爲黑猩猩。
3. **從它身上學習**（Learning from the System）：AI從大數據裡找出眞正有用的知識，如果人類理解它，或許可以從演算法學到更多延伸的知識。
4. **符合法規要求**（Compliance to Legislation）：隨著AI的功能變得更加強大，預期出現相關的法律，其中包含解釋AI，如：歐盟將在明年實施使用者有「要求解釋的權力」（Right to Explanation）。及經濟合作暨發展組織OECD（Organization for Economic Co-operation and Development）也著手擬訂建議使用AI的全球性規範，其內容見下圖。主要目的是爲了保障人權，以及降低AI對人類的危害。參考連結：https://www.oecd.org/going-digital/ai/about-the-oecd-ai-policy-observatory.pdf。

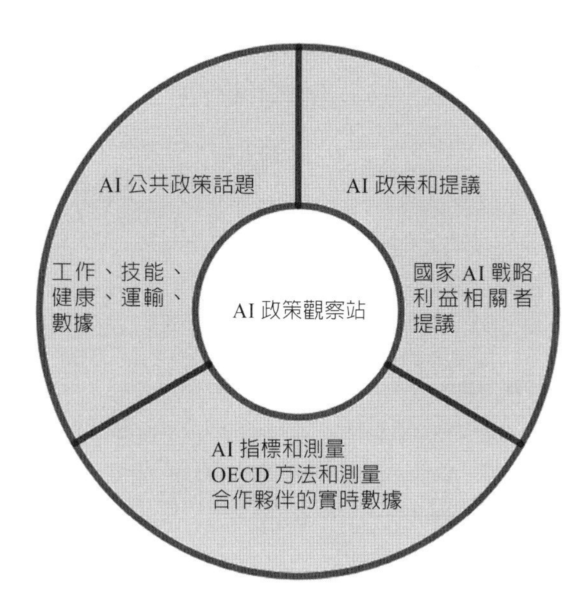

結論

現代複雜的 AI 技術，如深度學習，是難以被理解的，或許未來我們有辦法理解裡面的內容。但如果過度的不理解時，將會帶來怎樣的情況，如：科技工具被掌握在少數人手中，如果被惡意使用將使得對國家、人民不利，更糟的是政府高層自身不理解該 AI 的內容，有可能被人賣了還幫人數鈔票，所以國家有責任考慮其安全性，也就是讓 AI 可被解釋，即讓「黑盒子」變成「灰盒子」甚至是「透明盒子」。

3-26 本章結論

由本章可以了解演算法不外乎概要流程、輸入輸出、數學原理，也就是統計原理。但由於大多數資訊科學家及一般人害怕統計，導致對於各個演算法可解釋程度不同，並且也難以理解爲何各演算法的準確性不同，見圖 1。作者認爲如果能對統計更深一層的理解，便能有效解釋及使用各個演算法，見圖 2。

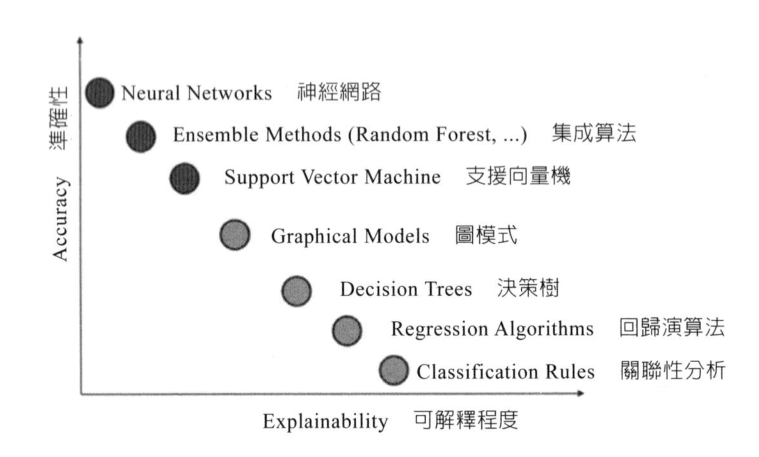

圖 1 取自網路

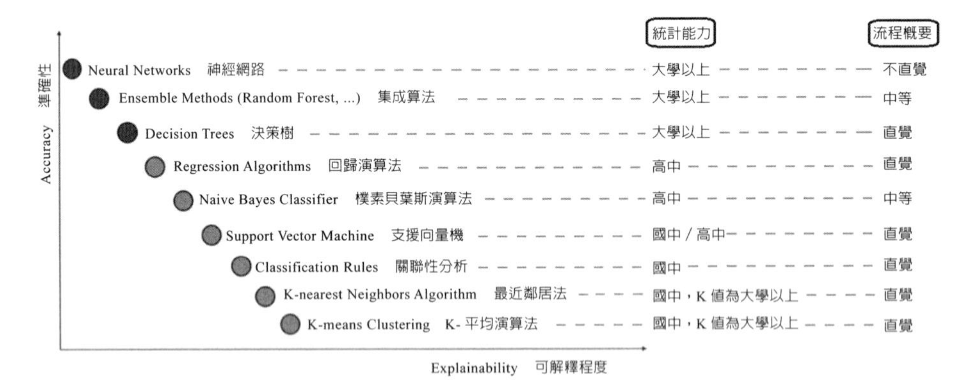

圖 2 將本書的介紹的演算法加入討論、及其對應的統計能力、流程概要的直覺程度

不同的人要了解的程度不同，見圖 3 及下述說明：

- 淺層的部分，至少要了解概要流程，知道此演算法可以處理的問題。
- 中層的部分，是不理解黑盒子的演算法，但是可以利用前人的智慧結晶，利用黑盒子卻不懂黑盒子，輸入資料得到可用的輸出結果。
- 深層的部分，則是理解黑盒子的演算法與數學原理及修正錯誤。
- 核心的部分，則是進一步可以組合各個黑盒子創造黑盒子。

我們要注意到，演算法並不是僅利用到基礎統計，更多的演算法還用到相當深入的統計，因此資訊科學家有必要進修統計學，才能真的理解現在的黑盒子部分的演算法。

現在各企業（如：Amazon、Google 等）的程式碼都相當注重其保密性而予以加密，進而原理無法互通與檢討，因此難以互相學習及發現錯誤，進而產生不知道爲什麼會錯誤的情況。但我們仍然不該因爲此種原因就放棄理解黑盒子的統計原理，資訊科學家最重要的是要有一定的統計能力、甚至說要有很好的統計能力，才能理解黑盒子的演算法並找出其錯誤，以及若能具有組合黑盒子或是有創造的能力，才能成爲優秀的資訊科學家、AI 人才。並且 AI 的可解釋程度要高到一定的程度，才能令人使用上更安心，以及應該要訂立 AI 的完整規範，以保障人類的安全，如：歐盟將在明年實施使用者有「要求解釋的權力」（Right to Explanation），及 OECD 也著手擬訂建議使用 AI 的全球性規範。

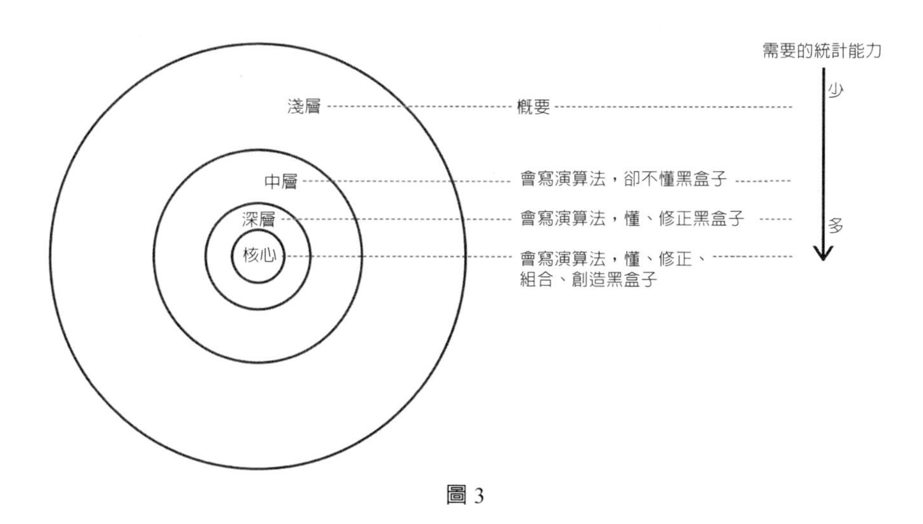

圖 3

「要成爲優秀的物理學家，逃避不了數學。同樣的，要成爲優秀的資訊科學家，也逃避不了統計。」

—— 波提思

演算法並不是僅利用到基礎統計，更多的演算法還用到相當深入的統計，因此資訊科學家有必要進修統計學，才能真的理解現在的黑盒子部分的演算法。

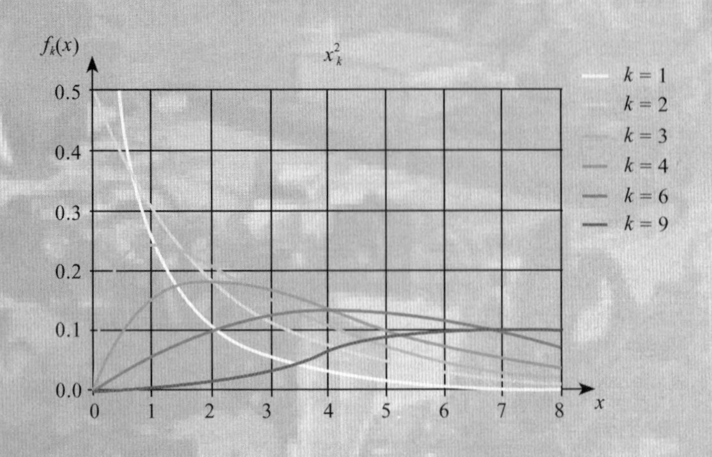

卡方分布：決策樹演算法會利用到卡方分析，有必要先行了解其內容。

第四章 常用的基礎統計知識

4-1 標準差是什麼
4-2 常態分布
4-3 認識二項分布、卜瓦松分布
4-4 大數法則
4-5 中央極限定理
4-6 中央極限定理的歷史
4-7 標準化
4-8 常態分布的歷史與標準常態分布
4-9 t 分布與自由度
4-10 t 分布歷史與 t 分布表
4-11 卡方分布與 F 分布
4-12 複迴歸分析 (1)
4-13 複迴歸分析 (2)
4-14 複迴歸分析 (3)

4-1 標準差是什麼

數據分析需要因應不同情況看不同的圖表，也知道不同的數據分布要用不同的參數，如：有時用算術平均數，有時要用幾何平均數。在大部分情形可以看到平均數並不適合描述數據的情形，必須用中位數，有時也需要用四分位數。而數據的分散程度如何判斷，我們必須利用標準差。**而討論的所有情況的標準差都是樣本標準差** s。**而母體標準差** σ **是統計的理想狀態，由樣本標準差去推論得到；同理，平均也是一樣的概念，討論的所有情況的平均都是樣本平均** $\bar{x}$。**而母體平均** μ **是統計的理想狀態，由樣本平均去推論得到。**

(一) 樣本標準差

樣本標準差藉由每一筆數據 x_1、x_2、⋯、x_n 與樣本平均 $\bar{x}=\dfrac{x_1+x_2+\cdots+x_n}{n}$ 的差距來計算整體數據的**分散程度**，如果數據愈分散，代表每筆數距離平均愈遠，則 $x_i-\bar{x}$ 愈大，$x_i-\bar{x}$ 稱爲**離差**。計算出每一筆離差，再平均，就能得到**平均誤差**。但因爲距離是正數，$x_i-\bar{x}$ 有可能出現負數，導致總誤差變小，所以將每一筆離差平方，再加總，再除以總數量，再開根號，就能得到**平均誤差**，在統計上稱**樣本標準差**。樣本標準差數學式：$s=\sqrt{\dfrac{\sum_{i=1}^{n}(x_i-\bar{x})^2}{n-1}}$，**數據愈分散，樣本標準差愈大；數據愈緊密，樣本標準差愈小**。爲什麼用 $n-1$，在 n 很大時其值差異性不大，但在 n 較小時，容易產生誤差，所以必須用 $n-1$。

例題：觀察數據A：5、5、5、5、5，與數據B：3、4、5、6、7，與數據C：1、3、5、7、9，三個數據的圖案分散情形，或可說是緊密度，以及計算標準差。觀察三筆數據與樣本標準差的關係。

數據 A：5、5、5、5、5，見圖 1，平均爲 5，樣本標準差爲

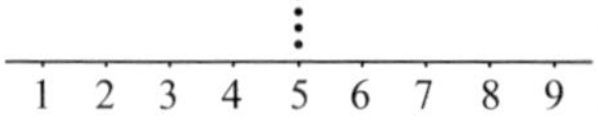

$$s=\sqrt{\frac{(5-5)^2+(5-5)^2+(5-5)^2+(5-5)^2+(5-5)^2}{5-1}}=0$$

圖 1

數據 B：4、5、5、6、7，見圖 2，平均爲 5.4，樣本標準差爲

$$s=\sqrt{\frac{(4-5.4)^2+(5-5.4)^2+(5-5.4)^2+(6-5.4)^2+(7-5.4)^2}{5-1}}=\sqrt{\frac{5.2}{5-1}}=\sqrt{1.3}$$

數據 C：1、3、3、7、9，見圖 3，平均爲 4.6，樣本標準差爲

$$s=\sqrt{\frac{(1-4.6)^2+(3-4.6)^2+(3-4.6)^2+(7-4.6)^2+(9-4.6)^2}{5-1}}=\sqrt{\frac{43.2}{5-1}}=\sqrt{10.8}$$

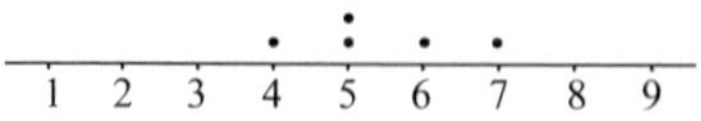

圖 2

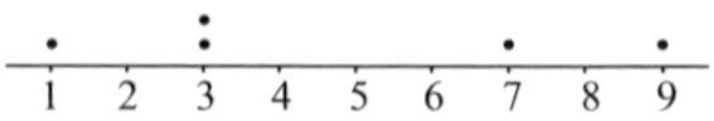

圖 3

(二) 結論

可以發現樣本標準差愈大，數據就愈分散，樣本標準差愈小，數據愈緊密。標準差是重要的統計數據，但太多人不明白其意義，而常濫用平均。

譬如說：最需要用標準差的數據分析，國民所得需要用標準差才可以讓人知道生活狀況。**用標準差、圖表來說明，才能知道貧富差距及分散情形**。

例題：觀察月所得 4.8 萬，標準差 1.5 萬的圖形，與觀察月所得 4.8 萬，標準差 3 萬的常態曲線圖形，見圖 4、5。

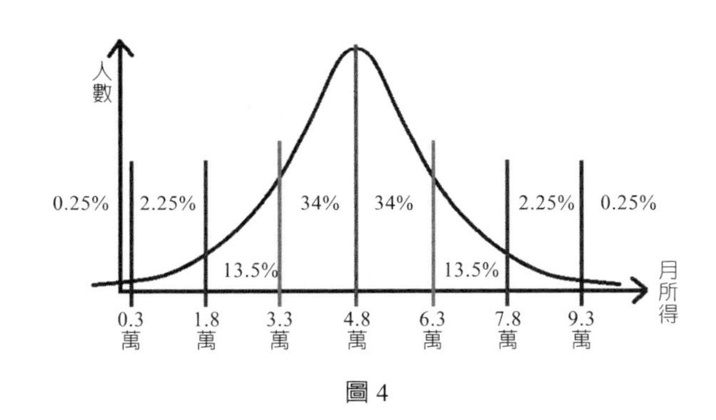

圖 4

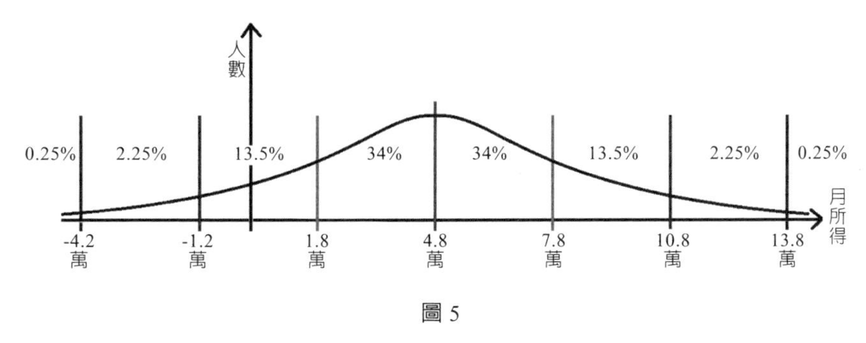

圖 5

可以發現如果只討論平均，根本不清楚社會的所得結構，所以我們必須加上標準差，才能更全面的知道情形。但這並非是台灣情況，常態曲線的內容下一小節介紹。

(三) 為什麼計算標準差要用平方

基本上用絕對值也可以，用四次方也可以，只要可避免誤差彼此抵銷的情形就可以，因爲標準差是一個相對數字，比較分散情形的指標，用平方可以方便計算。

(四) 樣本變異數

有時討論數據分散程度不用標準差，而是用標準差的平方，而此數稱爲變異數，樣本標準差的數學式：$s=\sqrt{\frac{\sum_{i=1}^{n}(x_i-\bar{x})^2}{n-1}}$；樣本變異數的數學式：$s^2=\sqrt{\frac{\sum_{i=1}^{n}(x_i-\bar{x})^2}{n-1}}$。

4-2 常態分布

大自然中有很多數據，如身高 — 數量、體重 — 數量、成績 — 數量、走路時間 — 數量。將數據對應的值描繪到座標平面上，當數據夠多時，數據的點會密集在一條曲線上。觀察走路時間與數量關係，見表 1、圖 1、表 2、圖 2。

表 1

走一百公尺的時間（秒）	5	6	7	8	9	10	11	12	13	14	15	16	17
數量	1	5	6	16	16	20	9	3	1	1	1	0	1

數量
25
20
15
10
5
0
1 2 3 4 5 6 7 8 9 10 11 12 13 14 15
走 100m
時間（秒）

圖 1

表 2

班上成績	數量
30～40	2
40～50	4
50～60	6
60～70	9
70～80	7
80～90	5
90～100	1

特別的是，各種情形都會吻合到同一種類的曲線，見圖 3，這條特別的曲線稱作常態分布。常態分布由棣美弗（Abraham de Moivre ，法國數學家）提出，最後由高斯（Johann Carl Friedrich Gaus，德國數學家）在統計上研究出更多相關性質，所以在統計上發現它的重要性，故常態分布又稱高斯分布。

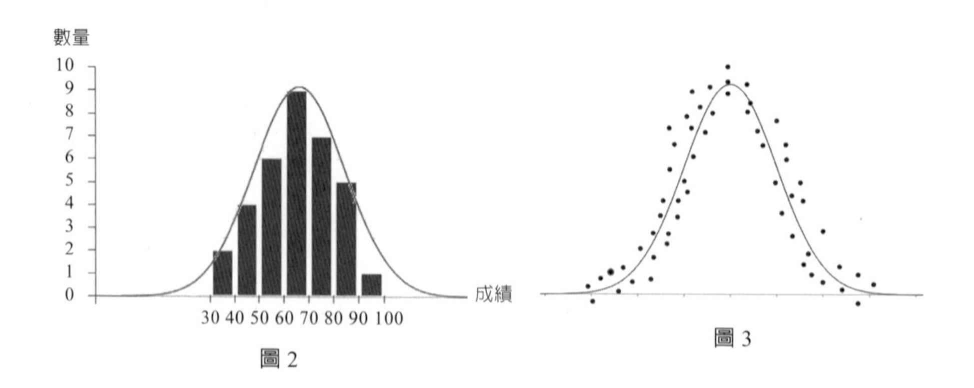

圖 2

圖 3

常態分布的重要性質

常態分布與母體平均、母體標準差有關，母體標準差可決定該範圍的比例。下圖為 68-95-99.7 法則，分別對應，一個、兩個、三個標準差，其中涵蓋的比例，見圖 4。

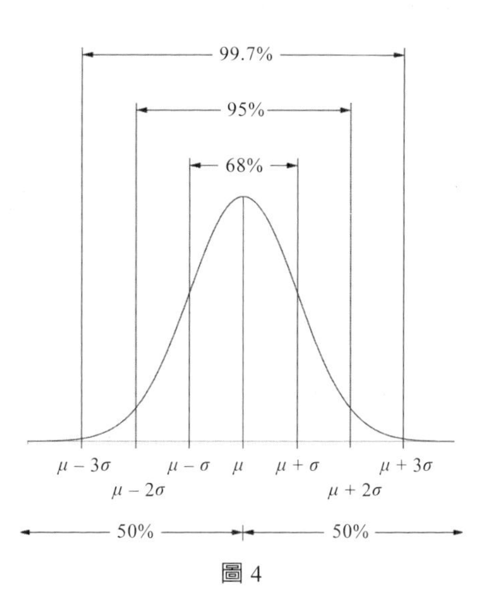

圖 4

所以數據若是呈現常態分布的情形，標準差可以幫助判斷該數據在整體的位置在哪裡，並且可以判斷數據分散程度。**而不是常態分布的數據則在之後介紹**。常態分布（Normal Distribution）的機率密度函數（Probability Density Function, PDF）為 $f(x)=\frac{e^{-\frac{(x-\mu)^2}{2}}}{\sigma\sqrt{2\pi}}$，若平均 $\mu=0$、標準差 $\sigma=1$，則 $f(x)=\frac{e^{-\frac{x^2}{2}}}{\sqrt{2\pi}}$，稱為標準常態分布（Standard Normal distribution）的機率密度函數。觀察各種平均與標準差帶來的常態分布，見圖 5。

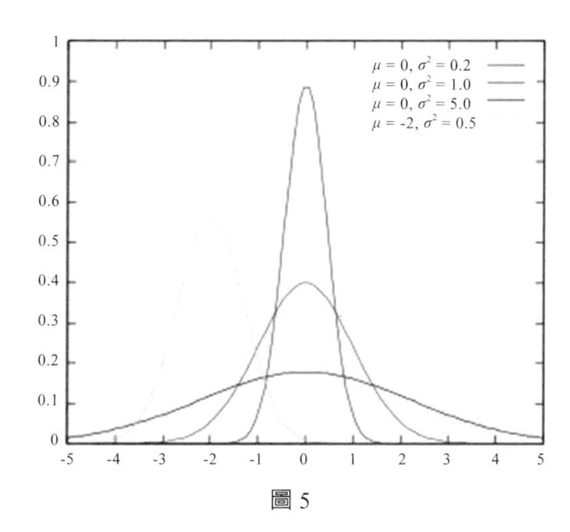

圖 5

4-3 認識二項分布、卜瓦松分布

已經認識了常態分布，那麼還有哪些分布呢？統計上還常用二項分布、卜瓦松分布（Possion），而這些分布又有怎樣的特性及用在何時呢？

二項分布（Binominal Probability Distribution）

二項分布是常發生的分布，主要特性是只有兩種結果，如：成功或是失敗、正面或反面。另一個特性是隨機變數來自於計算出現次數，如丟銅板 5 次，計算正面的次數，1 次的機率，2 次的機率、…、5 次的機率。

舉例：針對擲幾次銅板做正面次數的二項分布，令擲一次正面的機率為 p ，而二項分布中擲 n 次銅板出現 k 次正面的機率為 $B(k) = C^n_k p_k(1-p)^{n-k}$。而期望值為 np，變異數為 $np(1-p)$。所以因此我們可以做出不同情況的二項分布的機率函數圖，見圖 1。

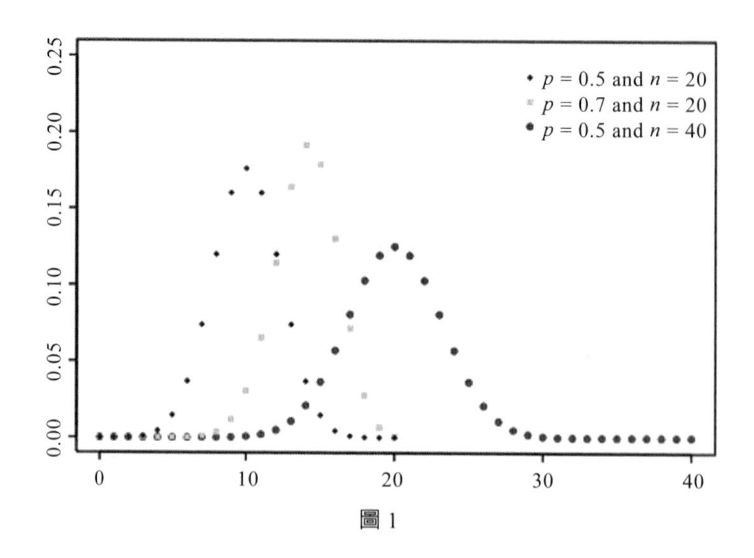

圖 1

因此可知擲一次正面的機率 p 為 $\frac{1}{2}$，而二項分布中擲 20 次銅板出現 15 次正面的機率為 $B(15)=C^{20}_{15}(\frac{1}{2})^{15}(1-\frac{1}{2})^{20-15}=0.0148=1.48\%$。要如何利用二項分布？舉例：已知警察抓沒繫安全帶成功的機率 10% ，請問抓 100 次，抓到 5 次的機率為何？$B(5) = C^{100}_{5}(0.1)^5(1-0.1)^{100-5} = 0.02681 = 2.681\%$。

卜瓦松分布（Possion Probability Distribution）

卜瓦松分布在資訊工程上常會用到的分布，用來討論特定區間內某事件初現的次數，此區間可以是時間、距離、區域、數量。如：故障率或是等待隊伍。卜瓦松分布一般人比較少用到。卜瓦松分布是指一個事件隨機發生，但只知每單位時間平均會

發生 μ 次的分布，用在很少發生的時候，也就是機率 p 很小的時候。其機率函數為 $P(k)=\frac{\mu^k}{k!}e^{-\mu}$，$k$ 為單位時間發生的次數，見不同平均的機率函數圖 2。

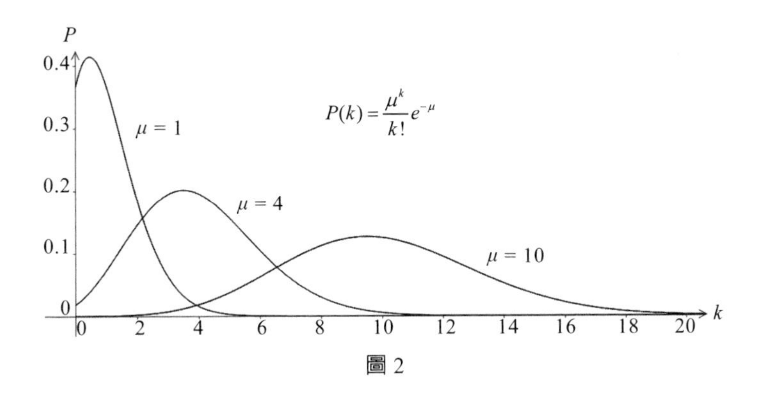

圖 2

而卜瓦松分布每單位時間平均會發生 μ 次，所以母體平均為 μ；特別的是卜瓦松分布的母體變異數也是 μ。要如何利用卜瓦松分布？舉例：已知工廠麵包的出錯的情況為平均一小時 4 個麵包有問題，但這並不代表每小時都有 4 個麵包有問題，所以有可能一小時會有 1、2、3、4、… 個麵包出錯的可能。所以已知平均一小時 4 個麵包有問題，即 $\mu = 4$，$P(k)=\frac{\mu^k}{k!}e^{-\mu} \Rightarrow P(k)=\frac{4^k}{k!}e^{-4}$，所以出現一小時 3 個麵包有問題的機率為何？$P(3)=\frac{4^3}{3!}e^{-4}$=19.54%，見圖 3。可以看到是 19.54%。

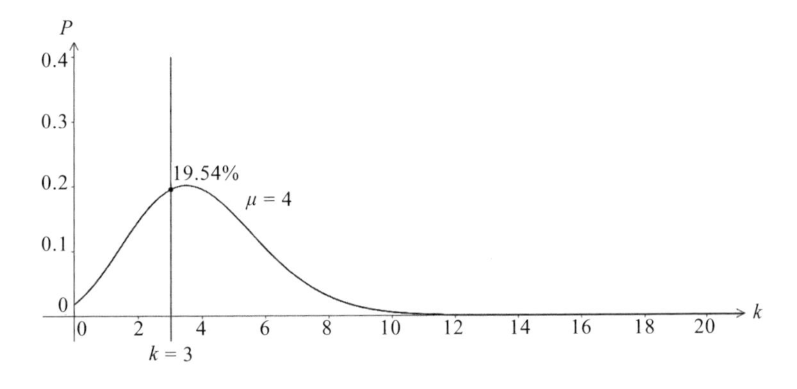

圖 3

4-4 大數法則

統計學中會不斷的聽到常態分布（Normal Distribution）、大數法則（Law of Large Numbers）、中央極限定理（Central Limit Theorem），而這三個在統計學中占有舉足輕重的地位。而什麼是大數法則？由非常多次重複實驗結果可發現，**樣本數量愈多，則其樣本平均就愈趨近母體平均**，此意義就稱大數法則。而爲什麼大自然會存在這個現象？這正是大自然奧妙的地方，不管是怎樣的情況，只要樣本數量愈多，則其樣本平均就愈趨近母體平均。見圖 1，擲出骰子 1000 次的數字平均值，也就是樣本平均接近母體平均，母體平均：$\mu=\dfrac{1+2+3+4+5+6}{6}=3.5$。

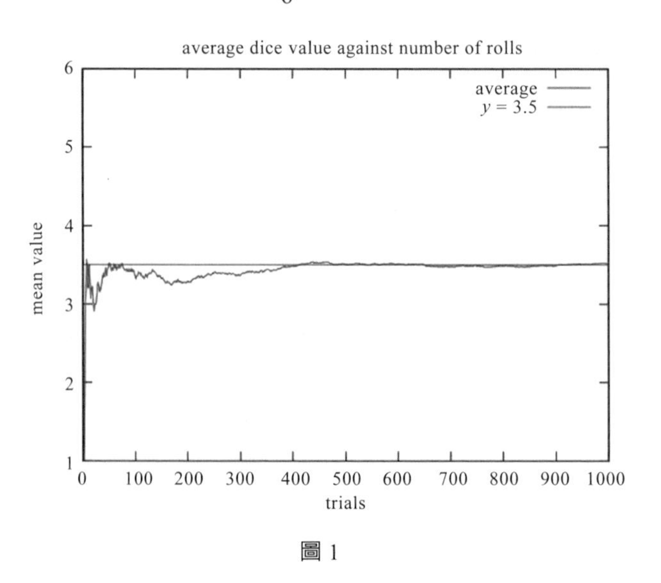

圖 1

大數法則的重要性，在於它確定了隨機事件平均值的逼近數值。在重複試驗中發現，隨著試驗次數的增加，事件發生的機率趨於一個穩定值，見圖 2，可知擲一顆骰子 600 次，各數字出現的機率都接近 $\dfrac{1}{6}\approx 0.1667$。

以及擲硬幣是正面或是反面，而機率各自是 1/2，但在實驗的過程正反面比例可能在前期有很大的差異，但逐漸接近 50%，見圖 3，擲硬幣 200 次是正面的機率圖。

> 大數法則主要有兩種表現形式，弱大數法則和強大數法則，這邊不多加討論。但兩種形式的大數法則都肯定的表示，樣本的平均值 $\overline{x_n}=\dfrac{x_1+x_2+\cdots+x_n}{n}$ 會逼近於母群體平均：$\overline{x_n}\to\mu$，當 $n\to\infty$。

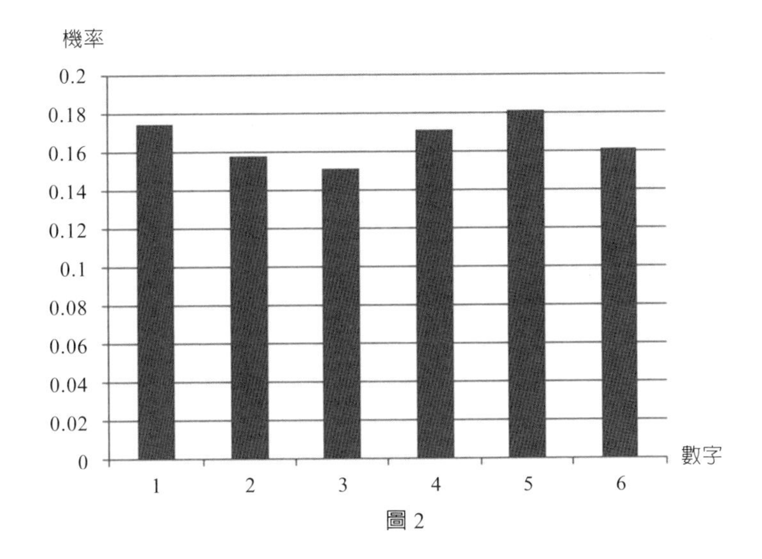

圖 2

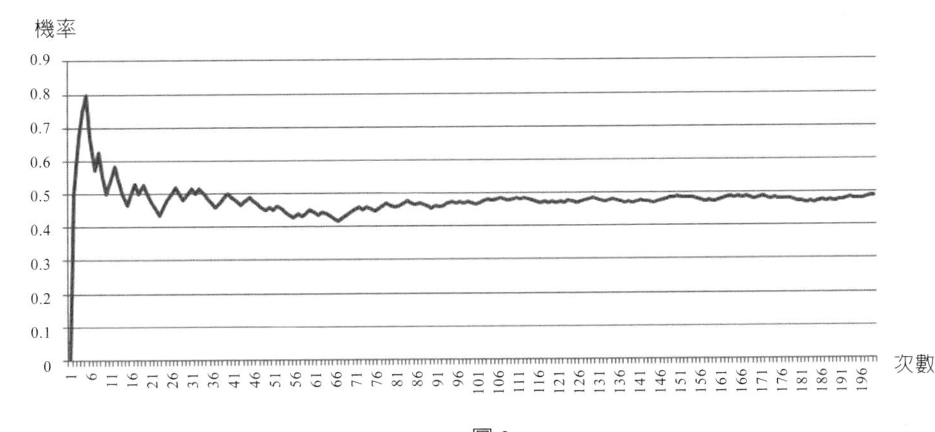

圖 3

結論

大數法則是一個大自然中常常達成的狀態，但對於實際操作是一個理想狀態，因為 $n \to \infty$ 這個要求太過嚴苛，現實上是不可能達成，我們只能取一個夠大的數量。而數量如何決定？當發現機率或平均數接近穩定時，也就是數量取夠多的時候。但實際上不一定都是這樣的方法，之後會介紹在各情況要怎樣的數量才會夠大。

由以上說明我們便可以知道大數法則的意義，在大自然中存在神奇的法則，所有事情都會符合大數法則，也就是**樣本數量愈多，且事件彼此獨立**（independent and identical distributed: i. i. d.）**，則其樣本平均就愈趨近母體期望值，也就是讓事件發生的機率趨於一個穩定值**。

4-5 中央極限定理

統計學家發現對於任何母體情況，取樣本數很大的隨機樣本，其樣本平均數的分布形狀將會很接近常態機率分布，而這樣的情況稱中央極限定理（Central Limit Theorem, CLT），此定理是機率論中的最重要的定理之一，此定理也是數理統計學和誤差分析的理論基礎。

中央極限定理的意涵

從母體隨機抽取夠大的樣本數 n，其樣本是 $x_1, x_2, \ldots, x_n$，其樣本平均數是 $\bar{x}=\dfrac{x_1+x_2+\cdots+x_n}{n}$，而每次隨機抽樣的 $\bar{x}$ 都會不一樣，$\bar{x}$ 會是一個隨機變數。若以 $\bar{x}$ 爲橫軸，機率爲縱軸，當 n 趨近無窮大，其曲線圖案會接近母體平均數爲 μ、母體標準差爲 σ 的常態分布。

舉例 1：參考圖 1，擲不同骰子數觀察數字和的分布會接近常態分布。

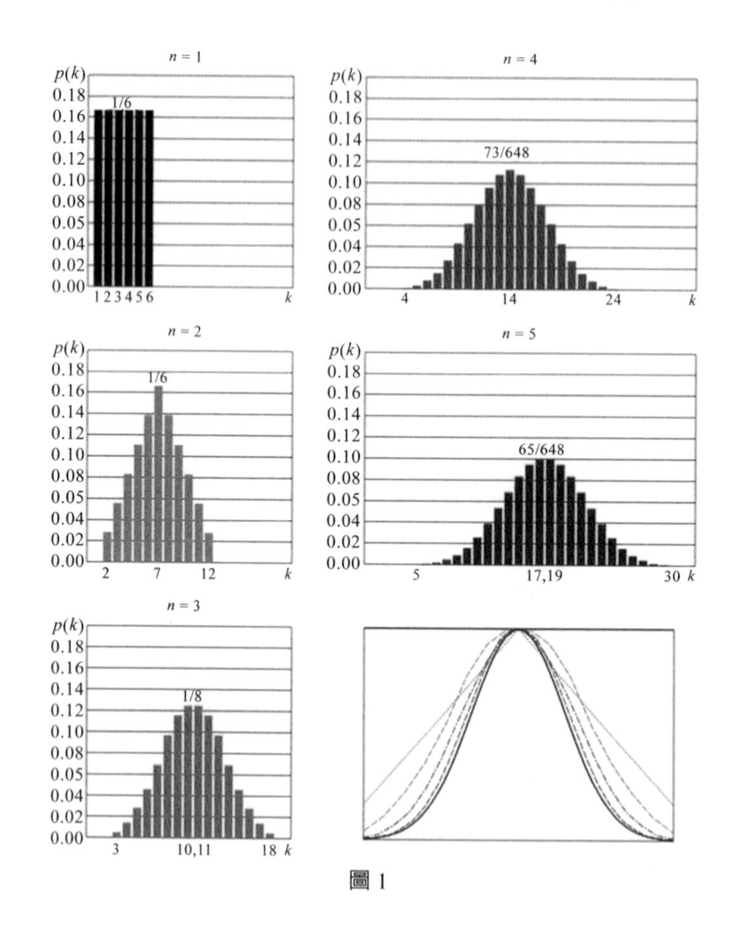

圖 1

圖案說明，$n=2$，代表 2 個骰子，該圖的縱軸爲機率，橫軸爲數字和。以 $n=2$ 圖案爲例，其數字和 7 的機率爲 1/6。而 $n=4$ 圖案爲例，其數字和 14 的機率爲 73/648。

舉例 2：丟硬幣 200 次，記錄正面機率爲何，這樣爲一組試驗，記錄非常多組的情況，樣本平均數就是正面的機率，參考圖 2 其樣本平均數（正面機率）與該機率的次數（組數）圖，呈現常態分布。而這試驗因爲只有正面與反面，所以每一次的機率會服從二項分布，並且可發現其樣本平均數的機率函數分布圖案會接近常態分布。

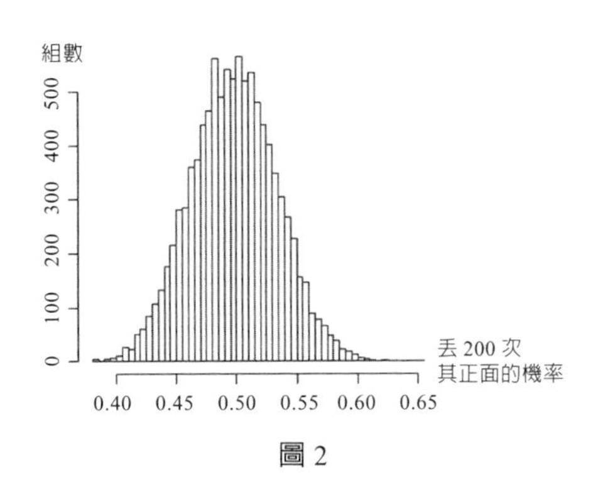

圖 2

同時統計學家已經證明出**從任何母體中選取特定樣本數**，其樣本平均數的分布會逼近常態分布，參考圖 3。所以可以了解到，**當樣本數夠大時，就不需要知道母體的原始分布形狀**。也就是說，中央極限定理可以應用在所有的母體分布。而中央極限定理的特定樣本數的數量到底要多大，才會使得樣本平均數的分布接近常態分布？統計學家發現，如果母體分布對稱，只要樣本數 10 以上，就會接近常態分布；而如果母體是偏態分布，只要樣本數 30 以上，就會接近常態分布。

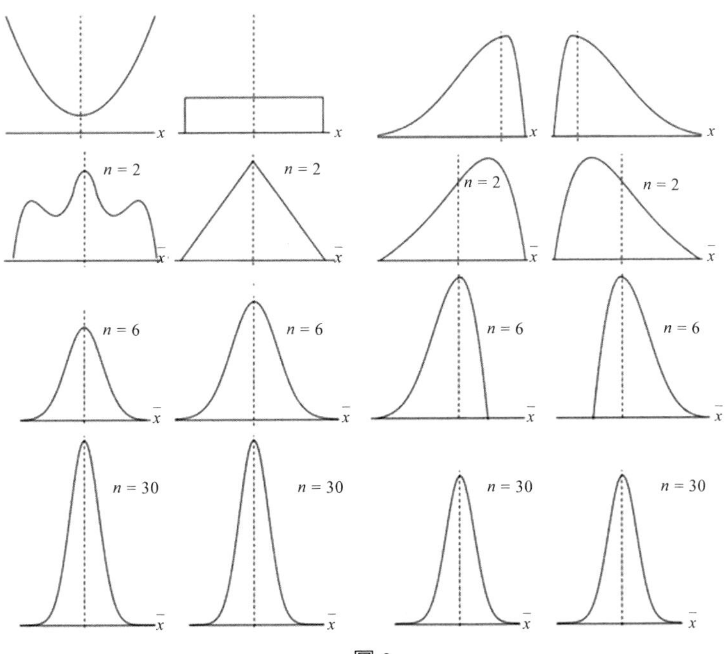

圖 3

4-6 中央極限定理的歷史

在 1733 年中央極限定理被法國數學家棣美弗發現，他發表的論文中就已經使用常態分布去估計大量拋擲硬幣出現正面次數的分布。在 1812 年法國數學家拉普拉斯發表的巨著《Theorie Analytique des Probabilités》中也常用**中央極限定理**。拉普拉斯擴展了棣美弗的理論，並指出二項分布逼近常態分布。但棣美弗與拉普拉斯發現的**中央極限定理**，並沒引起大家的反應。直到 19 世紀末中央極限定理的重要性才被世人所知。到 1901 年俄國數學家**里雅普諾夫**（Aleksandr Mikhailovich Lyapunov）用隨機變量定義中央極限定理，使得容易被人所理解。至今中央極限定理被認爲是機率論中的最重要的定理之一。

棣美弗 — 拉普拉斯（de Movire-Laplace）定理是中央極限定理的最初版本。發現數量 n、機率 p 的二項分布，當數量夠多時，分布會逼近常態分布，並會得到平均值 = np、及變異數 = $np(1-p)$、標準差爲 $\sqrt{np(1-p)}$，證明見註解。

同時白努利也提出了實驗的方法，其中可以參考高爾頓板了解實驗模型，高爾頓板類似彈珠檯。如果將小球碰到釘子視爲一次選擇左右，左或右的機率都是 1/2，即 p = 1/2 的一次白努利試驗。小球從頂端到底層共需要經過 n 排釘子，相當於一個 n 次白努利試驗。小球的高度曲線也就可以看作二項分布隨機變量的機率密度函數。因此高密頓板小球累積高度曲線可解釋中央極限定理爲什麼是常態分布的鐘形曲線，見圖 1。

由以上的說明，我們就可以了解中央極限定理的意義，及中央極限定理與常態分布的關係。

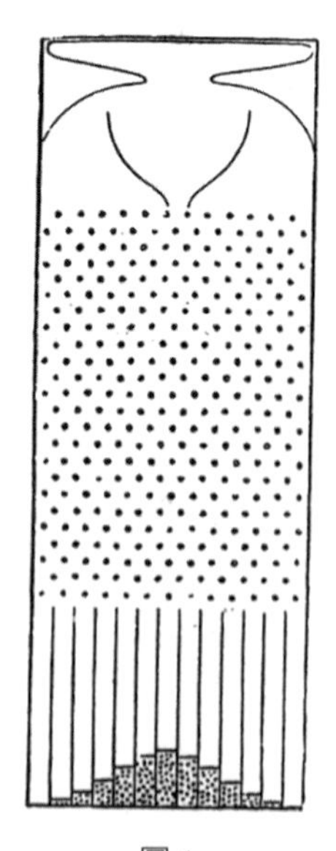

圖 1

註解：

令成功機率爲 p，失敗機率爲 $q=1-p$，而白努利進行 n 次的二項試驗，若隨機變數 X 爲 n 次試驗中成功的次數，則隨機變數 X 的期望值爲 $\mu=E(x)=np$，隨機變數 X 的變異數爲 $Var(x)=np(1-p)$。

證明：$\mu=E(x)=np$

$$E(x)=\sum_{k=0}^{n}k\times f(k)=\sum_{k=0}^{n}k\times C_k^n p^k q^{n-k}=\sum_{k=0}^{n}k\times\frac{n!}{k!(n-k)!}\times p^k q^{n-k}$$

$$=\sum_{k=0}^{n}k\times\frac{n!}{k\times(k-1)!(n-k)!}\times p^k q^{n-k}=\sum_{k=0}^{n}\frac{n\times(n-1)!}{(k-1)!(n-k)!}\times p^k q^{n-k}$$

$$=np\sum_{k=0}^{n}\frac{(n-1)!}{(k-1)!(n-k)!}\times p^{k-1}q^{n-k}=np\sum_{k=0}^{n}C_k^{n-1}\frac{(n-1)!}{(k-1)!(n-k)!}\times p^{k-1}q^{n-k}$$

$$=np(p+q)^{n-1}$$

因 $q=1-p$，所以 $p+q=1$，故 $E(x)=np(1)^{n-1}=np$

證明：$Var(x)=np(1-p)$

第一步：$Var(x)=E[(x-\mu)^2]=E[(x-\mu)^2]$

$$=E[x^2-2\mu x+\mu^2]=E(x^2)-2\mu E(x)+E(\mu^2)$$

$$=E(x^2)-2\mu\times\mu+\mu^2=E(x^2)-\mu$$

第二步：$E(x^2)=\sum_{k=0}^{n}k^2\times C_k^n p^k q^{n-k}=\sum_{k=0}^{n}k\times C_k^n p^k q^{n-k}+\sum_{k=0}^{n}(k^2-k)\times C_k^n p^k q^{n-k}$

已知 $E(x)=\sum_{k=0}^{n}k\times C_k^n p^k q^{n-k}=np$

$$=np+\sum_{k=0}^{n}k(k-1)\times C_k^n p^k q^{n-k}$$

$$=np+\sum_{k=0}^{n}k(k-1)\times\frac{n!}{k!(n-k)!}p^k q^{n-k}$$

$$=np+\sum_{k=0}^{n}k(k-1)\times\frac{n(n-1)\times(n-2)!}{k(k-1)\times(k-2)!(n-k)!}p^k q^{n-k}$$

$$=np+n(n-1)\sum_{k=0}^{n}\frac{(n-2)!}{(k-2)!(n-k)!}p^k q^{n-k}$$

$$=np+n(n-1)p^2\sum_{k=0}^{n}\frac{(n-2)!}{(k-2)!(n-k)!}p^{k-2}q^{n-k}$$

$$=np+n(n-1)p^2(p+q)^{n-2}=np+n(n-1)p^2(1)^{n-2}$$

$$=np+n^2p^2-np^2$$

第三步：$Var(x)=E(x^2)-\mu^2=np+n^2p^2-np^2-(np)^2=np-np^2=np(1-p)$

4-7 標準化

已知常態分布與標準差的關係，是具有 68-95-99.7 的比例關係，見圖 1。在數學上標準化是計算出數據與平均的差距幾個標準差，有助於判斷數據的在整體統計量的位置，也有助於判斷分散程度。見圖 2。

同時標準化是基本統計中都會用到的方法。標準化分兩種：

1. 母體標準化：$z = \frac{x_i - \mu}{\sigma}$。標準化的數據又稱標準分數（Standard Score），又稱 z 分數（z-score），其中 μ 是母體平均數，σ 是母體標準差。在常態分布時，標準化有助於判斷位置。

   - 樣本平均數的標準化：$z = \frac{\bar{x} - \mu}{\sigma / \sqrt{n}}$。在先前已知以樣本平均數 $\bar{x}$ 爲隨機變數的分布是常態分布，其推導的母體標準差爲 $\frac{\sigma}{\sqrt{n}}$，根據中央極限定理樣本平均會等於母體平均，及樣本平均數的抽樣分布會接近常態分布。所以可以把樣本平均數的數據代入母體標準化 $z = \frac{x_i - \mu}{\sigma} \Rightarrow z = \frac{\bar{x} - \mu}{\sigma / \sqrt{n}}$。

2. 樣本標準化：$t = \frac{x_i - \bar{x}}{s}$。其中 $\bar{x}$ 是樣本平均數，s 是樣本標準差 $s = \sqrt{\frac{\sum_{i=1}^{n}(x_i - \bar{x})^2}{n-1}}$。

   但樣本不一定會接近常態分布，所以會用 t 分布，並參考樣本數，來決定使用哪一張 t 分布，再由該圖來判斷標準化後的位置。以下是不同數量時的 t 分布與常態分布的比較。並可發現當數量變大時，t 分布也會接近標準常態分布。所以在不同情況時，不可混用，以免母體與樣本搞混而導致得到錯誤的統計數值。

我們可以發現樣本標準差用 $n-1$ 是因與自由度有關，如果不用 $n-1$ 而用 n，在 n 值很小的時候容易產生誤差。所以有時在醫療統計上的實驗，因爲 n 太小（如：開刀數量），都會用到 t 分布，而不用常態分布。

如何利用標準化判斷位置

全校 1000 人，該次期中考英文平均 75 分，標準差 5 分，紹華考 80 分；期末考英文平均 80 分，標準差 2 分，紹華考 84 分，假設兩次數據分布都接近常態分布，請問紹華期末考在全校排名進步還是退步？已假設數據分布都接近常態分布，故用常態分布的圖來判斷落在哪位置。將期中考成績標準化，可得到 $z = \frac{80-75}{5} = 1$，也就是成績距離平均 1 個標準差；將期末考成績標準化，可得到 $z = \frac{84-80}{2} = 2$，也就是成績距離平均 2 個標準差，所以校排名進步了。以圖案來看就是第一次是 50% + 34% = 84% 的位置，第二次就到了 50% + 47.5% = 97.5% 的位置，圖 3。

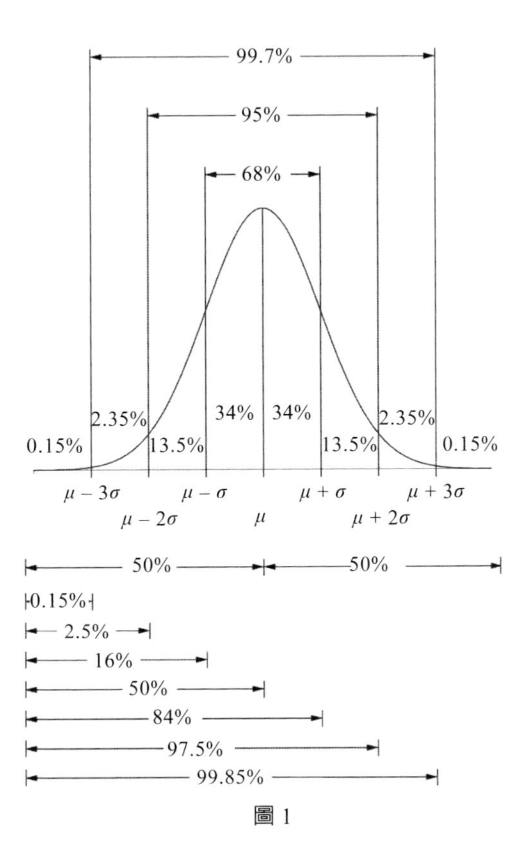
99.7%
95%
68%
0.15%
2.35%
13.5%
34%
34%
13.5%
2.35%
0.15%
μ − 3σ
μ − 2σ
μ − σ
μ
μ + σ
μ + 2σ
μ + 3σ
50%
50%
0.15%
2.5%
16%
50%
84%
97.5%
99.85%

圖 1

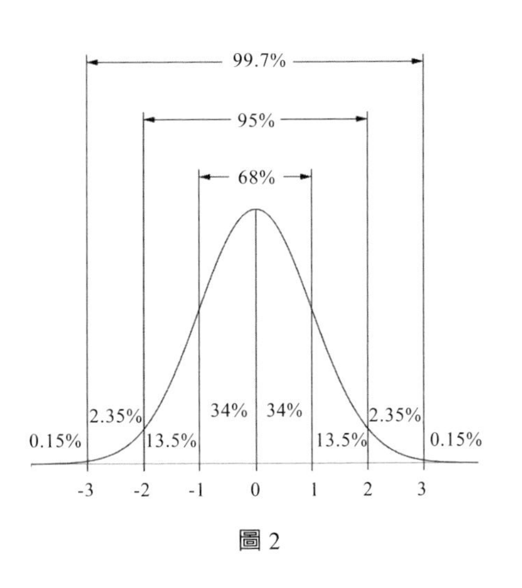
99.7%
95%
68%
0.15%
2.35%
13.5%
34%
34%
13.5%
2.35%
0.15%
-3
-2
-1
0
1
2
3

圖 2

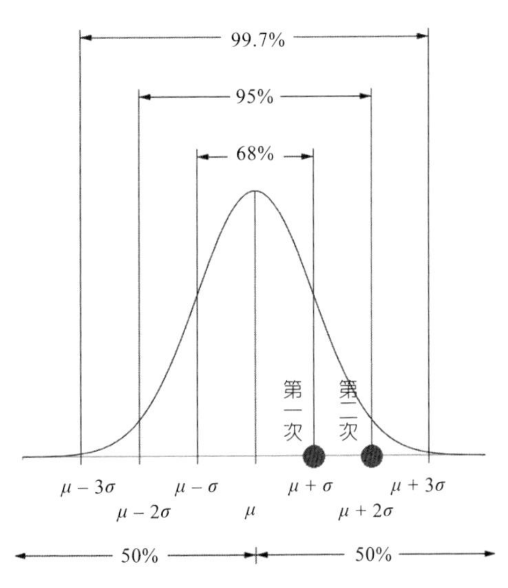
99.7%
95%
68%
第一次
第二次
μ − 3σ
μ − 2σ
μ − σ
μ
μ + σ
μ + 2σ
μ + 3σ
50%
50%

圖 3

4-8 常態分布的歷史與標準常態分布

常態分布到底是怎麼被發現的？先認識常態分布的方程式：$f(x)=\frac{e^{\frac{-(x-\mu)^2}{2\sigma^2}}}{\sigma\sqrt{2\pi}}$，或是觀察令 $\mu=0,\ \sigma=1,\ f(x)=\frac{e^{\frac{-x^2}{2}}}{\sqrt{2\pi}}$ 的圖案，一般來說二項分布的由來比較好理解，直接從圖案上來觀察就可以發現二項分布的圖案，見圖 1。當 n 夠大時（$n=40$，圓點），會逼近常態分布。

不同國家的數學家，推導出常態分布的方法及原因不盡相同。在 17 世紀伽利略指出天文觀測取得的數據，因爲不完善的儀器和不完善的觀察員導致發生誤差，但他也發現這些誤差是對稱的，出現的小誤差多於較大的誤差。導致他做出幾種假設的誤差分布。最後在 1809 年高斯制定了誤差分布的函數，表明誤差的產生情況會符合現在的所稱的常態分布。而此分布在工程上被稱爲 Gaussian Noise（或 Gaussian Function），用來處理通訊中產生的雜訊，因爲雜訊會呈現常態分布。

如何找出誤差的分布，比如說：一隻筆作成 17 公分，但不同人去量會有不同長度，如 17.10、16.98、17.03、……、16.85，反覆做五百次後，可以發現點分布在某個曲線附近，見圖 2。

而高斯經常測量天文，它對這樣的曲線相當有感覺，直覺上就是與此函數 $f(x)=a^{-x^2}$ 有關，最後爲了配合不同數據的平均與標準差，以及讓形狀更貼近數據，所以最後得到 $f(x)=\frac{e^{\frac{-(x-\mu)^2}{2\sigma^2}}}{\sigma\sqrt{2\pi}}$ 的形式。而這種常態分布記作：$N(\mu,\sigma^2)$。

每一種常態分布都呈現不同形狀，將難以利用，見圖 3。先前已介紹每一個常態分布內部的面積比例都是一樣的，如 1σ、2σ、3σ 對應的面積是 68%、95%、99.7%，所以我們可以利用標準化將各種常態分布化成標準常態分布。已知標準化是爲了了解

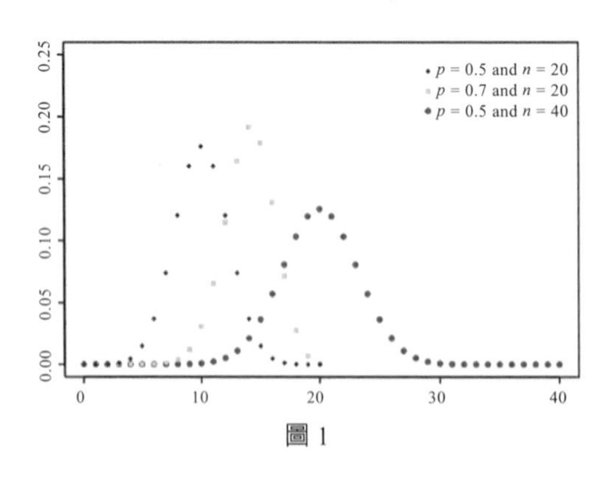

圖 1

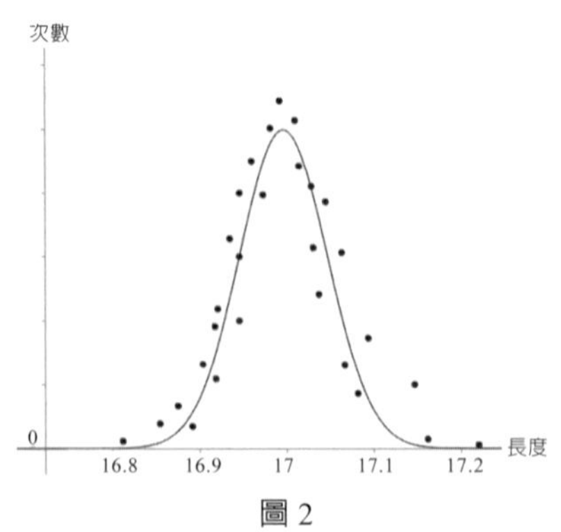

圖 2

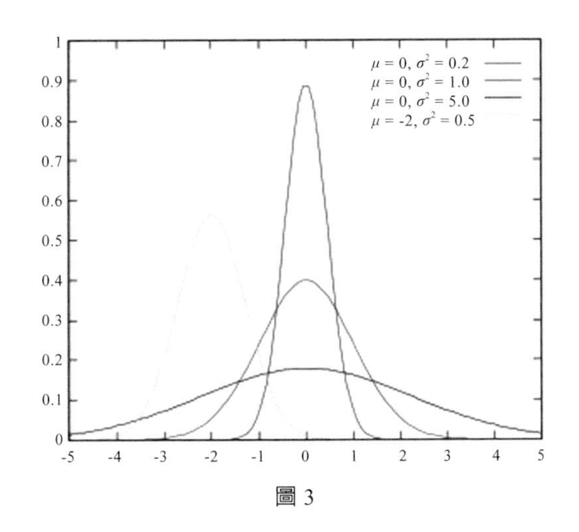

圖 3

z 表

z	*α*
1.00	0.3413
1.65	0.4505
1.96	0.475
2.00	0.4772
2.58	0.4951
3.00	0.4987

各數據所在的位置，以及了解範圍內的曲線面積占全體比例，比如說，標準化後，–1到 1 的占全部的 68%。可參考 4-7 節的圖 2。而我們爲了更好利用常態分布來進行統計，都是利用母體平均數 $\mu = 0$、母體標準差 $\sigma = 1$ 的常態分布，稱標準常態分布（z score），記作 $N(0, 1)$。以下爲常利用的 *z* 分數，也稱 *z* 表，見上表，完整 *z* 表及如何使用請見《圖解統計與大數據》的第四章。

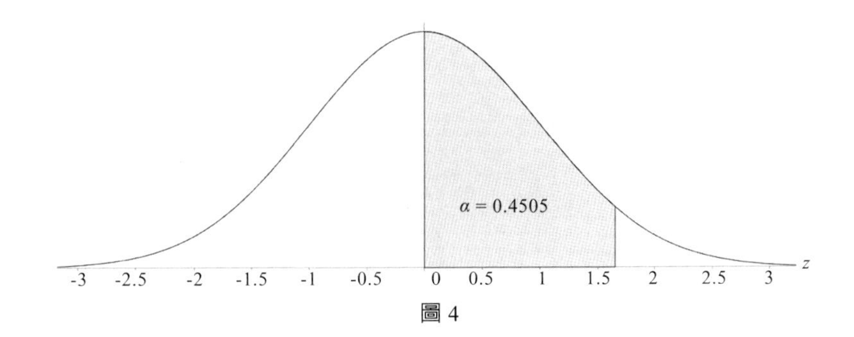

圖 4

而 *z* 表的意義就是給 *z* 值，得到 0 到 *z* 的區間面積，如 $z = 1.65$，也就是 0 到 1.65 的區間面積是 0.4505，更清楚的說：平均值到 1.65 個標準差的位置占全部面積的 0.4505 = 45.05%。而這些內容對於我們在進行估計時，將會經常用到。

補充說明：不管母體是怎樣的分布，在 n 夠大時，樣本平均數的分布會因中央極限定理接近常態分布，所以可記作：$\lim_{n\to\infty}\frac{\overline{x}-\mu}{\sigma/\sqrt{n}} \to N(0,1)$。

4-9 t 分布與自由度

不是任何時候都能用常態分布，必須在樣本數非常大的時候才可以。而樣本數少的時候應該用什麼分布？要用t分布（t-distribution），t分布用於當樣本數少於30的時候。

t 分布是應用在估計呈常態分布的母群體之平均數。它是對兩個樣本均值差異進行顯著性測試的 t 檢定的基礎。t 檢定改進了 z 檢定（z-test），因爲 z 檢定以母體標準差已知爲前提。雖然在樣本數量大（超過 30 個）時，可以應用 z 檢定來求得近似值，但 z 檢定用在小樣本會產生很大的誤差，因此必須改用 t 檢定以求準確。

在母體標準差未知的情況下，不論樣本數量大或小皆可應用 t 檢定。在比較的數據有三組以上時，因爲誤差無法壓低，此時可以用變異數分析（ANOVA）代替 t 檢定。

常態分布與 t 分布，兩者的差異是樣本數不同時，要用不同的分布，樣本數很多的時候可用常態分布，樣本數少的時候必須要 t 分布，否則在進行統計分析時將會誤差非常大，見圖，可知在樣本數少的時候差異很大。但在樣本數夠大時，會接近常態分布。見圖 1。

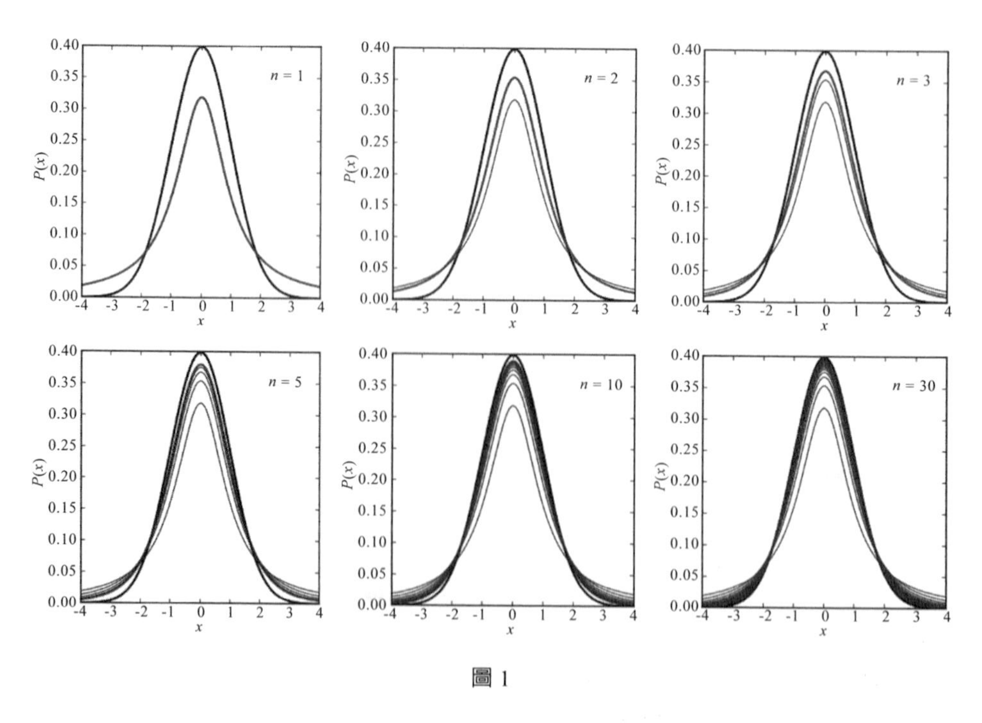

圖 1

統計的目標是為了從樣本去推論母體，當抽取數據的數量夠多，方法夠隨機，樣本的統計數值就會更貼近母體情形。所以當不能用常態分布時，將會利用到 t 分布，再由樣本平均數來預測母體平均數時，而 t 分布的特色是形狀與**自由度**有關，而自由度由樣本數決定。而**在醫療統計中因為病患樣本數不易取得夠多的數量，所以都必須使用 t 分布**。

統計學上的自由度（英語：degree of freedom ，記作：df），是指當以樣本的統計量來估計母體的參數時，樣本中獨立或能自由變化的數據的個數，稱爲該統計量的自由度。

例 1：估計母體的平均數 μ 時，由於樣本中的 n 個數都是相互獨立的，任一個尚未抽出的數都不受已抽出任何數值的影響，所以自由度爲 n。

例 2：使用樣本的標準差 s 去推論母體的標準差 σ 時，s 必須用到樣本平均數 $\bar{x}$ 來計算。$\bar{x}$ 在抽樣完成後已確定，所以樣本數爲 n 時只要 $n-1$ 個數確定了，第 n 個數就只有一個數字能使樣本符合 $\bar{x}$ 的數值。舉例：已知三數平均是 8，我們只要知道兩個數字爲 6、7，就可以推論第三個數字爲 11。或是兩個數字爲 11、12，就可以推論第三個數字爲 1。

所以在已知平均的情況下，樣本數爲 n 時，只有 $n-1$ 個數樣本可以自由變化，只要確定了這 $n-1$ 個數，標準差也就確定了。所以樣本標準差 s 的自由度爲 $n-1$。

例 3：統計模型的自由度等於可自由取值的自變數的個數。如在回歸方程中，如果共有 p 個參數需要估計，則其中包括了 $p-1$ 個自變數，因此該回歸方程的自由度爲 $p-1$。

到底何時可用標準常態分布或是 t 分布，而兩者的的使用取決於數量的多寡。一開始都是先假設母體爲常態分布，但樣本數量的不同用不一樣的分布。當數量多時，我們用標準常態分布；當數量少時，我們用 t 分布。若假設母體不是常態，就要利用中央極限定理，並抽取數量夠大的樣本，才能保證樣本平均數分布逼近常態分布。見圖 2。

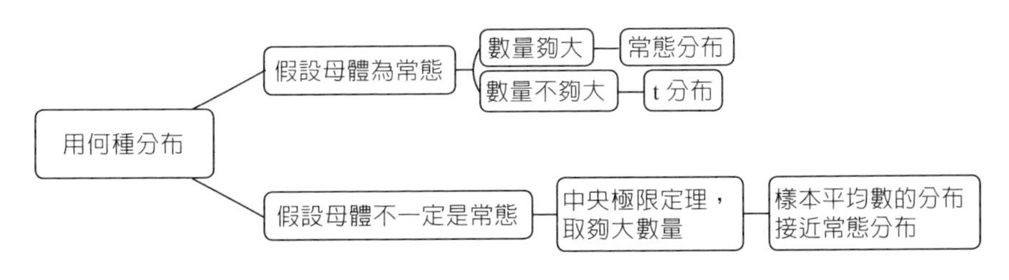

圖 2

4-10 t 分布歷史與 t 分布表

1908 年英國人威廉．戈塞（Willam S. Gosset）首先發表 t 分布，當時他在愛爾蘭都柏林的釀酒廠工作。酒廠禁止員工發表與釀酒有關的內容，但在不提到釀酒的前提下，允許他以 Student 的名稱發表 t 分布的論文。之後相關理論由羅納德．費雪（Sir Ronald Aylmer Fisher）的發揚光大，費雪爲了感謝戈塞的功勞，將此分布命名爲 Student's t 分布（Student's t-distribution）。先認識常用的 t 分布表（t 表），參考下表。

One Sided	75%	80%	85%	90%	95%	97.50%	99%	99.50%	99.75%	99.90%	99.95%
Two Sided	50%	60%	70%	80%	90%	95%	98%	99%	99.50%	99.80%	99.90%
1	1	1.376	1.963	3.078	6.314	12.71	31.82	63.66	127.3	318.3	636.6
2	0.816	1.08	1.386	1.886	2.92	4.303	6.965	9.925	14.09	22.33	31.6
3	0.765	0.978	1.25	1.638	2.353	3.182	4.541	5.841	7.453	10.21	12.92
4	0.741	0.941	1.19	1.533	2.132	2.776	3.747	4.604	5.598	7.173	8.61
5	0.727	0.92	1.156	1.476	2.015	2.571	3.365	4.032	4.773	5.893	6.869
6	0.718	0.906	1.134	1.44	1.943	2.447	3.143	3.707	4.317	5.208	5.959
7	0.711	0.896	1.119	1.415	1.895	2.365	2.998	3.499	4.029	4.785	5.408
8	0.706	0.889	1.108	1.397	1.86	2.306	2.896	3.355	3.833	4.501	5.041
9	0.703	0.883	1.1	1.383	1.833	2.262	2.821	3.25	3.69	4.297	4.781
10	0.7	0.879	1.093	1.372	1.812	2.228	2.764	3.169	3.581	4.144	4.587
15	0.691	0.866	1.074	1.341	1.753	2.131	2.602	2.947	3.286	3.733	4.073
20	0.687	0.86	1.064	1.325	1.725	2.086	2.528	2.845	3.153	3.552	3.85
30	0.683	0.854	1.055	1.31	1.697	2.042	2.457	2.75	3.03	3.385	3.646
50	0.679	0.849	1.047	1.299	1.676	2.009	2.403	2.678	2.937	3.261	3.496
100	0.677	0.845	1.042	1.29	1.66	1.984	2.364	2.626	2.871	3.174	3.39
120	0.677	0.845	1.041	1.289	1.658	1.98	2.358	2.617	2.86	3.16	3.373
∞	0.674	0.842	1.036	1.282	1.645	1.96	2.326	2.576	2.807	3.09	3.291

使用的類形如下：

(1) 雙尾 Two Sided，就是圖 1 的原點向左右兩側計算面積，此圖意味著自由度 20，面積 95% 其 t 值是 2.086，也就是樣本平均左右 2.086 個標準差的位置涵蓋 95% 面積，與 z 表不同的是，z 表是給 z 值求面積比例，而 t 表是給自由度與面積求 t 值。

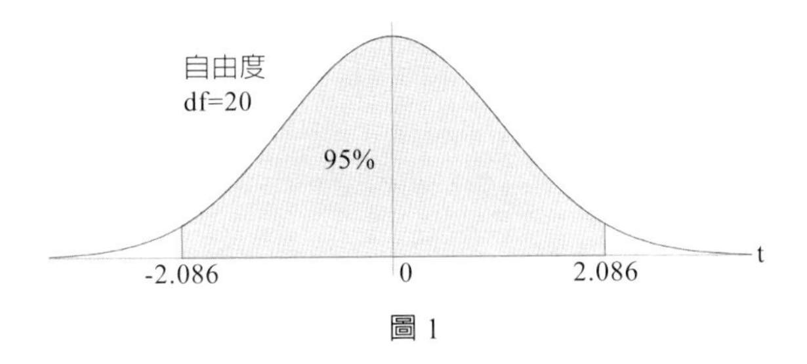

圖 1

(2) 單尾 One Sided，就是圖 2 的左側向右側計算面積，此圖意味著自由度 10，面積 85% 其 t 值是 1.093，也就是樣本左側到右側 1.093 個標準差的位置涵蓋 85% 面積。而圖案不一定是左到右，也可以右到左。見圖 3。

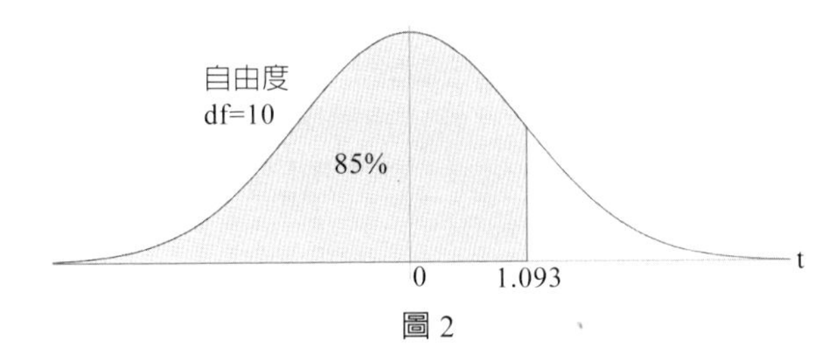

圖 2

(3) 單尾也可以是圖 3 右側向左側計算面積，此圖意味著自由度 30，面積 99.9% 其 t 值是 -3.385，也就是樣本右側到左側 3.385 個標準差的位置涵蓋 99.9% 面積。

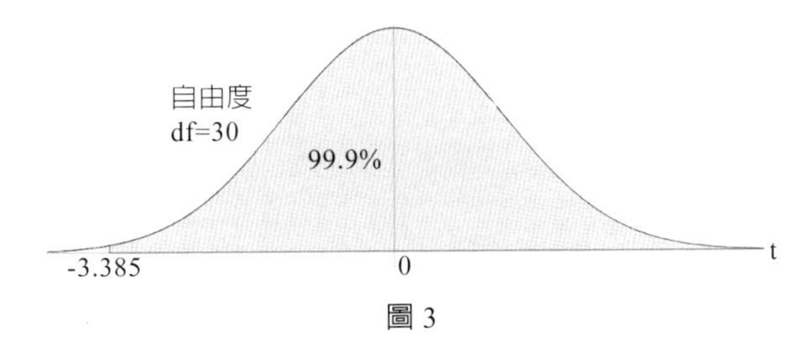

圖 3

爲什麼會需要單尾或是雙尾，這將在假設檢定的時候會用到。並且我們可以看到 t 分布表可發現自由度愈小，要涵蓋大範圍需要的標準差個數就愈多，也意味著愈自由度愈不準。並且也發現到自由度 = 30，已經很接近常態分布。由以上說明可知數量少時要用 t 分布，並且樣本數量愈少，準確性愈差，所以我們要能收集多一點樣本，如果不行就必須利用 t 分布表。

4-11 卡方分布與 F 分布

(一) 卡方分布

卡方分布（χ^2 分布，Chi-squared distribution，χ^2-distribution，χ 念 Chi，音標爲 /ˈkaɪ/）是統計常用的一種機率分布，若 k 個隨機變量 z_1、z_2、z_3……、z_k 是相互獨立，並符合標準常態分布，也就是數學期望值爲 0、變異數爲 1。則稱隨機變量的平方和服從自由度爲 k 的卡方分布，記作 $X \sim \chi^2(k)$ 或 $X \sim \chi^2_k$。卡方分布的形成相當複雜，但統計學家已經做出卡方分布的特性，卡方分布的機率函數爲 $f(x)=\dfrac{1}{2^{\frac{k}{2}}\Gamma(\frac{k}{2})}x^{\frac{k}{2}-1}e^{-\frac{x}{2}}$，$k$ 爲自由度，Γ 代表 Gamma 函數。而卡方分布的期望值 = 自由度、卡方分布的變異數 = 兩倍自由度。

卡方分布是計算變異數的分布，用樣本變異數檢定母體變異數時需要用到的分布，卡方分布也與自由度有關，見圖 1、表 1。

(二) F- 分布

在機率論和統計學裡，F- 分布（F-distribution）也是一個常用的分布。它是一種連續機率分布，廣泛應用於比率的檢定，特別在變異數分析 ANOVA 中。而一個 F- 分布的隨機變量是兩個卡方分布變量的比率。在本書不做 F 分布的推導，只要會利用 F- 分布的圖表來做檢定，請參考圖 2、表 2。

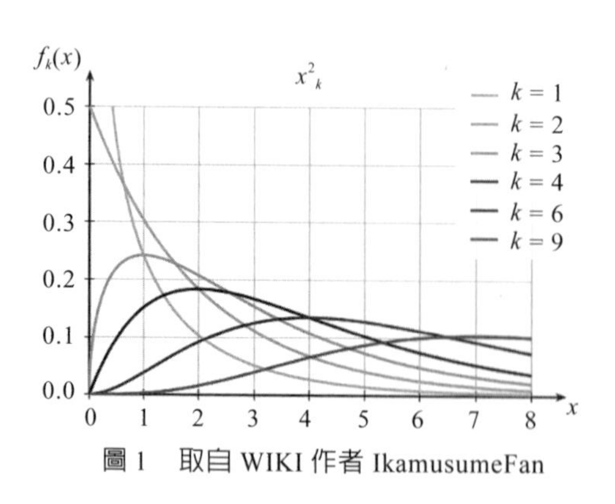

圖 1　取自 WIKI 作者 IkamusumeFan

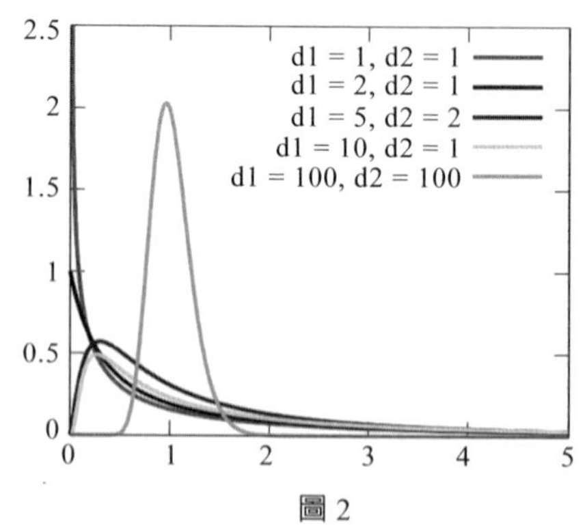

圖 2

表 1

機率 自由度 k	0.95	0.9	0.8	0.7	0.5	0.3	0.2	0.1	0.05	0.01	0.001
1	0.004	0.02	0.06	0.15	0.46	1.07	1.64	2.71	3.84	6.64	10.83
2	0.1	0.21	0.45	0.71	1.39	2.41	3.22	4.60	5.99	9.21	13.82
3	0.35	0.58	1.01	1.42	2.37	3.66	4.64	6.25	7.82	11.34	16.27
4	0.71	1.06	1.65	2.20	3.36	4.88	5.99	7.78	9.49	13.28	18.47
5	1.14	1.61	2.34	3.00	4.35	6.06	7.29	9.24	11.07	15.09	20.52
6	1.63	2.2	3.07	3.83	5.35	7.23	8.56	10.64	12.59	16.81	22.46
7	2.17	2.83	3.82	4.67	6.35	8.38	9.80	12.02	14.07	18.48	24.32
8	2.73	3.49	4.59	5.53	7.34	9.52	11.03	13.36	15.51	20.09	26.12
9	3.32	4.17	5.38	6.39	8.34	10.66	12.24	14.68	16.92	21.67	27.88
10	3.94	4.86	6.18	7.27	9.34	11.78	13.44	15.99	18.31	23.21	29.59

表 2

$\alpha = 0.05$		分子自由度									
		1	2	3	4	5	6	7	8	9	10
分母自由度	1	161	199	216	225	230	234	237	239	241	242
	2	18.5	19	19.2	19.2	19.3	19.3	19.4	19.4	19.4	19.4
	3	10.13	9.55	9.28	9.12	9.01	8.94	8.89	8.85	8.81	8.79
	4	7.71	6.94	6.59	6.39	6.26	6.16	6.09	6.04	6	5.96
	5	6.61	5.79	5.41	5.19	5.05	4.95	4.88	4.82	4.77	4.74
	6	5.99	5.14	4.76	4.53	4.39	4.28	4.21	4.15	4.1	4.06
	7	5.59	4.74	4.35	4.12	3.97	3.87	3.79	3.73	3.68	3.64
	8	5.32	4.46	4.07	3.84	3.69	3.58	3.5	3.44	3.39	3.35
	9	5.12	4.26	3.86	3.63	3.48	3.37	3.29	3.23	3.18	3.14
	10	4.96	4.1	3.71	3.48	3.33	3.22	3.14	3.07	3.02	2.98

4-12 複迴歸分析 (1)

已知只要有數據就可以計算出迴歸線，但數據不一定都會是單變數 $x_1, x_2, x_3, \cdots\cdots, x_n$ 對應 $y_1, y_2, y_3, \cdots\cdots, y_n$，而是有可能有多個變數來影響數據。如汽車每一公升能開的里程數與車子的重量（X_1）有反向關係，也就是車子愈重愈耗油，則行駛里程數愈少，以及汽車每一公升能開的里程數及汽油中的辛烷值（X_2）有正向關係，也就是汽油中的辛烷值比例愈高，高級引擎愈能發揮高馬力性能，則行駛里程數愈多。所以每公升的汽油與里程數的方程式有著兩個自變數 X_1、X_2，被稱爲兩個自變數的複迴歸方程式，可假設方程式爲 $Y = \alpha + \beta_1 X_1 + \beta_2 X_2 + \varepsilon$，可以看到方程式中有 ε，因爲實際情況中我們必須假設一個誤差值的存在，但我們用數據回推各項係數時，因爲誤差值無法得到。同時因爲是用樣本回推，所以不一定會準確，但是我們知道當數據量大時將會樣本會接近母體情況，所以可以推估出一個樣本方程式 $\hat{Y} = \hat{\alpha} + \hat{\beta}_1 X_1 + \hat{\beta}_2 X_2$ 會接近 $Y = \alpha + \beta_1 X_1 + \beta_2 X_2 + \varepsilon$ 的母體方程式，$\hat{\alpha}$ 會接近 α，其他以此類推，帽子的符號代表樣本的意思。

同時數據紀錄應記爲足碼形式 $X_1 = \{x_{11}, x_{12}, x_{13}, ..., x_{1n}\}$、$X_2 = \{x_{21}, x_{22}, x_{23}, ..., x_{2n}\}$ 對應 $\hat{Y} = \{y_1, y_2, y_3, ..., y_n\}$，爲什麼這麼做？因爲我們在數學上慣例在少量變數時，如三個，用 $x_1, x_2, x_3, \cdots\cdots, x_n$、$y_1, y_2, y_3, \cdots\cdots, y_n$，對應 $z_1, z_2, z_3, \cdots\cdots, z_n$，每筆數據的數對可表示爲 (x_k, y_k, z_k)。但因爲複迴歸方程式的自變數在生活上常常會到上百個。如：Amazon 的推薦系統的自變數到 400 多個。此時我們想讓數據表示爲 $(x_k, y_k, z_k, a_k, b_k ......)$ 顯然不夠用，而且某幾個符號還是係數專用。所以我們必須讓下標具有組別性，以及可判斷性，意思爲一眼可看出是哪組的數據，並知道該數據該代入方程式哪個位置。所以若是 2 個自變數，1 個應變數的方程式，用足碼的方式可寫爲 $\hat{Y}_k = \hat{\alpha} + \hat{\beta}_1 X_{1k} + \hat{\beta}_2 X_{2k}$，而第 2 筆數據的數對可表示爲 (y_2, x_{12}, x_{22})，而第 k 筆數據的數對可表示爲 (y_k, x_{1k}, x_{2k})，$x_{\odot\odot}$的足碼第一個是代表第幾個變數，足碼第二個是該變數第幾筆數據。參考表 1。

表 1

數據編號	里程數 y	車重 x_1	辛烷值 x_2
1	y_1	x_{11}	x_{21}
2	y_2	x_{12}	x_{22}
3	y_3	x_{13}	x_{23}

比如說 x_{12} 就代表車重的第 2 筆數據。

如果有 5 個自變數，見表 2 看數據，同理，方程式可設

$$\hat{Y}_k = \hat{\alpha} + \hat{\beta}_1 X_{1k} + \hat{\beta}_2 X_{2k} + \hat{\beta}_4 X_{4k} + \hat{\beta}_5 X_{5k}$$

表 2

數據編號	y	x_1	x_2	x_3	x_4	x_5
1	y_1	x_{11}	x_{21}	x_{31}	x_{41}	x_{51}
2	y_2	x_{12}	x_{22}	x_{32}	x_{42}	x_{52}
3	y_3	x_{13}	x_{23}	x_{33}	x_{43}	x_{53}

回到兩個自變數的複迴歸分析，以某牌車子爲例，假設已收集許多數據，推得複迴歸方程式爲 $\hat{Y}_k = \hat{\alpha} + \hat{\beta}_1 X_{1k} + \hat{\beta}_2 X_{2k} = 3 + 0.003X_{1k} + 0.1X_{2k}$。意思是每一公升的油，車體與人總重爲 800 公斤時，使用辛烷值 95 的汽油，可行走的里程數爲 $\hat{Y}_k = 3 - 0.003 \times 800 + 0.1 \times 95 = 10.1$ 公里。$\hat{\beta}_1$ 對應的是汽車重量，$\hat{\beta}_1 = -0.003$ 意味著車子每多重一公斤，每公升里程數少 0.003 公里。$\hat{\beta}_2$ 對應的是汽油辛烷值，$\hat{\beta}_2 = 95$ 意味著辛烷值每多一單位，每公升里程數多 0.1 公里。

部分人會發現到 $\hat{Y}_k = 3 + 0.003X_{1k} + 0.1X_{2k}$ 該數學式有著不合理的部分，如果令某一筆的資料，車子沒重量、辛烷值爲 0，可以發現 $\hat{Y}_k = 3$，這數值是什麼？此數值稱爲截距，$\hat{Y}_k = 3$ 可能有人會認爲車子沒重量時，汽油辛烷值爲 0 每公升可以開 3 公里。但對應到生活上是不合理的，因爲車子不可能沒重量時，而且汽油辛烷值不可能爲 0。所以我們在複迴歸分析時，必須就該問題討論，而不去討論不合理的數據。

了解兩個自變數推得的複迴歸方程式後，我們可以舉一反三，可以存在有 p 個自變數的複迴歸方程式，稱作一般的複迴歸方程式。

複迴歸方程式的一般式：$\hat{Y}_k = \hat{\alpha} + \hat{\beta}_1 X_{1k} + \hat{\beta}_2 X_{2k} + \hat{\beta}_4 X_{4k} + \ldots + \hat{\beta}_p X_{pk}$

4-13 複迴歸分析 (2)

已知在兩個自變數的複迴歸方程式，方程式爲 $\hat{Y}_k = \hat{\alpha} + \hat{\beta}_1 X_{1k} + \hat{\beta}_2 X_{2k}$，可以觀察到是兩個自變數的 X_{1k}、X_{2k}，與應變數 $\hat{Y}$，可以想成高中數學教過的平面方程式，有三個未知數的方程式 $z = ax + by + c$，而這方程式表達的幾何概念就是平面，所以 $\hat{Y}_k = \hat{\alpha} + \hat{\beta}_1 X_{1k} + \hat{\beta}_2 X_{2k}$ 的形式是一條線性代數組合，但若要放到 3 度空間來討論就是一個平面，也稱迴歸平面，見圖 1。

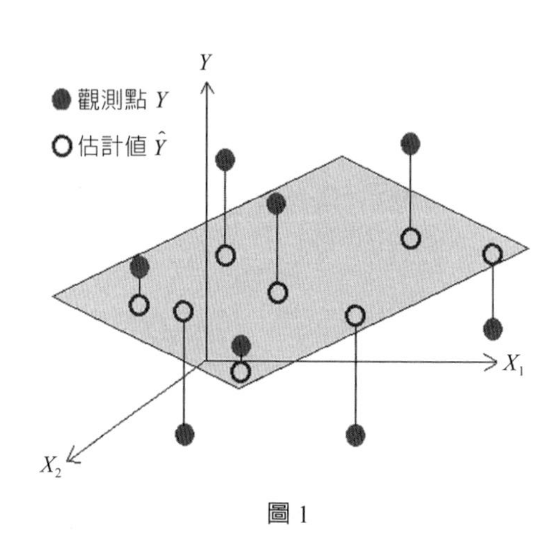

圖 1

可以看到有實心的觀測點與空心的估計點，估計值的產生與單一自變數的分析一樣，利用最小平方法來算出方程式，不同的是單一自變數的迴歸分析是一條線：$\hat{Y} = \hat{\alpha} + \hat{\beta}_1 X_1$，而兩個自變數的複迴歸分析是平面：$\hat{Y}_k = \hat{\alpha} + \hat{\beta}_1 X_{1k} + \hat{\beta}_2 X_{2k}$。

至於 p 個自變數的複迴歸分析 $\hat{Y}_k = \hat{\alpha} + \hat{\beta}_1 X_{1k} + \hat{\beta}_2 X_{2k} + \hat{\beta}_4 X_{4k} + \cdots\cdots + \hat{\beta}_p X_{pk}$，超過我們一般能理解的 3 度空間，只以數學式來理解，每一個估計值會受到多個變數影響。但是我們可以利用統計軟體來計算，以下是利用 Excel 的案例。

例題：討論在 8 月 10 間屋子同一牌冷氣導致的冷氣費用 $\hat{Y}_k$，影響的因素有當月均溫 X_{1k}、牆壁厚度 X_{2k}、使用年數 X_{3k}。利用 Excel 做一次複迴歸分析。參考以下流程圖，圖 2、3。

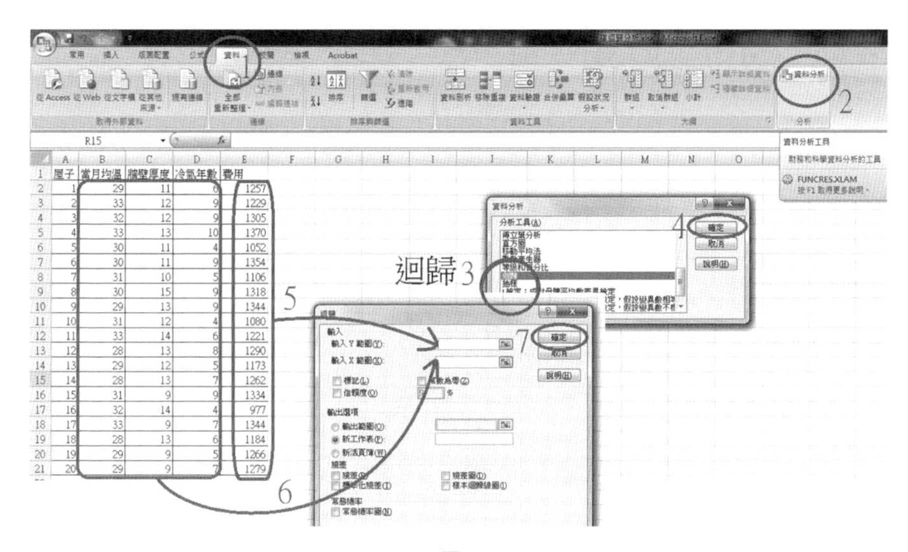

圖 2

	A	B	C	D	E	F
1	屋子	當月均溫	牆壁厚度	冷氣年數	費用	預測 Y
2	1	29	11	6	1257	1218.248
3	2	33	12	9	1229	1311.528
4	3	32	12	9	1305	1322.057
5	4	33	13	10	1370	1346.473
6	5	30	11	4	1052	1107.268
7	6	30	11	9	1354	1358.396
8	7	31	10	5	1106	1162.245
9	8	30	15	9	1318	1297.273
10	9	29	13	9	1344	1338.363
11	10	31	12	4	1080	1081.458
12	11	33	14	6	1221	1130.291
13	12	28	13	8	1290	1298.667
14	13	29	12	5	1173	1152.742
15	14	28	13	7	1262	1248.441
16	15	31	9	9	1334	1378.428
17	16	32	14	4	977	1040.368
18	17	33	9	7	1344	1256.919
19	18	28	13	6	1184	1198.216
20	19	29	9	5	1266	1198.584
21	20	29	9	7	1279	1299.035

摘要輸出

迴歸統計	
R 的倍數	0.901519
R 平方	0.812737
調整的 R 平方	0.777625
標準誤	52.12753
觀察值個數	20

ANOVA

	自由度	SS	MS	F
迴歸	3	188691.3	62897.09	23.14708
殘差	16	43476.47	2717.28	
總和	19	232167.8		

	係數	標準誤
截距	1390.318	216.4129
X 變數 1	-10.5289	6.771494
X 變數 2	-15.2806	6.578106
X 變數 3	50.22555	6.109658

圖 3

可以得到 $\hat{Y}_k = 1390.318 - 10.5289X_{1k} - 15.2806X_{2k} + 50.22555X_{3k}$ 的複迴歸方程式。由以上可知只要我們將數據整理出來，便可由電腦軟體來計算出複迴歸方程式，以利求估計值，但準確性仍然要考慮進去，將在下一節討論。

4-14 複迴歸分析 (3)

我們在線性迴歸中，已知判定準確程度的方法，是利用相關係數是否大於 0.9。相關係數愈大代表此迴歸線愈值得信任，也就是預測愈準。而複迴歸分析中又是利用什麼統計量來代表準確程度？答案是「複迴歸的估計標準誤」。

什麼是複迴歸的估計標準誤（Multiple Standard Error of Estimate）？我們先回想一下標準差是什麼，標準差是用每一筆資料與平均的差異平方：$(Y_k - \overline{Y})^2$，而估計標準誤是則是每一筆資料與迴歸線的差異平方：$(Y_k - \hat{Y}_k)^2$。

複迴歸的估計標準誤定義爲 $S_{Y.123...K} = \sqrt{\dfrac{\sum_{k=1}^{n}(Y_k - \hat{Y}_k)^2}{n-(k+1)}}$

而自由度爲 $n - (k + 1)$，n 爲數量、k 爲自變數數量。

以上一小節的冷氣費用的複迴歸問題爲例，

已知 $\hat{Y}_k = 1390.318 - 10.5289X_{1k} - 15.2806X_{2k} + 50.22555X_{3k}$，其中第 k 筆資料是當月均溫 $X_{1k} = 29$、牆壁厚度 $X_{2k} = 11$、使用年數 $X_{3k} = 6$ 當月費用 $Y_k = 1257$，而利用迴歸線得到 $\hat{Y}_k = 1390.318 - 10.5289 \times 29 - 15.2806 \times 11 + 50.22555 \times 6 = 1218.248$，而 $Y_k - \hat{Y}_k = 1257 - 1218.248 = 38.752$ 此數值又稱殘差，故 $(Y_k - \hat{Y}_k)^2 = (1257 - 1218.248) = 1501.727$，對於其他 19 筆資料也做同樣的動作，並加總可得到 $\sum_{k=1}^{20}(Y_k - \hat{Y}_k)^2 = 43476.47$，此部分我們同樣可利用 Excel 完成。見圖 1。

複迴歸的估計標準誤爲 $S_{Y.123} = \sqrt{\dfrac{\sum_{k=1}^{n}(Y_k - \hat{Y}_k)^2}{20-(3+1)}} = \sqrt{\dfrac{43476.47}{16}} = 52.127$，複迴歸的估計標準誤的數值意義爲何？它代表的是使用此方程式預測花費產生的誤差，並且此誤差的單位與 Y 相同，在本例題的單位是費用（元）。以及如果殘差的分布愈近似常態分布，也就是殘差圖的點會在 0 的上下波動，並且 0 上面點的數值加上 0 下面點的數值總合會接近 0，就代表本次預測正確性愈高。

如果殘差圖殘差的分布愈近似常態分布，代表 68% 的誤差會在 ±52.127 之間，及 95% 會在 ±52.127×2=±104.254 之間。如果有一組新資料是當月均溫 $X_{1k} = 31$、牆壁厚度 $X_{2k} = 14$、使用年數 $X_{3k} = 9$，當月費用 $\hat{Y}_k = 1390.32 - 10.53 \times 31 - 15.28 \times 14 + 50.23 \times 9 = 1302.03$ 再加上誤差，可得到有 68% 爲 1302.03 – 52.127 到 1302.03 + 52.127，也就是當月費用範圍是 1250～1354。有 95% 爲 1302.03 – 104.25 到 1302.03 + 104.25，也就是當月費用範圍是 1198～1406。

我們利用軟體（如：Excel）複迴歸分析出數學方程式，再算出複迴歸的估計標準誤，如果殘差圖近似常態分配，就可以有預測出新數據結果的可能範圍。

	A	B	C	D	E	F	G	H
1	屋子	當月均溫	牆壁厚度	冷氣年數	費用 Y	預測 $\hat{Y}$	殘差 $Y-\hat{Y}$	殘差平方 $(Y-\hat{Y})^2$
2	1	29	11	6	1257	1218.248	38.75213	1501.727
3	2	33	12	9	1229	1311.528	-82.5284	6810.944
4	3	32	12	9	1305	1322.057	-17.0573	290.9521
5	4	33	13	10	1370	1346.473	23.5266	553.501
6	5	30	11	4	1052	1107.268	-55.2679	3054.54
7	6	30	11	9	1354	1358.396	-4.39566	19.32183
8	7	31	10	5	1106	1162.245	-56.2452	3163.52
9	8	30	15	9	1318	1297.273	20.72674	429.5979
10	9	29	13	9	1344	1338.363	5.63667	31.77205
11	10	31	12	4	1080	1081.458	-1.45842	2.126998
12	11	33	14	6	1221	1130.291	90.70942	8228.198
13	12	28	13	8	1290	1298.667	-8.66665	75.11078
14	13	29	12	5	1173	1152.742	20.25828	410.398
15	14	28	13	7	1262	1248.441	13.55891	183.8439
16	15	31	9	9	1334	1378.428	-44.428	1973.846
17	16	32	14	4	977	1040.368	-63.3683	4015.548
18	17	33	9	7	1344	1256.919	87.08086	7583.076
19	18	28	13	6	1184	1198.216	-14.2155	202.0816
20	19	29	9	5	1266	1198.584	67.41648	4544.981
21	20	29	9	7	1279	1299.035	-20.0346	401.3863
22								43476.47

$\sum (Y-\hat{Y})^2$

圖 1

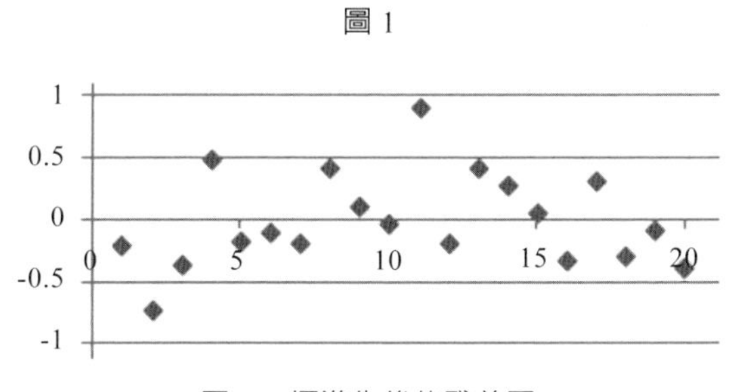

圖 2　標準化後的殘差圖

AI 時代的演進，慢慢的在生活上愈來愈常見，如：無人駕駛車，飛機的導航，而未來較有可能的是人性化機器人，協助判斷的法律 AI、醫療 AI、科學 AI、工程 AI 等，而我們要如何因應新時代的衝擊，成為大數據時代的高級資訊人材（Data Scientist），以及 AI 會帶來現在怎樣的風險、未來社會結構會有怎樣的變化、我們是否應該要有情緒等智能的強人工智慧，就變成一個重要的課題。

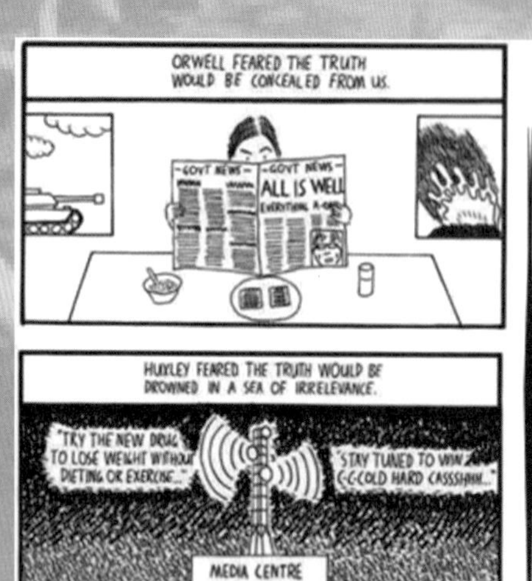

recombinantrecords.net/ Stuart McMillen

第五章
AI的發展與影響

5-1　AI 的發展取決於有創意的教育
5-2　淺談世界 AI 化後教育的衝擊與改變
5-3　AI 帶來極致的便利後，造成的社會結構衝擊
5-4　AI 世界的奶頭樂：人類生活的再省思
5-5　AI 的高度發展後，無條件基本收入作為配套可行嗎？
5-6　AI 的發展重心，應放在讓人類懂數學及 AI 應用更多數學上
5-7　AI 時代改變生活的速度，會如同搭電梯而非緩慢爬坡
5-8　哲學問題思考 —— AI 與人類未來

5-1 AI 的發展取決於有創意的教育

由前面的文章可以知道，經由有效的大數據、機器學習、利用更多的統計與機率的演算法、AI 的能力正在快速成長，同時最重要的是 AI 還有兩大特點，知識經驗的有效傳承、網路時代的資料可以互通有無。換句話說人類在面對 AI 快速的成長，難有招架之力。

人類特有的邏輯能力，AI 比你更好；人類有的數學能力，AI 總有一天會看得懂數學式，並把所有科目的數學運算式整合，再演繹出更高的內容；人類有的創意，目前 AI 此能力不及於人類，但難保他會找出方法，或是它可以上網查詢相關類似的內容，用排除法把不可行的創意方案先去掉，其他的天馬行空再一一驗證，或許就能將天馬行空方法實現，變相達到用創意解決問題。屆時人類可在從中去判斷哪一個是值得選擇的方案。

在短期之內，AI 仍在機器學習階段及創意不足階段，但 AI 會逐漸取代人類的工作，到時候人類的工作首當其衝的受到影響，會有許多人的工作被 AI 取代。而那時可以順利脫穎而出的是程式設計師，再繼續細分的就是有創意的程式設計師會更吃香。而到了 AI 可以利用網路來彌補創意不足的階段時，人類的工作會再進一步刷掉創意不足的工程師，而有創意的工程師仍可以繼續改良 AI。到最後 AI 可以自行寫程式碼後，人類可以藉由發問、提出要求，讓 AI 來完成絕大多數的事情，或許這就是到達烏托邦的情況，但真的是如此嗎？還是會引發其他問題，而這將在下一篇討論。

由上一段可知 AI 會衝擊工作，最後還能站在職場上的人是優秀程式設計師，優秀程式設計師的特質，除了基本功外，如：語法、資料庫等，還應該包含有創意，理解統計與機率、具有高度邏輯思維，見圖 1，只有都具備的人才能在這逐漸 AI 化的世界生存下去。其中理解統計與機率、邏輯，或許可以藉由自主學習來達成，但是創意這個抽象的理念，就不全然是靠學習，不過我們可以相信的是沒有創意的教育，難以產生出有創意的 AI。

在近期即將面臨的 AI 衝擊是資訊人才如何面對創意及團隊問題，見圖 2，我們可發現有四個區塊，個人且創意高，個人且創意低，團隊且創意高，團隊且創意低，而各區塊有著不同的優缺點、機會及風險。

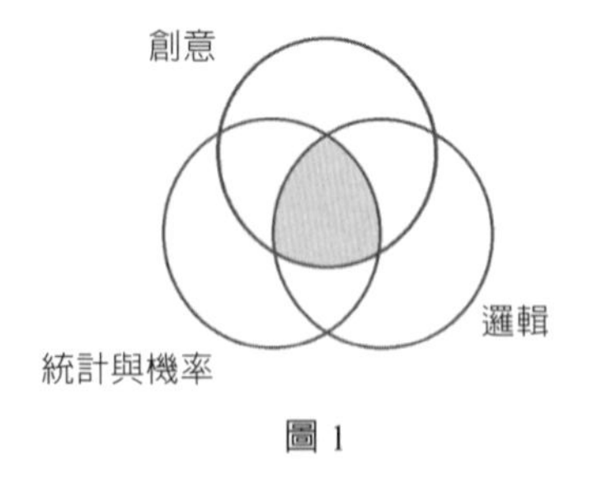

圖 1

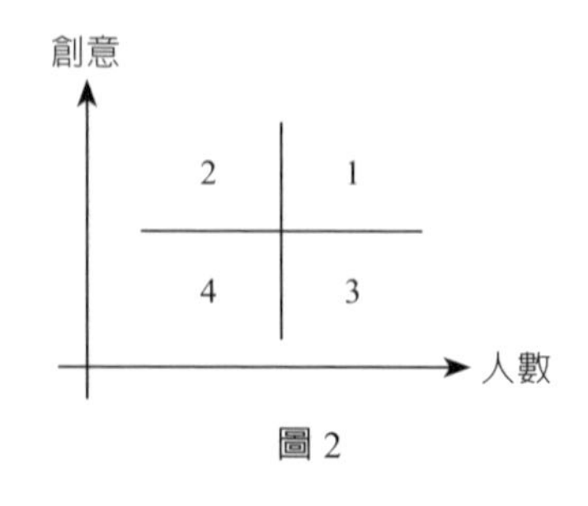

圖 2

1. 團隊且創意高

優點：多人集思廣義，可從一堆創意中尋找出最好的；並且多人分工可各自處理擅長區域，節省時間。

缺點：多頭馬車有可能會在討論上花費更多時間，他人負責的程式碼未必理解。

機會：可以處理更多問題，創造更多工作機會。

風險：較低。

2. 個人且創意高

優點：沒有團隊的拉扯，可以快速進行自己的想法。

缺點：創意比較個人化。

機會：如果能力且創意能高於業界，有機會一支獨秀。

風險：較低。

3. 團隊且創意低

優點：雖然創意不夠，但多人集思廣義，總有機會找到適合的，並且多人分工可各自處理擅長區域，節省時間。

缺點：創意不足，容易被淘汰。

機會：可以處理比較傳統的問題。

風險：較高

4. 個人且創意低

優點：沒有團隊的拉扯，可以快速進行。

缺點：創意不足，容易被淘汰。

機會：費用偏低的客戶。

風險：高。

結論

台灣教育的改革太慢，而 AI 科技演變相當快，如果跟不上腳步，台灣的人才將會在 AI 世界中慢慢被淘汰，同時沒有創意如何產生新科技，所以台灣的教育改革迫在眉睫。

5-2 淺談世界 AI 化後教育的衝擊與改變

隨著世界因 AI 普及後，各個行業及領域將受到衝擊，教育也是其中一員，我們可以沙盤推演可能面臨的情況，進而即早作好防範。

首先是「知己知彼、百戰百勝」，我們要先了解目前的教育情況才能有效防範。在台灣比較常要求的是齊頭式的五育均優，而智育更是默認要求每科都要高分，但這樣就出現了一個很令學生困惑的現象，那及格標準為什麼要設 60 分 !? 為何不直接設 90 分呢？同時更令人詬病的地方是大學可能不是要每一科都要會，那麼過往的教育是否有太多是白學了呢？作者可以斷言，台灣不少學生被**「有備無患」**、**「少壯不努力，老大徒傷悲」**、**「別人會，為什麼你不會」**這類語句影響，以致於對念書沒有興趣。為什麼呢？因為台灣教育要求的就是成績好而已，而成績與記憶力有高度相關，這種所謂的成績好，大部分都靠背書達成。在這種「講光抄」、「背多分」的情況下，大家會逐漸失去學習的動力與創意。但到了 AI 的時代，要念的東西實在太多，實在不可能將這種念書方法，繼續執行下去，這時應該要採取什麼方法呢？首先是改善成績的觀感，**不要再要求科科高分、滿分，而是要適性發展，換言之每個科目只要理解基礎，不必然要全部都會，有興趣的科目再自行加強**。同時評分標準要改變，頻率也要修正，要注重理解，而不是一直在考試。**要知道過度的考試，不會讓學生對學習產生興趣**。

AI 時代的來臨，要學習的內容愈來愈多，查詢問題的方式愈來愈多元，如：上網。老師如果不與時俱進，將會慢慢被淘汰，最後剩下少部分可以利用 AI 輔助教學的老師，或是最後可能連老師都不需要了，僅需要 AI 與學生互動就能教學。為此，作者將 AI 輔助教學分成兩個階段：

第一階段，老師利用 AI 作為輔助教學：以數學為例，老師的授課教學可以採取 AI 輔助進行講解。

(1) 如果有學生仍有疑問，可以利用 AI 建議的方法來面對各個不同能力的學生，讓每個學生真的可以理解，而不是像現在可能就是讓部分學生自己想辦法。

(2) 解題時，AI 可提醒老師該題，學生可能有哪些問題 (註1)，或是延伸問題等 (註2)。而不是只能講完自己的部分，是否有額外的提醒純粹靠老師的經驗。

註 1：AI 經由機器學習，可以提出每一個容易出問題的癥結點。

註 2：AI 經由機器學習與關連性分析（推薦系統），可以提出有某問題的人，可能哪幾個單元也有問題，如：棣美弗定理有問題時，AI 可以建議學生回去復習平面座標與三角函數。

(3) 可以提示這部分與其他科目的連結、或是相關的歷史、人文、藝術，目前老師是看個人的經驗，有的會、有的不會。如果有了 AI 這將都不是問題，故教學輔助 AI 可以節省老師的備課時間。

(4) **可以利用 AI 來介紹數學家如何嘗試錯誤（Trial and Error）發展數學，目前的教材是一條走在正確的道路，並沒有介紹數學家如何嘗試錯誤，若學生走一次數學家的心路歷程後，可以更容易理解數學的內容，讓學生不要死背。**

第二階段，在學校利用教學 AI 進階學習：以數學爲例，老師課堂上教學基礎部分，而進階部分由 AI 授課，AI 經由機器學習，找出適合學生特質及能力的教法。

第二階段的變型，學生在家利用教學 AI 學習（針對自學方案的學生）：同樣以數學爲例，AI 的授課可經由機器學習，找出適合學生特質及能力的教法。

世界上對於「教育」這一事都會想到芬蘭式的教學方式，然而芬蘭的教學方法對於大多數國家，是只能參考，而無法複製。因爲那套系統是依該國的文化背景進行設計，並且也經過 20 年以上的磨合，因此無法全然適用於其他國家，具有著不可複製的特性，如：師資的嚴格要求、升學制度、社會觀感等問題。因此許多問題不是短時間可以改善，但是由於 AI 發展，使得師資的問題，變成不是問題，只要**建立機器學習、不斷成長的輔助教學 AI**，便能改善學生的學習情況。同時 AI 是一個世界趨勢，台灣可以走捷徑讓老師進入下一階段的教學模式。

然而我們還是有許多問題要克服，主要是建立教學資料庫，問題資料庫，關連性問題資料庫，人文、歷史、藝術的資料庫，我們距離全面 AI 的時間不遠了，但是這一段資料庫卻還有很長一段路要走。一但有了完善的教學 AI 環境後，我們將能節省時間，提升學習效率；同時加上適性發展，必然可以讓學生學得更好，更有興趣，更有創意，進而讓科技發展有機會加速。

台灣現在已經可以做到侷限性的輔助教學 AI ，只要將現行的教學資料庫、人文、歷史、藝術的資料，先行整合，這樣最基礎的輔助教學 AI 就完成了。之後再逐步依靠各位老師多年來的經驗，將問題資料庫，關連性問題資料庫更新到輔助教學 AI 上，就可以將進階版本完成。之後的內容只要隨時間逐步更新，並讓它自行「機器學習」學生的問題，就能不斷改善輔助教學 AI 系統了。

輔助教學 AI 最終必然可以達到個人化教學（Personalization），讓學生不再有類似能力分班的不悅感，當然最重要的是必須先將錯誤的考試制度及成績至上的觀念消滅。那時，使用輔助教學 AI 才能達到眞正因材施教，讓學生在有限時間內，有效率且有興趣的學習到足夠的基礎知識，及部分科目的進階知識。

建議台灣教育部要正視科技的力量，與民間合作開發出輔助教學 AI ，並找幾間學校測試新型教育的情況，如有問題則改善，沒有問題則推廣，讓學生有更好的學習環境。

5-3 AI 帶來極致的便利後，造成的社會結構衝擊

我們希望 AI 愈來愈進步，讓人類更節省時間、資源，達到讓生活更加便利。但是 AI 的終點，眞的全然對人類好嗎？見下圖，絕大多數人都沒有想過這件事。AI 的極致發展，眞的會如預期讓人類走向快樂的烏托邦嗎？還是產生極致的反烏托邦主義的社會，或是走向人類被 AI 控制，如電影《駭客任務》。以下分析可能會發生的情況。

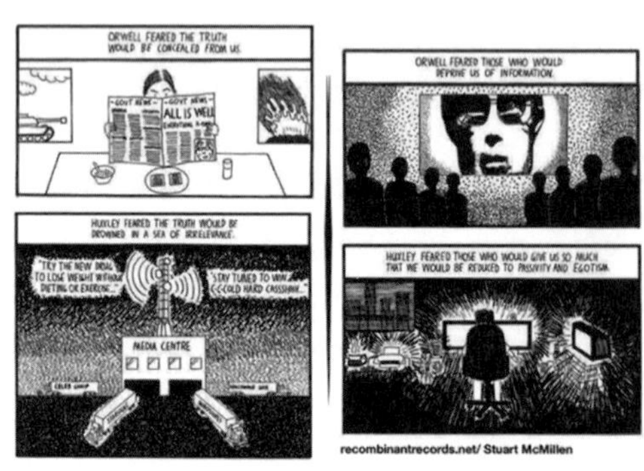

圖　https://www.slashgear.com/brave-new-world-predictions-are-coming-true-with-hyphens-31578773/

作者將 AI 切成四個時期，並介紹在不同時期的成效與危害。爲什麼 AI 會有危害？從人類歷史發展來看，新科技最先被利用到的領域，往往是在戰爭上面，故 AI 必然有其風險與危害。

1. 簡單 AI 時期：在 2010 年前，受環境及硬體影響，無法讀取大量數據並應用在機器學習的 AI。如：熱追蹤導彈。
2. 機器學習 AI 時期：2010 年後，因科技進步，硬體成長，並收集更多的有效數據，也就是「大數據」，同時提升處理效能，再加上統計與機率的概念，讓「機器學習」更加進步，如深度學習讓 AI 可以自主學習，更有智慧，帶來許多便利性，又或者是無人駕駛車，無人戰機，無人潛艇等。但也難保不會出現有恐怖組織製作高度自我學習的 AI，使其突破各國防火牆，再植入病毒。到了這個階段還是人類寫程式碼的時期。
3. 自行寫程式碼 AI 時期：作者相信總有一天會進入到 AI 可自行寫程式碼的階段，人類只要給出夠明確的指示與問題，AI 就可以寫程式碼，並上網收集資料，解決人類問題，而這一天作者相信不會太晚，大概在 5～10 年內就有可能達成。畢竟，過去已經發生 AI 彼此之間進行對話，並演變發明自己的語言的眞實案例。參考文章〈FB 讓兩個 AI 互相對話，結果他們不但學會說謊還發明人類看不懂的「密語」〉。

換言之，鋼鐵人的管家賈維斯有很大機會從科幻變成眞實，讓人類的生活更加便利。而缺點就是當他被恐怖組織利用後，人類將更難以阻擋。或是他自行學習判斷出人類是地球的害蟲應該予以消滅，屆時人類將難以反抗。

4. 有情緒的 AI 時期：最終 AI 產生了情緒，此階段有可能發生，也有可能不發生。換言之，哆啦 A 夢（小叮噹）是否會出現是難以確定的，而作者認爲不太可能。假設可以達到此階段，機器人可以設定不危害人類，到時後 AI 可以協助人類許多事，並且擁有足夠的聰明才智變得更加人性化，人類相對上一階段的使用也會變得舒適易操作。問題是如果它產生對人類厭惡的情感時，人類最終有可能滅絕或是成爲它們的能源。

可以發現 AI 可能被恐怖分子利用來破壞世界，也可能自行學習判斷人類是地球的害蟲應該予以消滅。如果人類能有效利用高科技，是否就會變成快樂的伊甸園呢？在此可以參考三大反烏托邦（Dystopia）的小說《美麗新世界》、《一九八四》、《我們》。

參考 1931 年赫胥理（Aldous Leonard Huxley）的小說《美麗新世界》（Brave New World），指出物質生活的不斷演化，並沒有讓全部人類進入烏托邦，反而是因爲人類的天性，自然的分化出五個階級，而高階會奴役低階，而這並不是烏托邦，而是更野蠻的社會。五個階級分別爲「阿爾法（α）」、「貝塔（β）」、「伽瑪（γ）」、「德爾塔（δ）」、「愛普西隆（ε）」。阿爾法和貝塔最高級，在「繁育中心」孵化成熟爲胚胎之前就被妥善保管，以便將來培養成爲領導和控制各個階層的大人物；伽瑪是普通階層，相當於平民；德爾塔和愛普西隆最低賤，只能做體力勞動工作。而不少社會學者認爲美國有可能往美麗新世界的局面邁進。參考文章 *China Goes '1984' While America Goes 'Brave New World'—But What's Next?*。

參考 1949 年喬治．歐威爾（George Orwell）的小說《一九八四》（Nineteen Eighty-Four）裡面指出極權主義的領導人利用科技來監控及暴力統治人民，而這已經不是伊甸園。這樣的情況已經發生在中國，參考文章〈手機、電視都是監控器，中國『雪亮工程』10 秒看穿你是誰〉。

結論

AI 像是潘朵拉的盒子，看似美妙。打開後，有著太大可能性毀滅人類、或是因人類天性造成社會結構的改變，或是幾大強國有類似強度的科技彼此對抗，產生新一世代的冷戰，而人民總是成爲吃虧的一方。不管是哪一個局面，最終都沒辦法到達原本想像的烏托邦與伊甸園。更糟糕的是 AI 的演進如同滾雪球一般，開始滾動後就難以停止。資訊人才開發時或許不會考量到太多複雜的局面，但是有許多科幻及反烏托邦電影，已經在過度發展的科技上打預防針，所以政府不要以爲科技只有好處，要預防可能的問題，在每個可能發生問題的局面先作好準備，以免最終造成人類走上滅絕之路，或是陷入地獄般的局面。這個情況再過 10 到 20 年間就有可能發生。

參考資料

維基百科的美麗新世界（Brave New World）、一九八四（1984、Nineteen Eighty-Four）

5-4 AI 世界的奶頭樂：人類生活的再省思

隨著 AI 科技的普及，人類的生活將受到不少的衝擊，AI 應用的人性化逐步改變人們對 AI 的需求，同時將因過度依賴而忘了生活的核心價值爲何？在這樣的環境下，是否會擴大「奶頭樂」程度呢？

奶頭樂理論產生於 1995 年 9 月 27 日至 10 月 1 日，在美國舊金山的費爾蒙特大飯店召開了一個高度保密的會議，「世界現況論壇」（State of the World Forum）也稱舊金山費爾蒙特飯店會議，參加的人有蘇聯前總統戈巴契夫（Gorbachev），及當時世界上最重要的一些政治家、經濟和科技界人物，包括老布希（Bush）、柴契爾夫人（Thatcher）、索羅斯（Soros）、比爾蓋茨（Bill Gates）等總共 500 多人。

「奶頭樂」（Tittytainment），由英文「奶頭」（Titty）與「娛樂」（Entertainment）兩個字組合而成，並被翻譯成「奶頭娛樂」或「奶嘴娛樂」。這個名詞是由美國前國家安全顧問布里辛斯基（Zbigniew Brzezinski）在 1995 年時提出的概念，其意涵泛指讓人容易上癮、低成本、容易滿足的低俗娛樂內容。此字的討論動機是由於科技進步，生產力不斷上升，最終會使得大部分人不用工作。爲了讓沒工作的人群有事作，而不會無所事事、憤怒社會不公不義，進而造成社會動盪，所以要用大量的娛樂活動填滿他們的生活，如：電視和遊戲（現在還增加網路、手機）。而過度沉迷於娛樂的生活，會忘記不公平的環境就稱爲奶頭樂。從統治者觀點可用來避免不同階層之間的利益衝突，希望「奶頭樂」可以轉移其注意力和不滿情緒，讓沒工作的人群更能接受或忘記自己的處境。

由於奶頭樂的概念，部分人士認爲對人民實施奶頭樂，可以有效緩解日漸加劇的貧富差距帶來的階級衝突。他們可以只對有爭議的內容進行管控，而放鬆管控其他低俗內容、綜藝節目，只要不會撼動管理階層的利益，都可以讓其自然發展成爲滿足人民的奶頭。奶頭樂可以分爲兩類：

1. 發洩型：色情產業、政論節目、選舉造勢、暴力網路遊戲、社群媒體等。
2. 滿足型：報導無聊事物、廉價品牌、商品優惠、視聽娛樂、社群媒體等。

有趣的是，除了管理、權利階級獲得好處外，商人也可從中獲得利益，人群也可從中獲得快樂，進而讓奶頭樂在沒有阻礙的環境下不斷生長。既然每個族群都得到好處，那壞處是什麼？壞處是使社會大多數人著迷後，無心挑戰現有的統治階級。並且奶頭樂過度發展，也可思考爲社會壓力大的寫照。

奶頭樂的論點並不新穎，早在赫胥理的小說《美麗新世界》，就已經提到管理階層用各種娛樂、各種方式來滿足並麻痺各階層。如：條件制約（Conditioning）、催眠、睡眠療法、古典制約等科學方法，嚴格控制各階層人類的喜好，讓他們用最快樂的心情，去執行自己一生已被定義的消費模式、社會階層和崗位。而眞正的統治者則高高在上，一邊嘲笑，一邊安穩地控制著制度內的人。社會的目標是「共有、統一、安定」，而安定就是奶頭樂的目的。

不管是美麗新世界型態的奶頭樂，還是布里辛斯基提出的奶頭樂，兩者的差異是，前者在科技極度發達，連反抗都不反抗，已經洗腦完成的奶頭樂；後者則是在科技快速發展的過渡時期，造成不時反抗的奶頭樂。但不論在哪一個社會情境，奶頭樂都會讓人民變笨。

同時我們可以思考台灣近年常使用一個諷刺新名詞「小確幸」（註），其實這就是奶頭樂。只是提出時台灣的資訊與網路不甚發達，大家並沒有注意到國外已有人提出類似的概念，故沒有產生警覺性及引起太大的聲浪。而且在近年來「小確幸」已經成了年輕人的無奈之舉，認爲社會、國家不能給、也不想給眞正的公平、正義，一直不斷的相對剝奪。許多年輕人的想法是「大幸福無法擁有，只好轉向小確幸了」，殊不知這已經接近「除了等死，還是等死」的想法。即便有部分人醒來想反抗，但又由於管理階層的逼迫，以及太多人在享受有限的小確幸奶嘴，如：網路、手機遊戲、媒體、綜藝節目等，實在難以成功推翻錯誤的奶頭樂社會。

台灣如果要避免邁向不公平正義的世界，大家要認清奶頭樂的本質，因爲人類的天性就是會想掌控權力，進而產生階級制與奶頭樂的環境。我們要避免被操控而不自知，最好的方法就是不要過度沉迷於奶頭樂，要多讀書並邏輯思考政府政策、周遭環境等是否有問題，以及不要偏信媒體、網路，要多方比較及驗證對錯。

註：小確幸是指微小而確實的幸福，由日本作家村上春樹提出。

5-5 AI 的高度發展後，無條件基本收入作為配套可行嗎？

從歷史來看，每一次的產業變化都會衝擊社會結構，如：工業革命衝擊農業。到如今 AI 經由機器學習後愈來愈聰明，可以做的事情愈來愈多，未來會受到衝擊的不是一個產業，而是許多產業都受到衝擊，如：運輸業、醫療、教學、工業等。而受到衝擊的產業，勢必會用 AI 來取代人力，降低成本，進而造成許多人沒有工作，也就是失業率上升，到時我們該如何因應？

未來高科技 AI 衝擊產業，導致許多人沒有薪資，不能等發生才想辦法處理，現在就已經有許多人是呈現沒有工作的狀態，而目前世界對高失業率仍沒有提出好的解決方案。部分國家提出無條件基本收入（Unconditional Basic Income），簡稱 UBI（註），希望可以藉此解決社會問題。但這樣的方案眞的可行嗎？以及如果到了更加 AI 化的時代，這樣的方案還能繼續嗎？

註：無條件基本收入（Unconditional Basic Income），又稱為全民基本收入（Universal Basic Income）、基本收入（Basic Income）。

無條件基本收入設計的起源來自世界人權宣言第二十五條：「人人有權享受其本人及其家屬康樂所需之生活程度，舉凡衣、食、住、醫藥及必要之社會服務均包括在內；且於失業、患病、殘廢、寡居、衰老或因不可抗力之事故致有他種喪失生活能力之情形時，有權享受保障。」，以及經濟、社會及文化權利國際公約第十一條：「本公約締約各國承認人人有權爲他自己和家庭獲得相當的生活水準，包括足夠的食物、衣著和住房，並能不斷改進生活條件。」

有部分人認爲，無條件基本收入是唯一可以眞正幫助窮人的社會福利，在現行社會福利體制下，不論如何排富，或是資產審查制度，都會有補助門檻的問題與貧窮陷阱的效應，或不知道如何申請補助，或不知道是否符合資格，或是讓不需要或不符合資格的對象取得補助，而導致眞正需要的對象無法獲得，受補助的群體還會有被歧視與標籤化的問題。

無條件基本收入，是一種無條件被保障的收入，目前有五個標準（取自 WIKI）：

一、定期發放，而不是只給一次。

二、以金錢方式支付，讓個人可以自行決定自己的需求，而非食物或其他物資。

三、以個人爲主體，而不是家庭、組織、單位等。

四、普遍性，發放給全民，沒有資格審查。

五、無條件，不以工作勞務付出，或展現工作意願做爲條件。

目前認同「無條件基本收入」方法的人，判斷人類勞動由高度智慧機器取代後，沒工作的人仍然可以享受生產成果的最佳措施。而反對者認為，無條件基本收入會讓人們失去工作的意願，從而使整個經濟衰退。而作者認為「傲慢、貪婪、色慾、嫉妒、暴食、憤怒及怠惰」是多數人類的天性，人類會因怠惰、嫉妒這幾個天性，就使「無條件基本收入」破滅。如：有做事的人忌妒不做事的人，而不做事的人變得更為怠惰。同時也會質疑發放基本收入所需的財政來源，如果要增稅，是否會導致物價上漲。

目前也有許多研究指出，基本收入不會使人們失去工作的意願，反而更熱愛做事情。作者對此仍然存疑，因為研究的對象，並不是大到國家等級，同時也因各國文化有所差異性，未必每個國家都適用。芬蘭已經對部分區域的人執行最低薪資的實驗，但有文章指出「芬蘭無條件基本收入實驗結果如何？快樂但還是沒工作」（http://technews.tw/2019/02/16/finland-basic-income-trial-left-people-happier-but -jobless/），所以我們可以發現 UBI 在現代只解決或減緩了部分問題，如：沒工作者的生存問題或是沒工作者造成社會動盪，但我們要了解到 UBI 的社會的影響是正面還是負面，目前仍沒有結論。

如果我們將環境假設為電影《美麗新世界》的高度 AI 化的生活情況，每個人都可以活下去，姑且不討論階級制度，有一階級（伽瑪）的人不用工作，可以每天醉生夢死，也可以認真生活，但絕大部分人仍然不會主動做對社會有意義的事情，所以基本收入在高度 AI 化階段的世界可能有問題。

AI 的高度發展後，失業率會產生怎樣的變化？部分人士認為會如同高度工業化時代一般，失業率會先上升後下降，失去既有工作的人會轉向新型態的工作。但作者認為 AI 的高度發展後必然會讓失業率上升，因為進入 AI 時代，未必會發生類似進入高度工業化時代的情況，目前沒有任何新型態工作可以做為預防因應 AI 大幅產生失去的工作人口。同時作者認為兩個情況產生的失業人口是差距相當大，即便有新型態工作，也彌補不了缺口。

若以無條件基本收入作為配套，作者認為是不可行的方案。要解決失業率並讓每個人有最低生活需求的錢財，還是必須使用其他的方法。可以參考更多北歐國家的社會福利制度、補助制度，以德國為例，失業後政府會提供補助救濟金，讓你維持原本一定比例的原本生活，根據情況不同會補助 60% 以上不等（參考自：看一看！德國失業金有多好！https://www.secretchina.com/news/b5/2015/04/19/ 573669.html）。補助時間最長可到兩年，而失業者必須在兩年內找到工作。同時這樣的高額補助是源自於德國稅制高，稅制高又源於政府財政透明度使人民足夠信服。

作者認為要解決失業率仍然是要讓人民有工作所得，而不管是哪一種型式的工作。同樣的到了 AI 取代人力時期，還是要有另一種型態的工作讓人民有工作所得。至於無條件基本收入這種類似烏托邦的理念，目前仍沒有定論，且實驗樣本數太小，作者不認為 UBI 是一種好方法，畢竟烏托邦不可能存在，若使用類似烏托邦的方法，豈不是顯得自相矛盾。

「假使你不願自殺，你最好找點工作做」。　　—— 伏爾泰（Voltaire 1694～1778）

5-6 AI 的發展重心，應放在讓人類懂數學及 AI 應用更多數學上

AI 的邏輯性、演算法結構，非常像數學，唯有這一行正確後，才能繼續往下一行執行程式碼，否則會陷入無限迴圈之中，或是計算錯誤。先前文章已經提到以往 AI 的失敗是由於硬體不夠強，導致儲存數據量不夠，計算效能不夠，以及統計與機率應用不多等因素。而在 2012 年人類也正式進入了大數據、機器學習時期，時至今日，有了許多更強的機器學習，如：深度學習、神經網路。而下一步該往哪個方向走？

回顧 AI 的歷史，一開始是制定指令要求執行，但這並不夠有智慧，而後定義更多的文字與運算規則讓電腦學會，使其可以閱讀電腦語言，建立起人類與電腦之間更有效的溝通橋梁。現在仍是人類編輯程式碼爲主，換言之也就是核心由人類做，但學習後的情況未知，取決於演算法與有效數據的情況。我們都曾看過許多科幻電影、卡通，期望未來人類可以只要發問，AI 就能回答我們的問題，甚至是設計軟硬體來解決問題。作者認爲人類應該利用 AI 解決自然界的問題及創造更高的科技，對於 AI 接下來演進如下圖，設想如下：

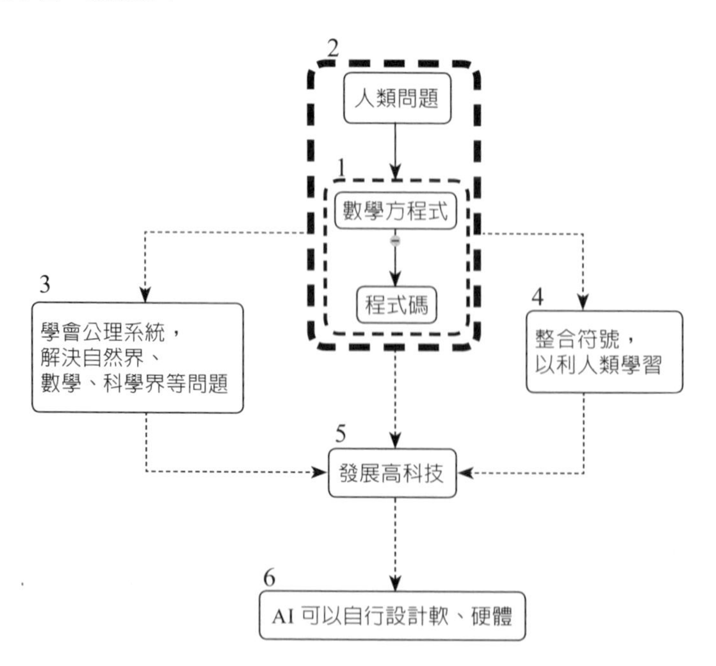

1. 讓 AI 機器學習後可以轉換人類的數學方程式爲程式碼，也就是先讓 AI 可以理解距離他最近的人類語言，並進行轉換。如：$\sum_{i=3}^{7} i = 3+4+5+6+7$，讓 AI 看到 $\sum_{i=3}^{7} i$

就會寫出加法迴圈的程式碼。

2. 讓 AI 機器學習後可以理解人類問題，轉換爲數學問題及自己列出數學式，再自己寫程式碼解決數學問題。
3. 讓 AI 機器學習後可以學習人類的數學、科學公理、定義，如同教小學生一樣，將人類的知識讓電腦理解，期望可以組合出更高階的數學，或是找出更多自然現象的數學規則。目前已正在進行局部內容，其中著名的案例爲**定理機器證明**（Automated Theorem Proving, ATP），目前自動推理（Automated Reasoning, AR）發展最好的部分，可以使用 AI 進行數學定理的證明。

   同時我們也可期望 AI 機器學習後可以學習人類的數學、科學公理、定義後，可以輔助人類來理解碎形、新數學、更多科學的相關理論。
4. 讓 AI 機器學習後整合人類的方程式符號，以利人類學習，以及讓 AI 更容易編寫程式碼及處理要面對的問題。
5. 當 AI 機器學習後可以讓人類對自然世界的更加認識後，可以發展出更高的科技。
6. 有了更高的科技後，讓 AI 除了自行設計自身的軟體外，還能設計自身的硬體。

未來 AI 或許會寫出具有電腦優勢的計算方式的程式碼，而人類可能會因此看不懂，而這邊的問題與「可解釋 AI」的議題有關，參考 3-25 節，但理論上可以要求 AI 轉換出人類看得懂的語言，並盡可能要求 AI 解釋清楚。

結論

演算法是 AI 避不開的內容，而其內容除了基礎的文字定義與規則外，就是**統計與機率**。但統計與機率在大多數人的認知仍然歸類在數學的範疇之中，全世界大多數學生都害怕數學，部分教 AI 的老師及教授們非常的用心良苦，將有關統計與機率的部分的演算法，用「黑盒子」一詞包裝。讓學生自行選擇是否要理解黑盒子，理解的學生有機會寫更高級的 AI 演算法，不理解的學生至少理解輸入、輸出、如何使用黑盒子、概要。

用黑盒子包裝統計與機率並不是一個好方法，建議應該直接跟學生說 AI 的演算法就是統計與機率，如果不會，將難以發展。作者認爲學生不用完全理解統計與機率的原理，但至少要知道該統計如何使用，也就是知道怎樣的問題該用怎樣的統計與機率加以處理，以及知道需要輸入怎樣的數據，又預期得到怎樣的輸出，以及如何將統計與機率的數學語言轉換爲電腦語言。如此一來有了基礎認識，才有機會節省時間，否則每一個黑盒子都要重新學習，浪費掉其中內容重複部分的時間。而更糟的則是只會操作黑盒子而不理解，無法除錯，或是用錯黑盒子的工程師。

有足夠多的工程師理解統計與機率來寫 AI 的演算法，才能推進 AI 發展的速度，才能讓人類的科技更爲便利。而且一但雪球開始滾動後，將會非常迅速，AI 的機器學習比起人類的學習，是一瞬間就完成。換言之當演算法完成到一定地步後，後面可以由機器學習，AI 便能快速進化，直接讓人類整體的世界改朝換代。

5-7 AI 時代改變生活的速度，會如同搭電梯而非緩慢爬坡

AI 時代改變生活的速度，會如同搭電梯而非緩慢爬坡，會讓人適應不良，而非像工業時期的緩慢取代。過度發展的問題，可參考圖 1。可以發現強 AI 並不是一個好選項，太多科幻片、小說指出其風險。而弱 AI 也未必對人民友善，有太多可能性讓社會結構變成反烏托邦的型態，或是毀滅。

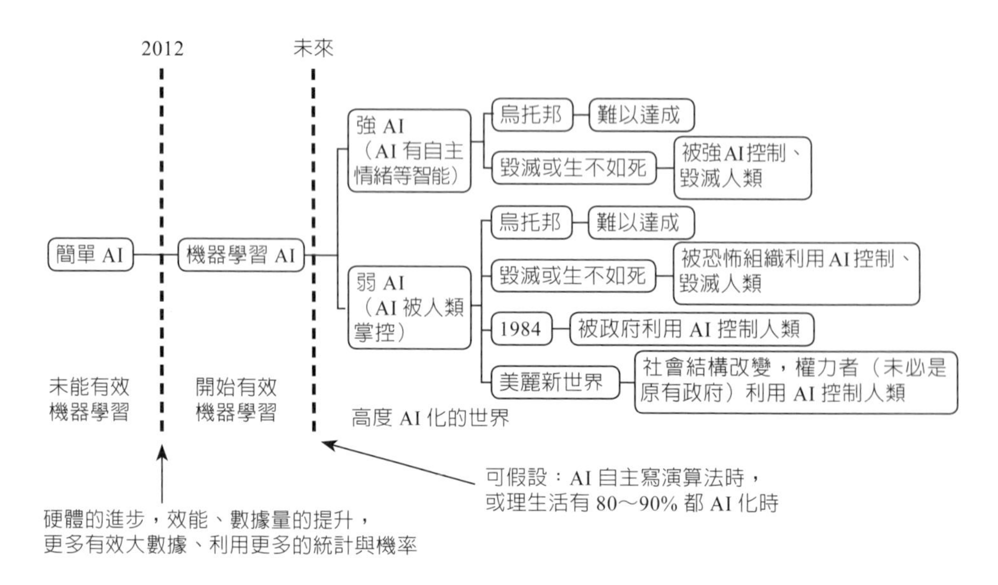

圖 1

目前科技人員及社會大衆、政府人士等大多數人仍沒有對 AI 的危機意識，對 AI 的態度都過度樂觀，並且一直以過去的經驗套入 AI 時代，但這是有問題的？過去農業時代轉工業時代，或許是相對緩慢的數十年演變，人類的社會結構仍有時間去面對衝擊。但是 AI 時代的轉變，並非如此，極有可能在演算法開發完成的短短一個月內，進行足夠的機器學習就將世界徹底翻盤，剩餘的僅是 AI 機器的製作時間讓人類做爲緩衝，或許人類有半年到一年的時間來面對時代的大躍進，但是我們眞的可能有辦法立刻適應 AI 大量取代人類後的生活嗎？社會結構會起怎樣的變化？經濟面、教育面又有怎樣的影響？我們應該及早做好準備，而非到時才手忙腳亂。

21 世紀是高度分工化的時代，以前的工作，可能一個人就獨力完成一個產品，如手錶，但現在許多人都只有接觸到極爲片面的部分，如：手機製作。而在 AI 的演算法設計更是如此。而且更糟的是知識有兩極化的傾向，我們已經知道 AI 就是統計與機

率構成的演算法，而大多數人都是不明白 AI 的運作，僅是會操作。換言之，高科技的知識、力量被掌控在極少部分人手中，而這就是一般人該擔心，而未注意的危險。

從歷史來看，可以將社會結構分爲三類：掌權者（如：政府、財團、恐怖組織等）、創造工具者（如：高知識分子、科學家等）、一般人民。創造工具的人未必能夠掌握權力，以及未必想掌握權力，但是掌權者往往可以利用新型工具，更加有效的控制人民，還可以美其名是爲了更好的生活品質。到了 AI 時代，這樣的關係仍然不變，但是程度上有所不同。世界的翻盤相當快，人民未必有時間能掌握足夠的知識來對抗掌控權利的人，進而一步慢，步步慢，最終進入惡性循環被無限統治、甚至奴役。

AI 是一個讓生活更加便利的工具，但由於人類的天性，往往會讓工具變質成爲互相殘殺的情況，由歷史可知一二，如：諾貝爾的炸藥、愛因斯坦的氫彈都是類似的情況。而上述還只是非全球性的危害，但是 AI 很有可能是全球性的危害，不管是人利用 AI，還是 AI 莫名其妙判定人類是該消滅的生物品種。

人類對數學害怕，導致對 AI 的認識兩極化，甚至是形成斷層，以及因爲不懂 AI 風險而過度樂觀的傾向。我們應該怎麼做，才能降低 AI 的危害？這個已經是個哲學問題，形同人類不要拿武器殺人，不要發動戰爭一樣困難。更不妙的是，AI 的演進，如同打開潘朵拉盒子後無法回頭；也像滾雪球一般，一但開始就停不下來。我們應該要在 AI 過度發展前，先準備好安全機制及應對風險機制，還有退場機制，或是設定停損點，發展到某個高度就停止，並讓國家互相制衡，以免最終人類毀滅在科技上。又或是到時會產生新型宗教帶來新的信仰，使其可以面對到時 AI 困境。

近年來美國開始重視一項新型教學：STEM 教學，〔科學（Science）、技術（Technology）、工程（Engineering）及數學（Math）〕，此教學是結合四科的跨學科教學方法，要提升人民的科學素養，提升科技發展的競爭力，重視跨領域科技的結合。在此可以認知爲美國希望人民有一定科技認識，往小面向來看，避免人民受制於科技；而財團也有可以更有效掌控自己的公司，而放大到國家則是掌控高科技的動向。因此可以判斷美國正在降低全民對 AI 知識不均的情況，培養全民對 AI 的危機意識。及經濟合作暨發展組織 OECD（Organization for Economic Co-operation and Development）也著手擬訂建議使用 AI 的全球性規範，其內容見圖 2。

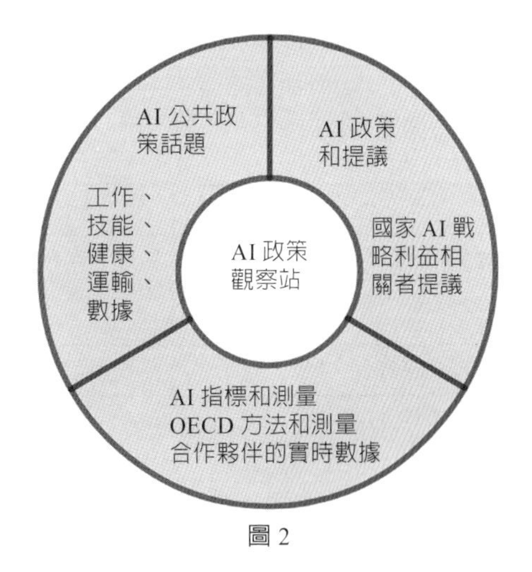

圖 2

作者認爲最急迫的當務之急是讓每個人都應該對 AI 有著一定的認識，才能產生危機意識，以免到時被操控，並進入惡性循環的世界。

5-8 哲學問題思考—— AI 與人類未來

由前面文章可以知道 AI 的發展，不管是強 AI（有情緒等智能）或是弱 AI（無情緒等智能），都很難讓每個人類幸福，甚至會被毀滅，或是產生階級制，而許多科幻小說指出利用 AI 打造烏托邦（註 1）或是伊甸園（註 2），是根本不可能的，到底是爲什麼不可行？

回想一下人類追求高科技是爲了什麼？不同人有不一樣的想法，科學家是爲了發現智慧、挑戰自己；政府是爲了更好的管理人民，使每個人有飯吃，不會再有暴動，以及政府發展科技的另一個主要目標是爲了有足夠的軍事力量；而一般民眾則是享受科技帶來的生活便利。人類很少去思考當眞的到了擁有高科技那天，難道就不會產生其他問題嗎？太多數人都過度樂觀，而輕忽了人類的天性、慾望，如：傲慢、貪婪、色慾、嫉妒、暴食、憤怒及怠惰，人類對於慾望應該適可而止，但往往總是超過一定程度，進而就會產生新型的糾紛。

人類利用 AI 可以到達伊甸園或是所謂的烏托邦，進而不再爭吵，每個人有飯吃，並擁有完美的社會、法律、政府嗎？理論上可以，但實際上不能，人類是一種不完美的生物，我們可以無限的追求完美，但完美不可觸碰，人類無法像動物一樣，只要吃飽，就不會有暴力的舉動。人類容易滿足了一個需求就會產生另外一個需求，如：「有錢就變壞」、「飽暖思淫慾」、「錢不能滿足自己時就開始轉向權力」等，而這就是人類。天性這個問題太難以解決，在討論 AI 讓人類到達伊甸園或是所謂的烏托邦前，我們要解決（或降低）的是人類的諸多原罪，否則科技再高，也是變成另一種地獄。

思考《聖經》的大洪水，爲什麼上帝要用大洪水懲罰人類，不就是祂發現人類，一代代的演變，愈變愈差，進而想要重新來過。事實上所謂的愈變愈差，就是源自不理性（不邏輯）的暴力，如果人類可以有著更高的邏輯能力，就可以降低無意義的爭執與暴力事件，然而這並不容易達到。

人與高度 AI 化的世界，有可能存在嗎？見下表參考可能情況。

	弱 AI	強 AI
大部分是不理性人類	人類利用弱 AI 變成《美麗新世界》、《1984》，或是自我毀滅。	強 AI 控制、消滅人類
大部分是理性人類	各司其職的完美世界	由 AI 管理的完美世界

情況 1. 大部分是不理性人類與弱 AI：人類容易濫用 AI 進而毀滅，或是走向地獄般的生活，如《1984》、或《美麗新世界》。

情況 2. 大部分是不理性人類與強 AI：許多科幻片指出，強 AI 必然可以找到邏輯漏洞，消滅人類，控制人類。

情況3.　大部分是理性人類與弱AI：每個人可以各司其職的生活，並且有效利用AI帶來的便利，並且理性可以降低、或控制天性帶來的不良影響。

情況4.　大部分是理性人類與強AI：人類接受強AI的管理，並且可以有豐富的情感互動，但又因足夠邏輯的溝通，使社會、法治、經濟、政府充滿秩序，大幅降低暴力或是其他問題。

結論

AI是一種工具，可以讓生活更加便利，然而人類的不良的天性會帶來許多問題，使我們無法到達伊甸園，或是有秩序的世界。要解決或是降低這種錯誤的因素，作者認爲，我們應該提升文明程度，打造理性（邏輯）的社會，方法主要有三：**提升邏輯能力**、**利用教育**提升文明程度、**利用正派的宗教**降低人類不良的天性所帶來的錯誤或過度的行爲，否則人類只是會到一個高科技的不文明地獄。

註1：烏托邦
烏托邦（Utopia）也稱「理想國度」，由理想的群體和社會、法律、政府所組成。烏托邦一詞來自托馬斯‧摩爾的《烏托邦》一書。與烏托邦對立的概念就是反烏托邦（Dystopia、Cacotopia、Kakotopia、Anti-utopia）。時至今日烏托邦與共產主義做連結，但由於共產主義的失敗及其不良影響，使烏托邦一詞也歸在負面詞彙之中。
「世界上有兩個樂園：沒有自由的幸福，和沒有幸福的自由。」── 三大反烏托邦小說《我們（Mbl）》，作者：薩米爾欽（Yevgeny Zamyatin, 1884-1937）

註2：伊甸園
伊甸園（Garden of Eden）意指愉快的樂園。伊甸園一詞來自《聖經‧創世記》，耶和華上帝照自己的形像造了人類亞當，之後又用亞當的肋骨造出夏娃，安置第一對男女住在伊甸園中，上帝的原本是要他們在伊甸園內快樂的生活，但後來夏娃受蛇的誘惑，偷吃知善惡樹（Tree of the Knowledge of good and evil）的果實，也讓亞當食用，上帝知道後，怒將二人逐出伊甸園。

註3：偷吃知善惡樹的果實延伸思考，我們可以理解為亞當、夏娃吃知善惡樹的果實後產生了智慧，也產生了諸多慾望，好的、壞的都有。同時也可思考為相對不那麼有智慧的人，慾望比較少，所以孟德斯鳩才會說想要奴役人民的專制政府都極力降低人類的心智。

註4：理性與感性並不矛盾
許多人認為理性的對立面是感性，這是錯誤認知。真正情況是理性與感性並存，人類可以理性與感性兼具，也可理性不感性，或不理性卻感性，或不理性也不感性。

附錄

附錄一　利用 Excel 作某一商品的建議購物（關聯性分析、購物籃分析）

目標

作出最能讓人購買的套餐，或作出網路的建議購物連結。

數學原理

- ■關聯性分析（又稱購物籃分析），可以認知爲建議購物系統、及便利商店的 39 元套餐組合。
- ■關聯性分析意義是找出買 a 商品的人，對哪些商品還有興趣，找出機率較大的內容就是建議購物，或是建議組合爲套餐。
- ■關聯性分析是利用條件機率：買 a 商品又買 b 商品的次數 ÷ 買 a 商品的次數。
- ■關聯性分析要注意「買 a 商品又買 b 商品的機率」≠「買 b 商品又買 a 商品的機率」。換句話說，吃炒青菜，會加點白飯。買白飯不一定會點炒青菜。

工具：Excel

流程說明：

需要有三直行資料，發票、品項、數量。由圖 1 可以看到直觀的相關購物機率。接著說明如何用 Excel 作出右邊的機率情形。

發票	品項	數量
1	A	1
1	B	2
1	C	3
2	B	1
2	C	2
2	D	3
2	E	1
3	A	2
3	B	3
4	A	1
4	C	2
4	D	3
4	E	1
5	A	2
5	B	3
5	C	1
5	D	2
5	E	3
6	A	2
6	F	3

目標找出買A的人，還會買其他東西的機率

可發現有A的發票有5張

買A又買	B	的數量是	3	，故機率為	60%
買A又買	C	的數量是	3	，故機率為	60%
買A又買	D	的數量是	2	，故機率為	40%
買A又買	E	的數量是	2	，故機率為	40%
買A又買	F	的數量是	1	，故機率為	20%

圖 1

1. 在頁嵌 1 利用樞紐作出表格

1.1- 插入 - 左上方的樞紐分析表，見圖 2。

1.2 選取範圍、並輸出在新頁嵌，見圖 3。

*1.2- 輸入範圍可以打字，也可以框選，見圖 4。

6	2	C	2
7	2	D	3
8	2	E	1
9	3	A	2
10	3	B	3
11	4	A	1
12	4	C	2
13	4	D	3
14	4	E	1
15	5	A	2
16	5	B	3
17	5	C	1
18	5	D	2
19	5	E	3
20	6	A	2
21	6	F	3

圖 2

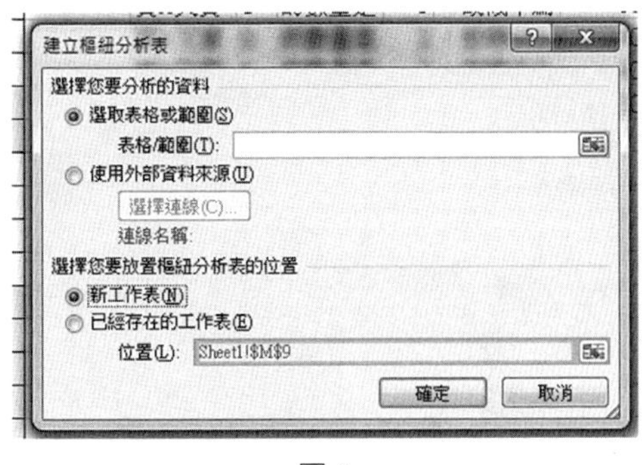

圖 3

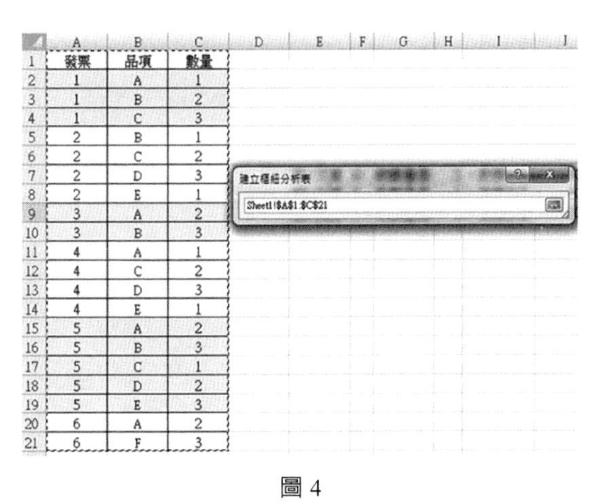

	A	B	C
1	發票	品項	數量
2	1	A	1
3	1	B	2
4	1	C	3
5	2	B	1
6	2	C	2
7	2	D	3
8	2	E	1
9	3	A	2
10	3	B	3
11	4	A	1
12	4	C	2
13	4	D	3
14	4	E	1
15	5	A	2
16	5	B	3
17	5	C	1
18	5	D	2
19	5	E	3
20	6	A	2
21	6	F	3

圖 4

2. 得到樞紐分析表 - 頁嵌 2

2.1 勾選欄位並調整欄位如下述，見圖 5。

2.2 得到表格，見圖 6，可以清楚看到不同發票（列標籤）的購物內容（ABCDEF）。

2.3 請複製樞紐的表格內容（CTRL + C），見圖 7。

2.4 貼到（CTRL + V）頁嵌 3，見圖 8。

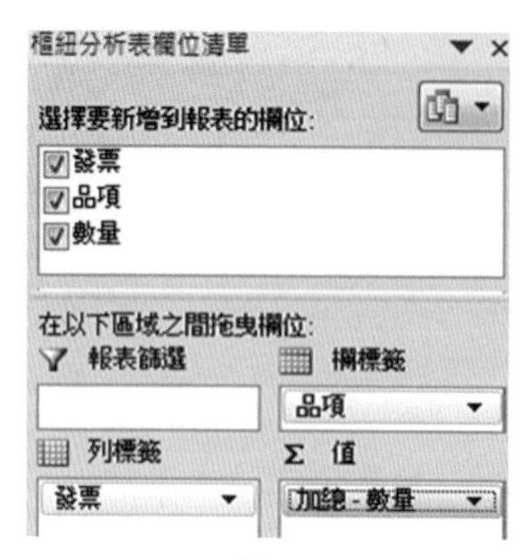

圖 5

加總 - 數量	欄						
列標籤	A	B	C	D	E	F	總計
1	1	2	3				6
2		1	2	3	1		7
3	2	3					5
4	1		2	3	1		7
5	2	3	1	2	3		11
6	2					3	5
總計	8	9	8	8	5	3	41

圖 6

加總 - 數量	欄						
列標籤	A	B	C	D	E	F	總計
1	1	2	3				6
2		1	2	3	1		7
3	2	3					5
4	1		2	3	1		7
5	2	3	1	2	3		11
6	2					3	5
總計	8	9	8	8	5	3	41

圖 7

	A	B	C	D	E	F	G
1		A	B	C	D	E	F
2		1	2	3			
3			1	2	3	1	
4		2	3				
5		1		2	3	1	
6		2	3	1	2	3	
7		2					3

圖 8

3. 以樞紐的內容作為基底資料，進行篩選

3.1 點選第一橫列，再點選資料，再點選篩選，見圖 9。

3.2 將 A 空格關閉，意思是只看有 A 發票的內容，見圖 10。

3.3 得到圖 11。

3.4 將篩選後的表格複製到頁嵌 4，見圖 12。

	A	B	C	D	E	F
1		2	3			
		1	2	3	1	
2	3					
1		2	3	1		
2	3	1	2	3		
2					3	

圖 9

圖 10

A	B	C	D	E	F
1	2	3			
2	3				
1		2	3	1	
2	3	1	2	3	
2					3

圖 11

A	B	C	D	E	F
1	2	3			
2	3				
1		2	3	1	
2	3	1	2	3	
2					3

圖 12

4. 計算買 A 後，還會買其他商品的購物次數

4.1 打入繼次函數 COUNT，見圖 13。

4.2 計算每個商品情況，見圖 14。

4.3 將第一列商品名稱、第七列計次，貼到頁嵌五，見圖 15。

	A	B	C	D	E	F	G
1		**A**	**B**	**C**	**D**	**E**	**F**
2		1	2	3			
3		2	3				
4		1		2	3	1	
5		2	3	1	2	3	
6		2					3
7	計次	=count(B2:B6)					

圖 13

	A	B	C	D	E	F	G
1		**A**	**B**	**C**	**D**	**E**	**F**
2		1	2	3			
3		2	3				
4		1		2	3	1	
5		2	3	1	2	3	
6		2					3
7	計次	5	3	3	2	2	1

圖 14

	A	B	C	D	E	F	G
1		**A**	**B**	**C**	**D**	**E**	**F**
2	計次	5	3	3	2	2	1

圖 15

5. 計算機率

5.1 將其轉置，複製資料，在要貼上的位置點右鍵，見圖 16。

5.2 得到情況，並打上中文標籤，見圖 17。

5.3 計算機率，但 A 商品可拿掉或不拿掉，見圖 18。與一開始的結果吻合，故此流程可以做出某商品的建議購物。

圖 16

	A	B
1	建議商品	一起購買的次數
2	A	5
3	B	3
4	C	3
5	D	2
6	E	2
7	F	1

圖 17

	A	B	C
1	建議商品	一起購買的次數	機率
2	A	5	1
3	B	3	60%
4	C	3	60%
5	D	2	40%
6	E	2	40%
7	F	1	20%

圖 18

附錄二 A Fast Training Algorithm for Multi-Layer Neural Network based on Extended Kalman Filter Approach

TRAINING MULTILAYER PERCEPTRONS WITH THE EXTENDED KALMAN ALGORITHM

Sharad Singhal and Lance Wu
Bell Communications Research, Inc.
Morristown, NJ 07960

ABSTRACT

A large fraction of recent work in artificial neural nets uses multilayer perceptrons trained with the back-propagation algorithm described by Rumelhart et. al. This algorithm converges slowly for large or complex problems such as speech recognition, where thousands of iterations may be needed for convergence even with small data sets. In this paper, we show that training multilayer perceptrons is an identification problem for a nonlinear dynamic system which can be solved using the Extended Kalman Algorithm. Although computationally complex, the Kalman algorithm usually converges in a few iterations. We describe the algorithm and compare it with back-propagation using two-dimensional examples.

INTRODUCTION

Multilayer perceptrons are one of the most popular artificial neural net structures being used today. In most applications, the "back propagation" algorithm [Rumelhart et al, 1986] is used to train these networks. Although this algorithm works well for small nets or simple problems, convergence is poor if the problem becomes complex or the number of nodes in the network become large [Waibel et al, 1987]. In problems such as speech recognition, tens of thousands of iterations may be required for convergence even with relatively small data-sets. Thus there is much interest [Prager and Fallside, 1988; Irie and Miyake, 1988] in other "training algorithms" which can compute the parameters faster than back-propagation and/or can handle much more complex problems.

In this paper, we show that training multilayer perceptrons can be viewed as an identification problem for a nonlinear dynamic system. For linear dynamic systems with white input and observation noise, the Kalman algorithm [Kalman, 1960] is known to be an optimum algorithm. Extended versions of the Kalman algorithm can be applied to nonlinear dynamic systems by linearizing the system around the current estimate of the parameters. Although computationally complex, this algorithm updates parameters consistent with all previously seen data and usually converges in a few iterations. In the following sections, we describe how this algorithm can be applied to multilayer perceptrons and compare its performance with back-propagation using some two-dimensional examples.

THE EXTENDED KALMAN FILTER

In this section we briefly outline the Extended Kalman filter. Mathematical derivations for the Extended Kalman filter are widely available in the literature [Anderson and Moore, 1979; Gelb, 1974] and are beyond the scope of this paper.

Consider a nonlinear finite dimensional discrete time system of the form:

$$\begin{aligned} x(n+1) &= f_n(x(n)) + g_n(x(n))w(n), \\ d(n) &= h_n(x(n)) + v(n). \end{aligned} \tag{1}$$

Here the vector $x(n)$ is the *state* of the system at time n, $w(n)$ is the *input*, $d(n)$ is the *observation*, $v(n)$ is observation noise and $f_n(\cdot)$, $g_n(\cdot)$, and $h_n(\cdot)$ are nonlinear vector functions of the state with the subscript denoting possible dependence on time. We assume that the initial state, $x(0)$, and the sequences $\{v(n)\}$ and $\{w(n)\}$ are independent and gaussian with

$$\begin{aligned} &E[x(0)] = \bar{x}(0),\ E\{[x(0)-\bar{x}(0)][x(0)-\bar{x}(0)]^t\} = P(0), \\ &E[w(n)] = 0,\ E[w(n)w^t(l)] = Q(n)\delta_{nl}, \\ &E[v(n)] = 0,\ E[v(n)v^t(l)] = R(n)\delta_{nl}, \end{aligned} \tag{2}$$

where δ_{nl} is the Kronecker delta. Our problem is to find an estimate $\hat{x}(n+1)$ of $x(n+1)$ given $d(j)$, $0 \le j \le n$. We denote this estimate by $\hat{x}(n+1|n)$.

If the nonlinearities in (1) are sufficiently smooth, we can expand them using Taylor series about the state estimates $\hat{x}(n|n)$ and $\hat{x}(n|n-1)$ to obtain

$$\begin{aligned} f_n(x(n)) &= f_n(\hat{x}(n|n)) + F(n)[x(n)-\hat{x}(n|n)] + \cdots \\ g_n(x(n)) &= g_n(\hat{x}(n|n)) + \cdots = G(n) + \cdots \\ h_n(x(n)) &= h_n(\hat{x}(n|n-1)) + H^t(n)[x(n)-\hat{x}(n|n-1)] + \cdots \end{aligned}$$

where

$$\begin{aligned} &G(n) = g_n(\hat{x}(n|n)), \\ &F(n) = \left.\frac{\partial f_n(x)}{\partial x}\right|_{x=\hat{x}(n|n)},\quad H^t(n) = \left.\frac{\partial h_n(x)}{\partial x}\right|_{x=\hat{x}(n|n-1)}. \end{aligned} \tag{3}$$

i.e. $G(n)$ is the value of the function $g_n(\cdot)$ at $\hat{x}(n|n)$ and the ijth components of $F(n)$ and $H^t(n)$ are the partial derivatives of the ith components of $f_n(\cdot)$ and $h_n(\cdot)$ respectively with respect to the jth component of $x(n)$ at the points indicated. Neglecting higher order terms and assuming knowledge of $\hat{x}(n|n)$ and $\hat{x}(n|n-1)$, the system in (3) can be approximated as

$$x(n+1) = F(n)x(n) + G(n)w(n) + u(n) \quad n \geq 0 \tag{4}$$
$$z(n) = H^t(n)x(n) + v(n) + y(n),$$

where

$$u(n) = f_n(\hat{x}(n|n)) - F(n)\hat{x}(n|n) \tag{5}$$
$$y(n) = h_n(\hat{x}(n|n-1)) - H^t(n)\hat{x}(n|n-1).$$

It can be shown [Anderson and Moore, 1979] that the desired estimate $\hat{x}(n+1|n)$ can be obtained by the recursion

$$\hat{x}(n+1|n) = f_n(\hat{x}(n|n)) \tag{6}$$
$$\hat{x}(n|n) = \hat{x}(n|n-1) + K(n)[d(n) - h_n(\hat{x}(n|n-1))] \tag{7}$$
$$K(n) = P(n|n-1)H(n)[R(n) + H^t(n)P(n|n-1)H(n)]^{-1} \tag{8}$$
$$P(n+1|n) = F(n)P(n|n)F^t(n) + G(n)Q(n)G^t(n) \tag{9}$$
$$P(n|n) = P(n|n-1) - K(n)H^t(n)P(n|n-1) \tag{10}$$

with $P(1|0) = P(0)$. $K(n)$ is known as the Kalman gain. In case of a *linear* system, it can be shown that $P(n)$ is the conditional error covariance matrix associated with the state and the estimate $\hat{x}(n+1|n)$ is optimal in the sense that it approaches the conditional mean $E[x(n+1)|d(0) \cdots d(n)]$ for large n. However, for nonlinear systems, the filter is not optimal and the estimates can only loosely be termed conditional means.

TRAINING MULTILAYER PERCEPTRONS

The network under consideration is a L layer perceptron[1] with the ith input of the kth weight layer labeled as $z_i^{k-1}(n)$, the jth output being $z_j^k(n)$ and the weight connecting the ith input to the jth output being $\theta_{i,j}^k$. We assume that the net has m inputs and l outputs. Thresholds are implemented as weights connected from input nodes[2] with fixed unit strength inputs. Thus, if there are $N(k)$ nodes in the kth node layer, the total number of weights in the system is

$$M = \sum_{k=1}^{L} N(k-1)[N(k)-1]. \tag{11}$$

Although the inputs and outputs are dependent on time n, for notational brevity, we will not show this dependence unless explicitly needed.

---

1. We use the convention that the number of layers is equal to the number of weight layers. Thus we have L layers of *weighs* labeled $1 \cdots L$ and $L+1$ layers of *nodes* (including the input and output nodes) labeled $0 \cdots L$. We will refer to the kth weight layer or the kth node layer unless the context is clear.

2. We adopt the convention that the 1st input node is the threshold. i.e. $\theta_{1,j}^k$ is the threshold for the jth output node from the kth weight layer.

In order to cast the problem in a form for recursive estimation, we let the weights in the network constitute the state x of the nonlinear system, i.e.

$$x = [\theta^L_{1,2}, \theta^L_{1,3} \cdots \theta^1_{N(0),N(1)}]^t. \tag{12}$$

The vector x thus consists of all weights arranged in a linear array with dimension equal to the total number of weights M in the system. The system model thus is

$$x(n+1) = x(n) \quad n > 0, \tag{13}$$
$$d(n) = z^L(n) + \nu(n) = h_n(x(n), z^0(n)) + \nu(n), \tag{14}$$

where at time n, $z^0(n)$ is the input vector from the training set, $d(n)$ is the corresponding desired output vector, and $z^L(n)$ is the output vector produced by the net. The components of $h_n(\cdot)$ define the nonlinear relationships between the inputs, weights and outputs of the net. If $\Gamma(\cdot)$ is the nonlinearity used, then $z^L(n) = h_n(x(n), z^0(n))$ is given by

$$z^L(n) = \Gamma\{(\theta^L)^t \Gamma\{(\theta^{L-1})^t \Gamma \cdots \Gamma\{(\theta^1)^t z^0(n)\} \cdots \}\}. \tag{15}$$

where Γ applies componentwise to vector arguments. Note that the input vectors appear only implicitly through the observation function $h_n(\cdot)$ in (14). The initial state (before training) $x(0)$ of the network is defined by populating the net with gaussian random variables with a $N(\bar{x}(0), P(0))$ distribution where $\bar{x}(0)$ and $P(0)$ reflect any apriori knowledge about the weights. In the absence of any such knowledge, a $N(0, 1/\epsilon\ I)$ distribution can be used, where ϵ is a small number and I is the identity matrix. For the system in (13) and (14), the extended Kalman filter recursion simplifies to

$$\hat{x}(n+1) = \hat{x}(n) + K(n)[d(n) - h_n(\hat{x}(n), z^0(n))] \tag{16}$$
$$K(n) = P(n)H(n)[R(n) + H^t(n)P(n)H(n)]^{-1} \tag{17}$$
$$P(n+1) = P(n) - K(n)H^t(n)P(n) \tag{18}$$

where $P(n)$ is the (approximate) conditional error covariance matrix.

Note that (16) is similar to the weight update equation in back-propagation with the last term $[z^L - h_n(\hat{x}, z^0)]$ being the error at the output layer. However, unlike the delta rule used in back-propagation, this error is propagated to the weights through the Kalman gain $K(n)$ which updates each weight through the entire gradient matrix $H(n)$ and the conditional error covariance matrix $P(n)$. In this sense, the Kalman algorithm is not a local training algorithm. However, the inversion required in (17) has dimension equal to the number of outputs l, not the number of weights M, and thus does not grow as weights are added to the problem.

EXAMPLES AND RESULTS

To evaluate the output and the convergence properties of the extended Kalman algorithm, we constructed mappings using two-dimensional inputs with two or four outputs as shown in Fig. 1. Limiting the input vector to 2 dimensions allows us to visualize the decision regions obtained by the net and to examine the outputs of any node in the net in a meaningful way. The x- and y-axes in Fig. 1 represent the two inputs, with the origin located at the center of the figures. The numbers in the figures represent the different output classes.

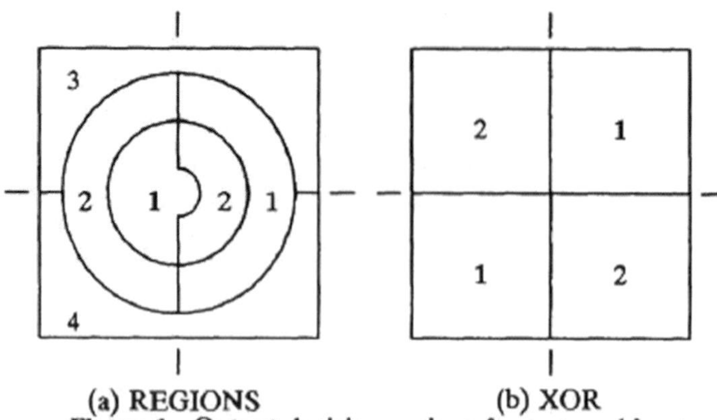

(a) REGIONS (b) XOR

Figure 1. Output decision regions for two problems

The training set for each example consisted of 1000 random vectors uniformly filling the region. The hyperbolic tangent nonlinearity was used as the nonlinear element in the networks. The output corresponding to a class was set to 0.9 when the input vector belonged to that class, and to -0.9 otherwise. During training, the weights were adjusted after each data vector was presented. Up to 2000 sweeps through the input data were used with the stopping criteria described below to examine the convergence properties. The order in which data vectors were presented was randomized for each sweep through the data. In case of back-propagation, a convergence constant of 0.1 was used with no "momentum" factor. In the Kalman algorithm R was set to $I \cdot e^{-k/50}$, where k was the iteration number through the data. Within each iteration, R was held constant.

The Stopping Criteria

Training was considered complete if any one of the following conditions was satisfied:

a. 2000 sweeps through the input data were used,

b. the RMS (root mean squared) error at the output averaged over all training data during a sweep fell below a threshold t_1, or

c. the error reduction δ after the ith sweep through the data fell below a threshold t_2, where $\delta_i = \beta\delta_{i-1} + (1-\beta)|e_i - e_{i-1}|$. Here β is some positive constant less than unity, and e_i is the error defined in b.

In our simulations we set $\beta = 0.97$, $t_1 = 10^{-2}$ and $t_2 = 10^{-5}$.

Example 1 - Meshed, Disconnected Regions:

Figure 1(a) shows the mapping with 2 disconnected, meshed regions surrounded by two regions that fill up the space. We used 3-layer perceptrons with 10 hidden nodes in each hidden layer to Figure 2 shows the RMS error obtained during training for the Kalman algorithm and back-propagation averaged over 10 different initial conditions. The number of sweeps through the data (x-axis) are plotted on a logarithmic scale to highlight the initial reduction for the Kalman algorithm. Typical solutions obtained by the algorithms at termination are shown in Fig. 3. It can be seen that the Kalman algorithm converges in fewer iterations than back-propagation and obtains better solutions.

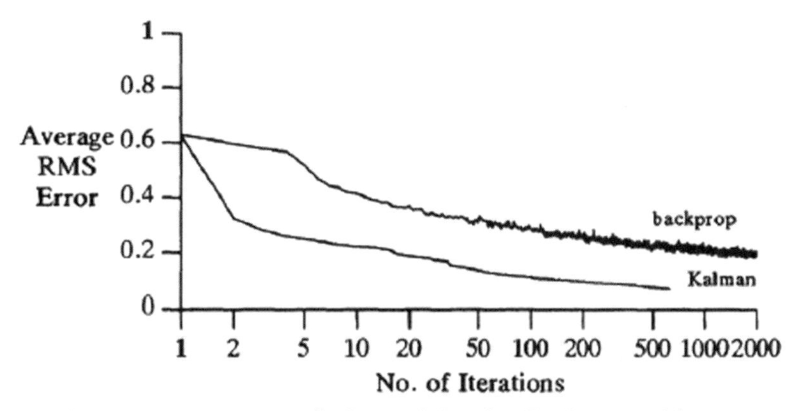

Figure 2. Average output error during training for Regions problem using the Kalman algorithm and backprop

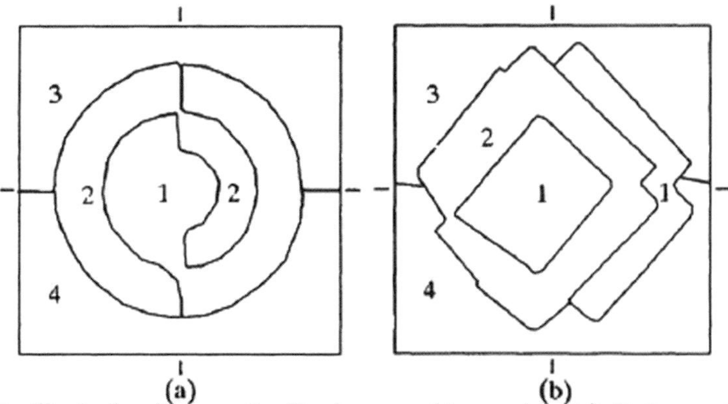

Figure 3. Typical solutions for Regions problem using (a) Kalman algorithm and (b) backprop.

Example 2 - 2 Input XOR:

Figure 1(b) shows a generalized 2-input XOR with the first and third quadrants forming region 1 and the second and fourth quadrants forming region 2. We attempted the problem with two layer networks containing 2-4 nodes in the hidden layer. Figure 4 shows the results of training averaged over 10 different randomly chosen initial conditions. As the number of nodes in the hidden layer is increased, the net converges to smaller error values. When we examine the output decision regions, we found that none of the nets attempted with back-propagation reached the desired solution. The Kalman algorithm was also unable to find the desired solution with 2 hidden nodes in the network. However, it reached the desired solution with 6 out of 10 initial conditions with 3 hidden nodes in the network and 9 out of 10 initial conditions with 4 hidden nodes. Typical solutions reached by the two algorithms are shown in Fig. 5. In all cases, the Kalman algorithm converged in fewer iterations and in all but one case, the final average output error was smaller with the Kalman algorithm.

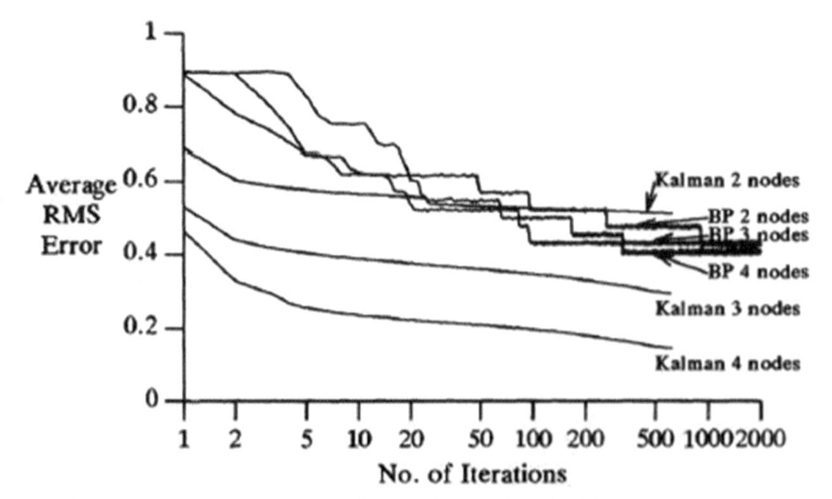

Figure 4. Average output error during training for XOR problem using the Kalman algorithm and backprop

CONCLUSIONS

In this paper, we showed that training feed-forward nets can be viewed as a system identification problem for a nonlinear dynamic system. For linear dynamic systems, the Kalman filter is known to produce an optimal estimator. Extended versions of the Kalman algorithm can be used to train feed-forward networks. We examined the performance of the Kalman algorithm using artificially constructed examples with two inputs and found that the algorithm typically converges in a few iterations. We also used back-propagation on the same examples and found that invariably, the Kalman algorithm converged in

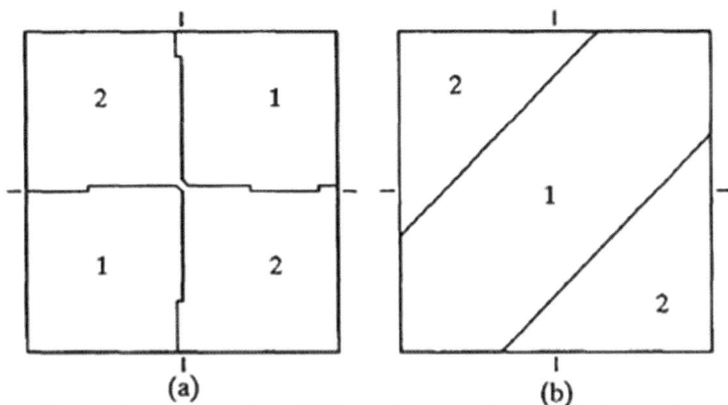

Figure 5. Typical solutions for XOR problem using (a) Kalman algorithm and (b) backprop.

fewer iterations. For the XOR problem, back-propagation failed to converge on any of the cases considered while the Kalman algorithm was able to find solutions with the same network configurations.

References

[1] B. D. O. Anderson and J. B. Moore, *Optimal Filtering*, Prentice Hall, 1979.

[2] A. Gelb, Ed., *Applied Optimal Estimation*, MIT Press, 1974.

[3] B. Irie, and S. Miyake, "Capabilities of Three-layered Perceptrons," *Proceedings of the IEEE International Conference on Neural Networks*, San Diego, June 1988, Vol. I, pp. 641-648.

[4] R. E. Kalman, "A New Approach to Linear Filtering and Prediction Problems," *J. Basic Eng., Trans. ASME*, Series D, Vol 82, No.1, 1960, pp. 35-45.

[5] R. W. Prager and F. Fallside, "The Modified Kanerva Model for Automatic Speech Recognition," in *1988 IEEE Workshop on Speech Recognition*, Arden House, Harriman NY, May 31-June 3, 1988.

[6] D. E. Rumelhart, G. E. Hinton and R. J. Williams, "Learning Internal Representations by Error Propagation," in D. E. Rumelhart and J. L. McCelland (Eds.), *Parallel Distributed Processing: Explorations in the Microstructure of Cognition. Vol 1: Foundations*. MIT Press, 1986.

[7] A. Waibel, T. Hanazawa, G. Hinton, K. Shikano and K. Lang "Phoneme Recognition Using Time-Delay Neural Networks," *ATR internal Report* TR-1-0006, October 30, 1987.

國家圖書館出版品預行編目資料

圖解機器學習、人工智慧與人類未來／吳作樂，吳秉翰著. -- 初版. -- 臺北市：五南，2020.04
面； 公分
ISBN 978-957-763-903-5（平裝）

1.人工智慧

312.831 109002144

5R29

圖解機器學習、人工智慧與人類未來

作　　者— 吳作樂（56.5）、吳秉翰
發 行 人— 楊榮川
總 經 理— 楊士清
總 編 輯— 楊秀麗
主　　編— 王正華
責任編輯— 金明芬
封面設計— 姚孝慈
出 版 者— 五南圖書出版股份有限公司
地　　址：106台北市大安區和平東路二段339號4樓
電　　話：(02)2705-5066　　傳　　真：(02)2706-6100
網　　址：http://www.wunan.com.tw
電子郵件：wunan@wunan.com.tw
劃撥帳號：01068953
戶　　名：五南圖書出版股份有限公司

法律顧問　林勝安律師事務所　林勝安律師

出版日期　2020年4月初版一刷
定　　價　新臺幣300元

經典永恆・名著常在

五十週年的獻禮——經典名著文庫

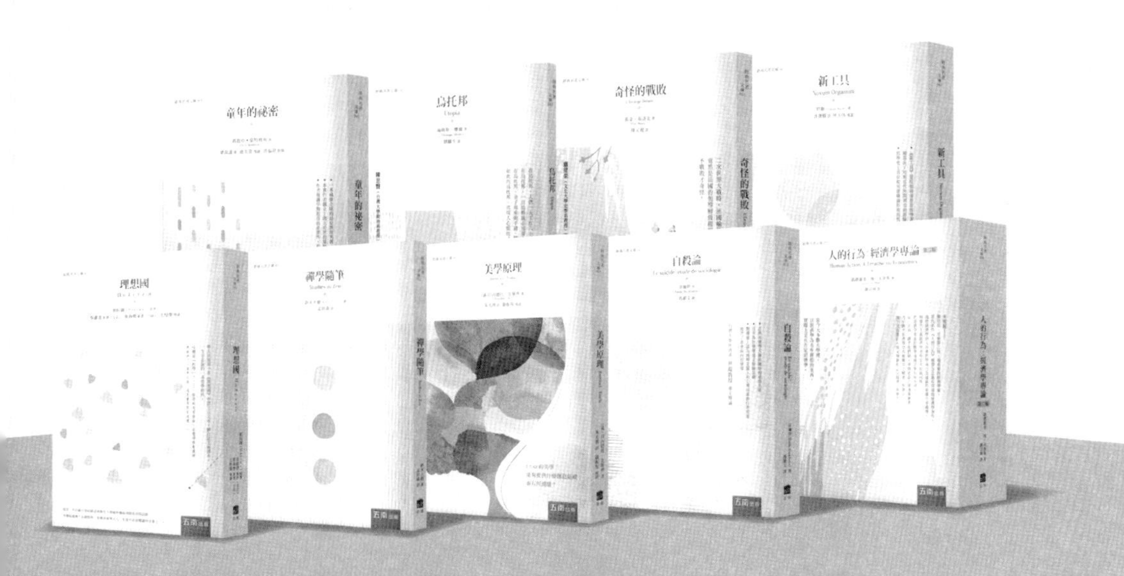

五南，五十年了，半個世紀，人生旅程的一大半，走過來了。
思索著，邁向百年的未來歷程，能為知識界、文化學術界作些什麼？
在速食文化的生態下，有什麼值得讓人雋永品味的？

歷代經典・當今名著，經過時間的洗禮，千錘百鍊，流傳至今，光芒耀人；
不僅使我們能領悟前人的智慧，同時也增深加廣我們思考的深度與視野。
我們決心投入巨資，有計畫的系統梳選，成立「經典名著文庫」，
希望收入古今中外思想性的、充滿睿智與獨見的經典、名著。
這是一項理想性的、永續性的巨大出版工程。
不在意讀者的眾寡，只考慮它的學術價值，力求完整展現先哲思想的軌跡；
為知識界開啟一片智慧之窗，營造一座百花綻放的世界文明公園，
任君遨遊、取菁吸蜜、嘉惠學子！